企业信息技术总体规划方法

刘希俭 等编著

石油工业出版社

内 容 提 要

本书以企业自身长期的实践经验为基础，结合国内外相关规划编制的先进思想、理念和方法，系统总结形成的符合企业实际、具有一定代表性和通用性的信息技术总体规划方法论，详细论述现状调研与需求分析、愿景制定与架构设计、项目规划与实施设计三大步骤，同时提供了大量的案例介绍、规划实例解读，还对规划执行相关工作和实施成效进行了介绍。

本书可供广大企业信息化工作者，尤其是从事信息化规划研究、管理的人员和相关信息专业技术人员参阅。

图书在版编目（CIP）数据

企业信息技术总体规划方法／刘希俭等编著．
北京：石油工业出版社，2012.12
ISBN 978-7-5021-9335-5

Ⅰ．企…
Ⅱ．刘…
Ⅲ．企业信息化－总体规划
Ⅳ．F270.7

中国版本图书馆 CIP 数据核字（2012）第 256876 号

出版发行：石油工业出版社
　　　　　（北京安定门外安华里 2 区 1 号　100011）
　　　　　网　　址：www.petropub.com.cn
　　　　　编辑部：(010) 64523561　　发行部：(010) 64523620
经　　销：全国新华书店
印　　刷：北京中石油彩色印刷有限责任公司

2012 年 12 月第 1 版　2012 年 12 月第 1 次印刷
787×1092 毫米　开本：1/16　印张：14.25
字数：357 千字

定价：80.00 元
（如出现印装质量问题，我社发行部负责调换）
版权所有，翻印必究

《企业信息技术总体规划方法》
编委会

主　任：刘希俭

编　委：王同良　古学进　赵　彤　李先奇
　　　　严　海　刘顺春　彭双伟　王冬梅
　　　　靖小伟　马建国　樊少明　任　勇
　　　　寇廷佳　高允升　卢　山　王文革
　　　　杨　桦　张荔梅　詹　峰　曲　京
　　　　史　浩　冉卫东　刘亚东　杨志贤

序

  信息化已经成为推动世界政治、经济、社会、文化等各领域深刻变革的重要力量。国家高度重视并制定实施了一系列信息化战略部署，特别是党的"十七大"以来，强调要大力推进信息化与工业化深度融合，走中国特色新型工业化道路，促进经济发展方式转变和工业的转型升级。

  企业是实现信息化与工业化融合的主体，企业信息化建设对于提升国家的整体信息化水平、促进经济发展方式的转变、整体核心竞争力的提升具有十分重要的作用。国内外企业纷纷致力于信息化建设，应用新一代信息技术全面提升企业管理水平，努力实现物流、资金流、信息流的高效配置和集成应用，全面推进战略决策、经营管理、生产运行的数字化、网络化和智能化。

  企业信息化建设具有综合性、系统性、变革性和持续性的特点，需要科学合理、切实可行的顶层设计作为指导，作者所在的企业在这方面做了大量的努力，取得了显著的成效。该企业多年来坚持"六统一"的信息化工作原则，下大力气制定支持业务发展、可落地实施的信息技术总体规划，坚持按照总体规划统一组织信息系统实施，从源头上解决低水平重复问题，杜绝新的信息孤岛产生，实现了信息化由分散建设向集中建设的阶段性跨越，有效支撑了主营业务的发展，信息化整体水平走在中央企业前列。

  但是，由于不同企业对信息技术总体规划的定位、方法、内容和执行过程理解不同，许多企业在实际工作中还存在诸多问题：有的企业对做不做规划还存有疑问，认为规划可有可无，需要什么就做什么；有的企业做的规划不能落地，与企业的业务需求结合不够，目标不切实际，内容不可操作，导致后期不能执行，起不到规划应有的作用；有的企业做了比较全面详细的规划，但缺少相应的管理制度保证规划的有效执行，规划形同虚设。这些问题最终都导致企业信息化建设处于无序状态，系统建设缺少统一的标准、统一的技术架构，系统相互之间低水平交叉重复、数据不共享、信息"孤岛"林立，系统的后期维护难度大、应用效率低、总体成本高、资源浪费严重，企业的信息化建设水平难以有效提高。

  作者长期在大型企业从事信息化建设的组织和管理工作，具有扎实的理论功底和丰富的实践经验，对企业信息化进行了大量宝贵而艰苦的实践探索和深入的思考研究，深刻认识到信息化建设的复杂性、长期性和艰巨性，通过不断学习国内外信息化先进的理念和最佳实践，全面总结形成了一套适合中国企业特点和管理模式的信息化工作方法体系，其中核心的理念就是"按照总体规划建设集中统一信息系统平台"，把信息技术总体规划作为整个信息化工作的基石和总纲，在规划的编制过程中也形成了很多有价值的认识和体会，积累了丰富的经验和做法，非常值得与国内广大的信息化同行进行分享和交流，这将有助于促进中国企业信息化及电子政务等建设更加富有成效，帮助企业和政府单位用尽量少的成本搭建能够全面支持业务、可不断扩展的系统平台。

  作者在书中详细阐述了信息技术总体规划编制的"三步骤"方法论，深入论述了规划编制各阶段的工作思路、工作方法和具体内容，包括现状调研与需求分析、愿景制定与架构设计、项目规划与实施设计等，既具有认识深度和严密的逻辑体系，又具有现实的指导性和实用性,同时书中还提供了大量的实际案例、规划实例解读和实际的建设成果,内容条理清晰、图文并茂、易读好用,非常有参考和借鉴的价值。我相信这本书的出版将会很好地弥补国内企业信息技术总体规划方法论的空白,对推进中国企业信息化建设的科学有序发展产生深远的影响和积极的促进作用。

2012 年 9 月 25 日

前　言

　　信息化对现代企业发展具有革命性的作用。信息化建设是企业转变发展方式的有力抓手，是管理提升的重要工程和有效控制的重要基础。通过信息系统持续建设和深化应用，企业逐步将经营管理、生产运行管理、办公管理以及辅助决策业务按照统一的标准、流程搬到网上运行，实现信息化时代企业运作的整体优化、业务模式变革和转型。

　　企业信息化过程是信息技术应用与管理创新的过程。信息化涉及企业的方方面面，尤其需要对企业的管理理念、组织结构、业务流程和工作方式进行创新和优化。以ERP为核心的经营管理系统将人财物等资源、产供销等业务集成管理，以业务流程为导向，实现不同部门在同一平台上协同工作，促进了各类资源的优化配置；各类生产运行系统通过信息化与自动化集成，实现现场生产数据自动采集、远程传输和生产运行监控，创新生产作业方式和运行模式，压缩管理层级，优化员工布局，大幅度提高劳动生产率。所以，信息化过程就是企业管理创新和业务提升的过程。

　　信息化管理模式和管理机制决定企业信息化发展成效和水平，只有构建符合信息化特点和规律的管理模式，才能有效促进企业信息化建设，反之将制约信息化的健康有序发展。相对于其他的职能管理，企业信息化管理是一项全新的管理领域，需要在实践中把握其特性和规律，需要大胆创新的管理思维和科学精细的管理方法。企业要善于从整体上把握信息化工作的本质特征和发展规律，明确信息化的战略定位和管理职能，建立科学高效的工作机制和管理方式，大力支持和积极推进信息化建设，加快向信息化现代企业的转型进程，从而在日益激烈的市场竞争中尽早掌握主动、赢得先机。

　　企业信息化管理职能主要是指对信息技术、信息资源和信息系统实施、运行过程的计划、组织、控制和协调等，具体包括信息化规划计划、信息化项目实施、信息系统运行维护、信息安全和信息技术标准、绩效考核等管理。其中，信息技术总体规划和信息化实施是企业信息化建设推进过程中必不可少、紧密关联的两个方面，企业信息化发展过程就是这两个层次构成的螺旋式递进的动态过程。信息技术总体规划的宗旨是指引企业"做正确的事"（Do Right Thing），即从宏观上把握企业信息化的发展目标方向，设计符合企业实际的信息化蓝图，确保信息化建设沿着正确的轨道开展；而信息化实施的核心是保证"把事情做正确"（Do Thing Right），即从微观上把握信息化的建设和运行过程，保障企业信息化建设的各个方面协同推进，以达到信息技术总体规划的预期效果。关于企业信息化实施管理的方法论，在2011年由石油工业出版社出版发行的《企业信息化实务指南》一书中已经做了系统全面的总结和介绍。

　　企业信息技术总体规划对于理清信息化发展思路，保证企业信息化建设的目标方向正确、涵盖内容全面、建设重点突出、整体计划有序、资源配置合理有着至关重要的作用。信息技术总体规划编制是一项综合性强、技术性高、影响深远的基础工作，需要科学、规范的编制方法，需要深入、全面、系统的调查研究和综合归纳分析，需要信息化专家、业务专家和管理专家的共同参与，需要企业内部队伍与外部咨询团队的紧密合作、共同努力。

　　2000年，我们就组织开展了所在企业的信息技术总体规划编制，十几年来历经"十五""十一五""十二五"企业信息化规划的编制和滚动调整，积累了一定的经验和做法，也有很多的认识和体会，尤其是感觉到信息技术总体规划的编制方法体系十分重要，它是保证规划成功、有效执行的关键所在，但是，也深感在实际工作中对总体规划的认识和做法仍存在一些误区，缺少系统性和实用性的方法论作为借鉴和指导，也希望将我们多年积累的经验和体会与大家分享，这是我们编写本书的初衷。

本书是我们根据自身的实践经验，结合国内外相关规划编制的先进思想、理念和方法，系统总结形成的符合企业实际、具有一定代表性和通用性的信息技术总体规划方法论，其核心是"三步骤"的规划编制方法，重点对包括现状调研与需求分析、愿景制定与架构设计、项目规划与实施设计三大步骤的详细论述，同时提供了大量的案例介绍、规划实例解读，还对规划实施相关工作和建设成效进行了介绍。本书共分八章，主要内容概述如下：

第一章企业信息化发展演进与规律，概要回顾了国内外企业信息化发展的主要历程，总结了企业信息化发展演进阶段的认识，着重论述了四阶段的企业信息化发展规律，介绍了信息技术总体规划与企业信息化发展的关系。

第二章企业信息技术总体规划方法论，阐述了企业信息技术总体规划的重要意义、定位及原则，着重论述了信息技术总体规划的"三步骤"编制方法，讨论了规划编制各阶段的工作思路和重点，介绍了国外先进的企业架构理论及其与总体规划方法之间的关系，介绍了启动信息技术总体规划工作的相关准备内容，分析了规划编制和实施中经常出现的一些误区。

第三章企业信息化现状调研与需求分析，详细介绍了规划编制第一阶段的主要工作内容和方法，包括现状调研和访谈、业务战略和发展趋势理解、业务架构分析、信息化现状分析和评估、新兴技术和最佳实践研究、对标分析、需求分析等。其中重点介绍了信息化现状分析和评估方法，包括应用系统、数据管理、基础设施、信息安全、信息化治理等方面，介绍了国外信息化最佳实践的案例分析。

第四章企业信息化愿景展望，阐述了规划编制第二阶段信息化愿景展望的定位、与前后工作阶段之间的逻辑关系，深入分析了信息化愿景和战略目标、总体架构、信息化建设重点三者的关系；描述了总体架构的作用和特征，总体架构的组成、架构之间的相互关系以及架构设计原则的影响因素；重点论述了规划应用架构、数据架构、基础架构、信息安全架构和信息技术（IT）治理架构的设计方法和核心内容；提炼总结信息化建设重点，汇总形成愿景蓝图。

第五章企业信息化项目规划与实施计划，介绍了规划编制第三阶段的主要工作内容及方法，重点论述了差距分析、改进措施和项目的形成，介绍了总体规划项目框架的设计方法；对规划项目的目标、内容、范围、实施条件、资源需求和项目计划等内容进行设计；并在单个项目设计基础上进行项目群的计划、资源的总体平衡和协调；最后对项目风险、项目投资效益以及后期规划实施和跟踪管理等进行了阐述。

第六章企业信息技术总体规划实例解读，概要介绍了一个具体企业的信息技术总体规划实例，包括对企业业务架构的介绍、信息技术架构的解读，重点解读了信息技术项目总体框架及项目大类构成，介绍了经营管理、生产运行管理、决策支持和办公管理等主要应用系统规划项目的情况。

第七章企业信息技术规划项目可行性研究，简要介绍了项目可行性研究的意义、信息化项目可行性研究的主要特点，分析了项目可行性研究、总体规划与项目实施方案设计三者的关系；总结了一般可行性研究编制的依据、要求和原则，详细介绍了可行性研究报告的主要章节构成和主要编制内容。

第八章企业信息技术总体规划实施成果案例，概要介绍了国内某大型企业集团坚持按照信息技术总体规划开展信息化建设所取得的成果，该企业通过建设集中统一的信息系统平台，实现了信息化建设从分散向集中的阶段性跨越；并从信息化建设方法、建设过程以及系统深化应用等方面论述了信息化建设为企业带来的一系列价值。

本书的编写是基于我们所在企业同事们多年的实际工作积累和认识体会，感谢他们为本书提供的大量基础素材，同时也要感谢IBM咨询、Dell毕博咨询、中油瑞飞信息技术公司等相关合作团队，他们提供了许多可供借鉴的国内外先进规划编制理念、方法和最佳实践，为本书成稿奠定了重要的基础。还有许多为本书出版付出了辛勤努力和关心指导的领导和专家们，在此一并表示感谢。

由于笔者知识和认识水平所限，书中存在不少疏漏和不当之处，本书作为和广大企业信息化工作者尤其是从事信息化规划研究、管理的人员和相关信息专业技术人员切磋交流的平台，恳请各位专家、同行和广大读者不吝指正。

2012年10月

目 录

1 企业信息化发展演进与规律 ··· 1
  1.1 企业信息化发展演进 ··· 1
    1.1.1 国外企业信息化发展概述 ··· 1
    1.1.2 国内企业信息化发展概述 ··· 3
    1.1.3 石油石化行业信息化发展案例 ·· 4
  1.2 企业信息化发展的阶段性认识 ··· 7
    1.2.1 企业信息化发展阶段模型概述 ·· 7
    1.2.2 企业信息化发展一般规律 ··· 10
    1.2.3 企业信息化发展阶段描述 ··· 13
  1.3 企业信息化发展与信息技术总体规划 ··· 16
  1.4 小结 ··· 18

2 企业信息技术总体规划方法论 ·· 19
  2.1 信息技术总体规划的意义与定位 ·· 19
    2.1.1 整体战略的重要组成部分 ··· 19
    2.1.2 业务战略的重要支撑 ·· 20
    2.1.3 信息化项目立项与投资的依据 ·· 20
    2.1.4 信息化建设的总体解决方案 ··· 20
  2.2 信息技术总体规划编制的基本原则 ·· 21
    2.2.1 战略性原则 ··· 21
    2.2.2 权威性原则 ··· 21
    2.2.3 整体性原则 ··· 21
    2.2.4 指导性原则 ··· 22
  2.3 信息技术总体规划编制方法 ·· 22
    2.3.1 信息技术总体规划编制方法概述 ··· 22
    2.3.2 现状调研与需求分析 ·· 24
    2.3.3 愿景制定与架构设计 ·· 25
    2.3.4 项目规划与实施设计 ·· 26
    2.3.5 信息技术总体规划编制方法的理论支撑 ······························· 26
  2.4 信息技术总体规划准备工作 ·· 29
    2.4.1 确定规划编制组织机构 ·· 29
    2.4.2 建立规划编制管理制度 ·· 31
    2.4.3 制订规划编制工作计划 ·· 33
    2.4.4 召开规划编制启动会 ·· 34
  2.5 信息技术总体规划编制误区 ·· 34
    2.5.1 没有全面编制信息技术总体规划 ··· 35

		2.5.2 总体规划质量差无法落地实施 ··	35

        2.5.3 不能坚持实施总体规划 ·· 37
  2.6 小结 ·· 38
3 企业信息化现状调研与需求分析 ·· 39
  3.1 现状调研 ·· 40
        3.1.1 调研范围与对象的确定 ·· 40
        3.1.2 现场调研与访谈 ·· 41
        3.1.3 问卷调查 ·· 42
        3.1.4 专题交流 ·· 44
  3.2 业务战略和业务架构分析 ··· 44
        3.2.1 业务战略理解 ·· 44
        3.2.2 业务架构分析 ·· 45
        3.2.3 行业发展趋势分析 ·· 47
  3.3 信息化现状分析与评估 ··· 48
        3.3.1 应用系统现状分析 ·· 48
        3.3.2 数据管理现状分析 ·· 50
        3.3.3 基础设施现状分析 ·· 51
        3.3.4 信息安全现状分析 ·· 52
        3.3.5 信息化治理现状分析 ·· 52
  3.4 新兴技术和最佳实践研究 ··· 54
        3.4.1 新兴技术研究 ·· 54
        3.4.2 信息化最佳实践研究 ·· 56
  3.5 信息技术对标分析 ·· 58
        3.5.1 对标分析概述 ·· 58
        3.5.2 指标对标 ·· 59
        3.5.3 信息化建设项目对标 ·· 60
  3.6 需求分析 ·· 62
        3.6.1 需求的来源和依据 ·· 62
        3.6.2 直接需求汇总与分析 ·· 63
        3.6.3 逻辑树分析方法 ·· 63
        3.6.4 信息化对业务覆盖分析 ·· 64
        3.6.5 信息技术能力提升需求分析 ···································· 65
  3.7 现状与需求分析报告 ··· 66
  3.8 小结 ·· 66
4 企业信息化愿景展望 ·· 68
  4.1 信息化愿景展望的定位 ··· 68
  4.2 信息化愿景和总体架构 ··· 70
        4.2.1 信息化愿景和战略目标 ·· 70
        4.2.2 信息技术总体架构 ·· 72
  4.3 应用架构设计 ··· 77

- 4.3.1 应用架构设计原则 ... 77
- 4.3.2 应用架构设计内容 ... 78
- 4.4 数据架构设计 ... 80
  - 4.4.1 数据架构设计原则 ... 81
  - 4.4.2 数据架构设计内容 ... 81
- 4.5 基础架构设计 ... 85
  - 4.5.1 基础架构设计原则 ... 85
  - 4.5.2 基础架构设计内容 ... 86
- 4.6 信息安全架构设计 ... 89
  - 4.6.1 信息安全架构设计原则 ... 89
  - 4.6.2 信息安全架构设计内容 ... 90
- 4.7 IT治理架构规划设计 ... 91
  - 4.7.1 信息化组织设计 ... 91
  - 4.7.2 IT服务管理设计 ... 94
- 4.8 信息化建设重点和愿景蓝图 ... 95
- 4.9 愿景展望报告 ... 95
- 4.10 小结 ... 96

5 企业信息化项目规划与实施计划

- 5.1 信息化项目规划与实施计划的定位 ... 97
- 5.2 信息化项目的形成 ... 98
  - 5.2.1 差距分析 ... 99
  - 5.2.2 改进机会、改进措施与项目形成 ... 101
  - 5.2.3 项目体系框架设计 ... 103
  - 5.2.4 项目大类设计 ... 104
- 5.3 项目定义与项目设计 ... 106
  - 5.3.1 项目目标 ... 107
  - 5.3.2 项目任务和范围 ... 108
  - 5.3.3 项目参与方 ... 109
  - 5.3.4 项目实施方法 ... 110
  - 5.3.5 项目计划 ... 111
  - 5.3.6 项目人力资源需求 ... 111
  - 5.3.7 项目成本 ... 113
  - 5.3.8 项目设计案例 ... 114
- 5.4 信息技术总体规划整体实施计划安排 ... 116
  - 5.4.1 实施计划制定策略 ... 117
  - 5.4.2 实施计划制定 ... 121
  - 5.4.3 人力资源需求计划制定 ... 122
  - 5.4.4 投资预算制定 ... 123
  - 5.4.5 风险分析 ... 126
  - 5.4.6 经济评价 ... 127

5.5 信息技术总体规划报审与分年度实施 …… 129
5.5.1 规划报告评估 …… 130
5.5.2 向企业决策层汇报 …… 130
5.5.3 信息化项目年度计划编制与实施 …… 131
5.6 规划跟踪管理 …… 132
5.6.1 规划跟踪管理概述 …… 132
5.6.2 价值管理 …… 134
5.6.3 规划滚动管理 …… 135
5.7 规划报告 …… 136
5.8 小结 …… 137

6 企业信息技术总体规划实例解读 …… 138
6.1 企业背景介绍 …… 138
6.2 实例解读 …… 139
6.2.1 业务架构解读 …… 139
6.2.2 信息技术架构解读 …… 140
6.2.3 信息技术总体规划项目框架解读 …… 141
6.2.4 具体规划项目框架设计示例 …… 143
6.3 各类型重点项目解读 …… 168
6.3.1 经营管理 …… 168
6.3.2 生产运行 …… 170
6.3.3 综合管理 …… 174
6.3.4 基础设施 …… 176
6.3.5 组织保障 …… 179
6.4 小结 …… 181

7 企业信息技术规划项目可行性研究 …… 182
7.1 项目可行性研究的意义 …… 182
7.1.1 项目可行性研究定义 …… 182
7.1.2 信息化项目可行性研究的特点 …… 182
7.1.3 总体规划设计、可行性研究与项目实施设计关系 …… 185
7.2 项目可行性研究的依据和要求 …… 186
7.2.1 项目可行性研究的依据 …… 186
7.2.2 项目可行性研究的要求 …… 187
7.2.3 项目可行性研究主要结论 …… 188
7.3 项目可行性研究报告的主要内容 …… 188
7.3.1 总论 …… 188
7.3.2 现状分析 …… 189
7.3.3 需求分析 …… 190
7.3.4 技术方案 …… 190
7.3.5 概要设计 …… 191
7.3.6 系统运维组织与定员 …… 191

	7.3.7 项目实施		192
	7.3.8 投资估算		192
	7.3.9 效益与风险分析		193
	7.3.10 可行性分析及附件		193
7.4	小结		194

8 企业信息技术总体规划实施成果案例 ... 195
8.1 成果综述 ... 195
8.2 主要信息系统建设成果 ... 196
8.2.1 ERP 系统 ... 196
8.2.2 加油站管理系统 ... 197
8.2.3 生产运行管理系统 ... 199
8.2.4 办公管理系统 ... 203
8.3 信息化建设和应用有效提升业务价值 ... 206
8.3.1 建设方法价值 ... 206
8.3.2 建设过程价值 ... 207
8.3.3 深入应用价值 ... 207
8.4 小结 ... 209

参考文献 ... 210

1 企业信息化发展演进与规律

信息化和经济全球化是当今人类社会发展的大趋势，面对从农业化社会、工业化社会逐步向信息化社会转型这一历史机遇和挑战，大力推进信息化与工业化融合，是中国实现可持续发展的重要战略举措。企业信息化是指利用计算机硬件、软件、通信技术等，搭建数据采集、传输、存储、处理和分析的信息系统平台，应用于企业生产、经营、办公、决策管理的过程。其内涵是实现传统企业向现代数字化企业的变革和转型，是利用信息技术改造和提升传统产业，实现向网络化、数字化的转变，是提升沟通方式、管理方式、生产方式，转变发展方式的最主要驱动力之一。深刻理解企业信息化的内涵和意义，正确认识企业信息化的发展规律，准确把握企业信息化所处的发展阶段和主要特征，充分识别企业信息化成功的核心要素，并采取与之相适应的工作方针和实施策略，对实现企业信息化的跨越式发展具有非常重要的现实意义。

1.1 企业信息化发展演进

企业信息化是一个长期的、持续发展的过程。企业对信息技术的认识与应用经历了一个逐步发展演变的过程。早期信息技术只是在技术领域应用，利用大型计算机进行专业的运算处理。随着个人计算机的大量应用，逐步开发出一些功能单一的局部管理信息系统。互联网的快速发展，大规模广泛集成信息系统的开发建设，信息技术已应用于企业管理的方方面面，深刻改变了企业的组织结构、管理方式和运营模式，信息技术显现出能够支撑技术创新和管理提升的属性，成为企业发展的"倍增器"。随着信息技术得到高度重视，信息部门的重要性也随之提高，逐步从单纯的技术服务部门向管理和服务的双重功能转变，在原来各企业信息技术中心的基础上，开始在总部设立信息职能管理部门。现在很多企业还设立了总信息管（CIO）职位，参与企业的战略决策和整体组织协调，有力地促进了信息技术与企业发展的全面融合。

随着信息技术的不断发展，世界各国对企业信息化日益重视，持续地、有计划地推进企业信息化建设。经过几十年发展，信息技术已经应用到企业研发、设计、生产、经营、管理的各个方面。

1.1.1 国外企业信息化发展概述

在企业信息化方面，发达国家起步较早。美国、日本及欧洲的企业很早就开始了相关的探索，其企业信息化经历了长期的发展过程。时至今日，国外发达地区的企业信息化已经取得了相当大的成就，并在逐步完善的过程中积累了丰富的经验，摸索出了一条痕迹清晰的企业信息化发展之路。

自20世纪50年代起，直至70年代中期，随着电子信息技术以及产业的快速发展，发达国家发现了信息技术对企业发展的重要推动作用。通过研究计算机技术在企业经营、管理、设计、制造等部门的应用，形成了一批分立的、单项应用系统。这些系统主要支持部门内部及个人的事务性工作，如财务记账、生产计划制定、采购统计、库存统计、计算机辅助绘图等，标志着信息技术开始应用到企业研发设计、生产过程、经营管理的各个方面，揭开了企业信息化迅速发展的帷幕。

在这个时期，企业信息化的突出特点是：全面渗透、分散建设。高速发展的信息技术应用奠定了企业信息化迅速发展的重要基础。信息技术应用从简单的数据处理开始，逐渐发展到比较复杂的信息系统，从数据处理部门和计算机部门开始，逐渐扩大到企业的设计、生产、经营管理等各个领域，实现了功能及业务覆盖上的全面渗透，包括办公自动化系统、电子数据处理系统、辅助设计系统、各种生产控制系统、财务管理系统等在内的信息系统纷纷出现。全面开花的局面反映了企业信息化的快速发展。信息技术在企业中得到全面应用，得益于各业务部门推动的信息化建设，同时信息技术应用解决了企业设计、生产、经营管理等过程中的诸多业务处理问题，也从根本上改变了与之相关的信息处理和使用问题。随着信息技术应用在企业内部的全面渗透，企业信息化遭遇了瓶颈：企业缺乏统一的信息化部门及专业的信息化队伍，企业信息化工作缺乏站在整体角度上的统筹和考量，对于信息治理采取的是"各扫门前雪"的处理方式，导致信息化建设各自为战，形成了大量的低水平重复建设，造成了非常严重的资源浪费——绝大多数应用系统都是由各业务单元独自或协同外部机构进行设计、开发和实施的，在范围上仅服务于单一业务领域，在应用上深度有限，并且欠缺扩展性方面的设计，开发出来的系统缺乏信息共享与交流的基础和技术，没有充分考虑自身与其他相关领域的相互集成需求，所形成的系统多是孤立的处理系统，基本上不存在系统与系统之间的信息交流和使用，信息孤岛现象日渐突出。

为了更好地解决各个信息系统之间的信息交流和共享问题，发达国家和地区的企业开始在业务部门之外设立独立的信息化部门，培养自身的信息化队伍，站在企业层面，集中力量统一推进信息化建设，从整体上进行信息技术的规划、设计、实施及管理，采用统一的信息技术应用替代原有的各业务单元的独立应用，力争实现现有信息系统的信息共享，消除信息孤岛。从20世纪70年代中期起，企业开始应用具有一定集成度的综合应用软件，实现部门级的信息集成应用，如实现了财务、库存、采购、计划集成的制造资源计划（MRP）系统，实现了产品造型与绘图功能的计算机辅助设计（CAD）系统等。这些集成化的应用系统大大提高了企业信息技术应用水平。

从20世纪80年代中期开始，企业开始实现以产品数据管理（PDM）、计算机集成制造技术（CIM）、企业资源计划（ERP）等为代表的企业范围内的应用集成，从研发设计信息化、生产过程信息化及企业经营管理信息化三个维度有力推进了企业信息化发展。企业资源计划扩展了制造资源计划系统的应用范围，不仅包含了其基本功能，还包含了如客户关系管理、售后服务、项目管理、集成化的过程管理等功能，是针对物资资源管理（物流）、人力资源管理（人流）、财务资源管理（资金流）、信息资源管理（信息流）的集成一体化的企业管理软件。进入到90年代后期，随着ERP的管理功能不断完善，网络功能增强，在世界500强企业中有近80%的企业采用了ERP管理软件。

在企业内部层面，伴随着设计信息系统、制造管理系统、经营管理系统、信息技术基础设施等的建成，有力地提高了企业的研发设计、生产管理及经营管理水平，提高了企业的核心竞争力。发达国家企业信息化在集成应用的基础上，从20世纪90年代中期以后，进一步向前发展，着力于对已有信息技术应用持续进行提升完善，加强信息治理，促进信息技术与业务更为紧密地融合。在这个时期，除了信息技术本身的变化对于企业信息化的影响之外，企业信息化的瓶颈越来越多地集中在企业本身的业务流程和管理制度上，企业信息化重点探索和解决的是管理变革与创新问题。从这个角度上看，企业信息化已不仅仅是信息技术在企业的应用过程，而是信息技术应用与企业原有的生产方式、经营方式、管理方式和制度等进行全面融合，从而促进企业战略目标实现的过程。随着互联网的普及和渗透，信息化把越来越多的企业带进了网络经济时代，企业信息化发生了革命性的变化，不再局限于企业内部，而是在前端向供应商延伸，在后端向消费者延伸。在这样的背景下，供应链管理系统（SCM）、客户关系管理系统（CRM）与电子商务系统在美国等发达国家已得到较为广泛的应用。

在通过利用信息化手段改变传统经营模式方面，发达国家的企业取得了突破性的进展，对于企业的发展起到了至关重要的作用。例如在美国，福特汽车公司通过网上采购，使汽车零部件的采购成本下降了30%；通用电气公司借助供应链管理手段，每年节省成本超过16亿美元；美国的飞利浦莫利斯公司应用客户关系管理系统，建立了超过2.6亿客户的个人档案数据库；卡夫通用食品公司建立了超过6000万顾客的个人档案；布洛克巴斯特公司建立了超过3600万个家庭的娱乐消费档案。数据显示，1998年电子商务全球营业额约为740亿美元，到1999年猛增到2000亿美元。美国早在1993年就有2.4万家企业使用数据交换（EDI，电子商务的前身），其中最大的100家企业使用EDI的比例达到97%。美国60%的小企业、80%的中型企业、90%以上的大企业已借助互联网广泛开展电子商务活动，在1997年到2001年5年间的电子商务年均增长率达到了97%，年营业额从原来的24亿美元激增至721亿美元。

2000年以来，信息技术不断创新，信息产业持续发展，信息网络广泛普及，信息化已经成为全球经济社会发展的显著特征。西方发达国家竞相制定和实施新的国家信息化战略，美国发布了《网络空间国际战略》，欧盟发布了物联网行动计划。随着新一代网络技术、数据仓库和商务智能、移动办公以及面向服务架构、产品全生命周期管理、业务流程管理、云计算服务等新技术、新理念的迅猛发展和广泛应用，推动了国际大公司运营管理模式的深刻变革，实现物流、资金流、信息流的高效配置和集成应用，以及战略决策、经营管理、生产运行的科学化、数字化和智能化。企业内部信息化团队的重要作用也愈发得到重视，各大企业持续加大在企业信息化方面的投入，企业层面及各业务领域层面的信息部门得以快速成长，通过建立适应自身企业特点的信息管理长效机制，对企业的信息技术应用进行集中管理，实现服务共享，为企业进行社会资源整合和价值网络的增值提供了重要的支撑。企业信息化工作一方面着力于对原有信息系统的持续提升完善，不断支持企业日趋成长的业务规模，满足企业提出的新的业务需求，例如众多企业采用在全球范围内进行ERP系统的整合升级，建设全球统一的新一代ERP系统；另一方面推进新的信息技术应用，例如建立基于物联网技术的供应链管理平台等。这些都成为新时期企业信息化发展的重点和热点课题。

1.1.2 国内企业信息化发展概述

回顾中国企业信息化，早在20世纪50年代，中国就已把计算机列入了重点发展领域，不过应用主要停留在科学研究工具的水平上，将信息技术作为提高业务效率和水平的手段引入企业管理领域，即企业信息化方面一直处于空白。这种状况自20世纪80年代起，特别是近十年来有了很大改变，信息技术逐步在企业的各个领域获得应用，企业信息化取得了高速、全面的发展，企业信息系统由过去的局部"进、销、存"，或者一个生产系统，或者一个财务系统逐渐步入企业整体业务的集成和整合阶段。在技术上，从过去的客户机/服务器（C/S）、浏览器/服务器（B/S）应用模式，逐步走向面向服务的体系结构（SOA）模式。

20世纪80年代起至90年代初期，中国企业信息化处于萌芽期，在企业内部信息技术得到初步应用，信息技术在提高企业生产、管理水平上扮演重要的角色。以石油石化行业为例，信息技术的应用在地震勘探、油田测井、工程设计、油藏建模、数值模拟、产能建设，以及油气加工处理自动化等各方面发挥了巨大作用。不过在信息技术应用层面，还属于主机终端系统，几乎都是封闭系统。各家信息化产品都有各自的操作系统和数据库。企业对信息化的认识也不足，单纯从技术观点去理解、推进信息化建设，由技术主宰整个项目的实施，重硬件轻软件的情况十分严重。这一阶段的信息化建设是局部的，各系统是独立的。

自20世纪90年代起，国家提出了要"大力推进国民经济和社会信息化"，我国国有企业向现代企业制度转变，民营企业兴起，市场经济发展出现了过剩经济，竞争的加剧促使企业有了强烈变革的愿望。作为加速企业变革的重要工具，企业信息化得到了重视，企业信息化取得了明显进步。国家推行的863/CIMS（计算机集成制造系统）计划将代表现代化生产制造管理模式的CIMS引入制造行业特别是离散型企业，促进信息技术、制造技术和管理理念相结合，在企业设计开发应用中成效显著。同时ERP也进入了众多企业的视线当中，大量企业实施了ERP，出现了一批示范项目。因特网技术也推动了以网络建设为代表的信息化建设浪潮，国内企业都启动了企业网的建设步伐。

进入21世纪，中国现代企业制度初步形成，基本上实现了政企分开。中国市场经济取得了快速成长发展，形成了一批具有国际竞争力、影响力的大型企业，同时各行业的企业都面对着国内外激烈的市场竞争，国家也加强了对信息化的推进力度，对企业信息化提出了较高的要求。这一阶段企业信息化进一步成熟，主要任务是推进企业管理信息化建设。企业开始从战略高度看待信息化，实施管理变革，采用统一的思路和方法推行信息技术应用，通过信息化改变管理模式和业务流程，加强绩效管理，提高组织效率和流程统一。信息化从覆盖单一的业务流程到覆盖整体的管理流程，从提供简单的单项应用到提供复杂的集成综合，从支持底层的日常工作到支持高层的管理决策，从内部的企业管理逐渐转向与外部企业间整个产业链、产品链的协同。信息技术已在企业日常生产、经营、管理中发挥着从未有过的巨大作用，企业信息化也逐渐接近发达国家的水平。

从企业信息化的发展历程和趋势可以看出，信息化从初级、中级到高级的发展阶段特征是信息技术从主机、微机与局域网到互联网的革命性发展；是计算机处理内容从数据处理、信息管理到知识管理的飞跃；是应用指导思想从计算机代替人工、业务流程优化设计到企业机构重组的不断深化；是信息系统应用从单机单项应用、局部综合应用到整体综合应用的逐步提升；是企业管理从分散应用、部门集成、企业集成到企业间集成的逐步扩展；是应用领域从网上办公、协同设计、集成制造、虚拟制造，到网上采购、网上营销、电子商务和网络化运营的全面拓展。

1.1.3 石油石化行业信息化发展案例

近20年来，世界范围内的主要跨国石油公司纷纷利用信息技术作为其在油气行业取得战略优势的关键工具，信息化建设并不仅仅反映在大量信息技术系统的实施与应用，而是在公司治理、决策制定和战略规划的每一工作层面上紧密关联。可以说信息化已经融入这些组织的方方面面。值得注意的是，在每一家综合性能源公司业务发展的战略规划中，信息技术都扮演了十分重要的角色。例如，在壳牌公司的最高管理层设有负责战略与组合的高级副总裁，需要直接向负责下游业务的执行董事汇报，实现下游业务战略目标的全部信息技术应用组合是其重要的管理职责。

随着微型计算机的出现，油气行业在信息化方面的最初尝试集中在测量油气产品流量的传感器的数字化（模拟到数字的转换），同时对这些数据进行收集和分析。这些项目大多是由工程师来推动。在20世纪80年代至90年代初期，计量装置的数字化（特别是用于运输监控的计量装置），是油气企业在计算机自动化的早期实践方面的关注焦点。美国石油学会（API）、国际法定计量组织（OIML）等行业协会或管理部门也发布了标准、算法和表格，以及标准化计量数据。根据计量标准，各油气企业最初的实践集中在各企业的下游业务，希望信息化能够进一步推进业务发展，带来更为丰厚的销售收入。各大油气公司通过在加油站的加油枪上配备电子传感器来获取销售量，在油库中安装自动液位仪用于收集库存量，确保测量和交易数据的准确性。

与此同时，伴随着信息技术的发展，当时的一些大型油气公司，如英国石油公司（BP）、皇家荷兰/壳牌集团、雪佛龙—德士古公司、埃克森美孚公司（ExxonMobil）等，开始开发能够利用新的电子化数据流的会计系统，以便对当时在每家公司的各个业务部门使用的基于纸质的会计流程进行优化和自动化，这实际上就是最早的ERP系统。

大多数大型石油公司于20世纪90年代实施了第一代ERP系统。第一代ERP系统需要采用多个应用系统以提供ERP功能，但在实施过程中各公司是在旗下若干业务单位分别实施独立的ERP系统，并且仅实施了一部分的功能套件，与工厂装置、仪器仪表等自动化基础设施和其他子系统之间也没有实现全面整合。

以某大型跨国石油公司为例，在其1996年12月所作的关于其企业信息化成果的一份本公司的内部对标研究报告中，描述了该公司在全球各地ERP系统的使用情况，其部分情况见表1-1。

表1-1 某大型跨国石油公司ERP系统实施使用情况表

业务范围	公司或区域	用户数	FI	CO	AM	PS	MM	SD	PP	QM	PM	HR	WF	IS-Oil	R/3版本（石油行业解决方案）
下游	马来西亚	1250	●	●	●	●	●	●	●	●	●	●		●	3.1h/1.0d
	菲律宾	800	●	●	●	●	●	●	●	●					3.1h
	新加坡	600	●	●	●	●	●	●						●	3.1h/1.0d
	泰国	750	●	●		●	●	●							3.1h/1.0d
	澳大利亚	1300	●	●	●	●	●	●	●	●	●				3.1h/1.0d
	奥地利	300	●	●								●			3.1h/1.0d
	巴西	900	●	●	●	●	●	●	●			●		●	4.0b/4.0b
	法国	820	●	●	●	●	●	●	●	●	●	●	●	●	3.1h/1.0d

续表

业务范围	公司或区域	用户数	R/3 组件												R/3 版本（石油行业解决方案）
			FI	CO	AM	PS	MM	SD	PP	QM	PM	HR	WF	IS-Oil	
下游	意大利	370	●	●	●	●	●	●	●					●	3.1h/1.0d
	英国和爱尔兰	1400	●	●	●	●	●	●	●		●			●	3.1h/1.0d
	日本	950	●	●			●	●						●	3.1h/1.0d
	美国	5000	●	●	●		●	●						●	3.1h/1.0d
上游	澳大利亚	1350	●	●	●		●				●			●	4.0b
	加蓬	320	●	●	●		●				●				3.0c
	德国	1040	●	●	●		●				●				4.0b
	荷兰	800	●	●	●		●				●	●		●	3.1h/2.0d
	挪威	200	●	●	●		●							●	3.1h/2.0d
	英国	1600	●	●	●		●				●			●	3.0d/2.0c
	美国	4200	●	●	●		●							●	3.0d/2.0c
化学品	美国	4000	●	●	●		●	●						●	3.1h/1.0d
其他	委内瑞拉（所有部门）	350	●	●			●		●						4.0b
	荷兰（仅限人力资源）	250										●			3.1h

由该研究报告可见，虽然当时该公司已在全球范围内的各个子公司或分支机构展开了以 ERP 系统为代表的信息化建设，但是各地的实施及使用情况并不一致，实施的功能模块、系统版本都存在差异，甚至在其一些较小的业务单元中还同时使用 JDEdwards 和 SUN 系统用于财务运行管理。这份报告反映的该公司信息化内容在当时是可以满足业务需求的，也是符合当时各地实际需求的。但是，随着业务的高速扩展，公司进行全球范围内的资源调度、资源管理的需求不断提升，问题也逐渐显露出来，企业信息化渐渐无法跟上企业战略和业务发展的步伐。

在 1990—2003 年期间，其他跨国石油公司同样专注于发展自己的 ERP 系统，例如埃克森美孚在 ERP 系统的特色及功能方面注入大量的投资，用于支持石油和天然气的上游和下游业务。英国石油公司（BP）则开发了他们自己的石油天然气 ERP 系统"ISP 系统"。实际上，经过多年的信息化建设，各跨国石油公司可以说已经参与开发并实施应用了大部分石油和天然气 ERP 系统功能，但埃克森美孚等关键用户对 ERP 提出了更高的期望，要求其不断发展新的上、下游功能，例如强大的物流管理、维护计划和资产管理能力等来支持他们的上、下游业务，同时需要着力解决第一代 ERP 系统分散、不统一的难题，以满足新时期的业务需要，第二代 ERP 系统应运而生。

各公司在设计第二代 ERP 系统时，汲取了第一代 ERP 系统实施过程中存在缺陷的教训，主要体现在四个方面：

(1) 通过统一的信息技术应用覆盖全部所需的 ERP 功能；

(2) 在所有地域和业务单位中，采用同样的业务流程、功能、主数据（例如供应商、材料等）；

(3) 在所有地域和业务单位中，采用统一的会计科目表和统一的控制区域；

(4) 采用所有标准的 ERP 系统功能，用于合并来自所有业务单位的财务数据（如全球财务管理等）。

通过第二代 ERP 系统的实施，埃克森美孚、壳牌等国际石油公司纷纷更替了第一代 ERP 系统，解决了一直困扰企业的许多问题。

自 2003 年以来，石油天然气行业所需的许多必要功能都由石油公司自己内部开发完成。以壳牌为例，壳牌在企业内成立了壳牌全球解决方案团队、壳牌技术研究和发展部门，借助内部信息化队伍的力量，并联合众多外部的小型专业公司，开发完成了包括整合管理、健康安全环保、供应链管理和资产维护在内的众多模型工具及应用系统，在壳牌集团内部得到良好应用。信息系统的这种发展模式现在也正在被所有的石油公司效仿。

对企业信息化的关注在 2003—2010 年期间持续进行。在此期间，各跨国公司重点关注通过信息化建设实现其业务运行优化。例如，高度重视预先对工厂设备进行维护的重要性，协同外部的信息技术开发伙伴开发完成了可定制的一站式综合服务系统，通过从现场设备收集的实时数据和数据模型工具为工厂运行管理人员提供基于不同"角色"的工作流管理和决策支持。这些系统具有极大的灵活性，能允许用户的工作活动不受物理场地限制。通过信息系统与工厂设备关联来建立工厂、管道的完整性和可信赖性模型，对资产的功能性和实用性进行最佳维护，实现了资产管理和维护计划系统的综合性，为企业带来巨大收益。在下游业务方面，由于 21 世纪初期，原油价格上升和零售利润相应下降，导致各跨国石油天然气公司放弃了他们在全球的大量零售资产。2006 年以来，许多早年受到关注的零售系统自动化项目急剧减少，跨国公司的下游业务更关注于客户管理系统和供应链优化，新的全球化零售信息模型的开发和推广活动获得了重视。

1.2 企业信息化发展的阶段性认识

回顾信息技术在企业应用的发展历史，我们可以发现信息技术在企业的应用经历了由浅入深、由孤立应用到集成应用、由技术系统到管理系统的发展过程。通过对企业信息化发展的分析，探究企业信息化发展规律，总结企业信息化发展阶段，有利于更好地把握企业信息化发展趋势，对于应用中出现的问题也会有更清楚的认识，有助于更清晰地展望信息技术在企业应用的未来。

1.2.1 企业信息化发展阶段模型概述

关于信息化发展阶段划分，国外一些机构和专家学者进行了专门研究。美国管理信息系统专家诺兰（Nolan R.L.）总结了若干企业信息系统发展的经验和规律后，于 1973 年首次提出了信息系统阶段理论，并于 1980 年进一步完善，将企业信息系统的发展划分为六个阶段；埃德加·斯凯恩（Edgar Schein）提出了四阶段企业信息化发展框架；纳格·汉纳（N. Hanna）等提出了信息技术扩散模型，将信息技术在企业中扩散划分为三个阶段。此外，还有众多有关信息化发展阶段的模型理论。

1.2.1.1 诺兰模型

20世纪80年代，美国哈佛大学教授诺兰对美国200多家公司、部门进行了研究和考察，在此基础上提出了一个实现企业信息化的阶段模型。他认为任何一个组织的信息化发展都存在一条客观的发展路径和可遵循的规律，即诺兰模型。这是第一个描述组织信息技术应用发展阶段的抽象化模型。该模型以计算机在组织中的应用时间为横坐标，以组织在信息技术应用上的资源投入大小为纵坐标，总结了发达国家信息系统发展的经验和规律。诺兰首先提出了四阶段模型，随着时间的推移，在模型中加入了更多的内容，又将该模型调整为六个阶段，前三个阶段具有计算机时代的特征，后三个阶段具有信息时代的特征。如图1-1所示，这是一条学习曲线，一般认为模型中各阶段是不能跳跃的，同时，尽管这些阶段具有自然成长的过程，但也是能够有效进行计划协调和管理的；费用增长因素具有变动的范围。

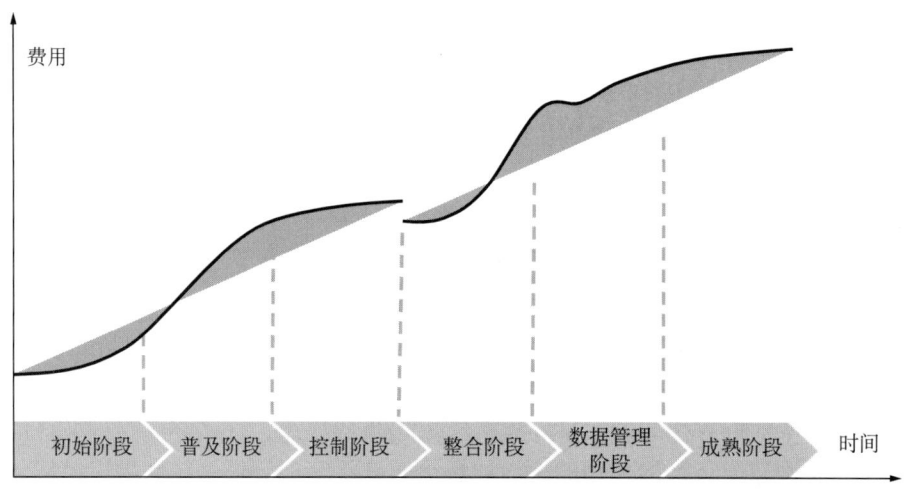

图1-1 诺兰六阶段模型

1.2.1.2 埃德加·斯凯因模型

埃德加·斯凯因（Edgar Schein）也曾提出一个描述企业信息化发展的框架来指导企业进行信息化建设。埃德加·斯凯因模型如图1-2所示。

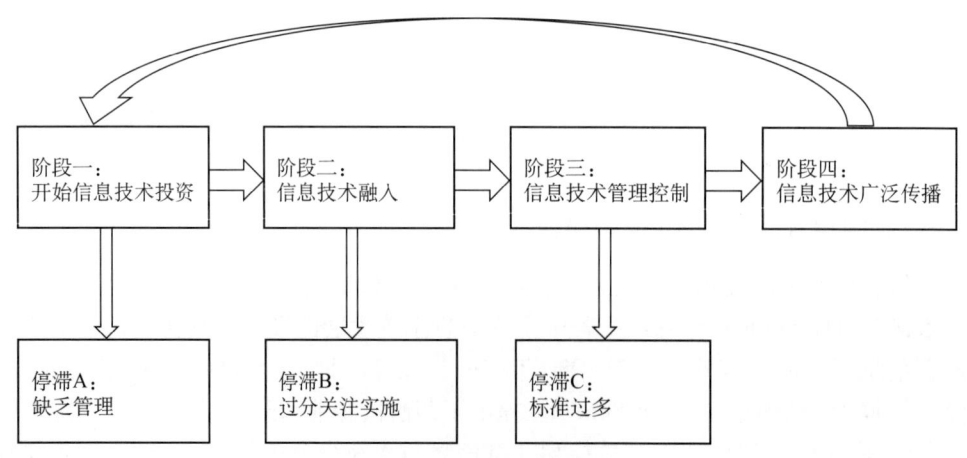

图1-2 埃德加·斯凯因模型

上述的阶段理论模型指出，伴随着对信息技术的尝试，必然会出现某些无序状态，如果管理者未进行尝试，就有可能引发停滞，而导致新技术的实际效益将不能被发现，或者被无故地耽搁。企业在信息化建设时，就应该注意这方面的问题，尤其当信息系统的应用已经重点放在增强企业的竞争优势这样的战略高度时，使用传统的工程项目成本效益分析去评价，可能会导致失去利用信息技术的创新机会。

1.2.1.3 汉纳信息技术扩散模型

世界银行纳格·汉纳（N. Hanna）等提出的信息技术扩散模型，将信息技术在企业中扩散划分为三阶段：替代阶段、提高阶段、转型阶段，如图1-3所示。上述的三个阶段中，每个阶段的内部又分别由四个环节组成：信息环节、分析环节、获取环节和利用环节。信息环节是指组织获取信息技术的供给与需求信息；分析环节是指组织对信息技术的有关信息进行处理和分析；获取环节是指投资信息技术和建立信息系统；利用环节是指重新设计组织流程，使信息系统发挥作用。在每个阶段中所涉及的信息技术和信息系统是不同的，前面阶段的技术和系统是较为基础的、分散的和低级的，是其后继阶段的前提和基础，而后继阶段的技术和系统是较为复杂的、集成的和高级的，是前面阶段的发展和提高，并且逐步整合了组织其他方面的内容，如管理、文化等。信息技术在组织经营管理过程中的作用逐步提升，从基层扩散并渗透到组织高层决策和总体素质中，信息和知识逐渐成为组织增值的主体。

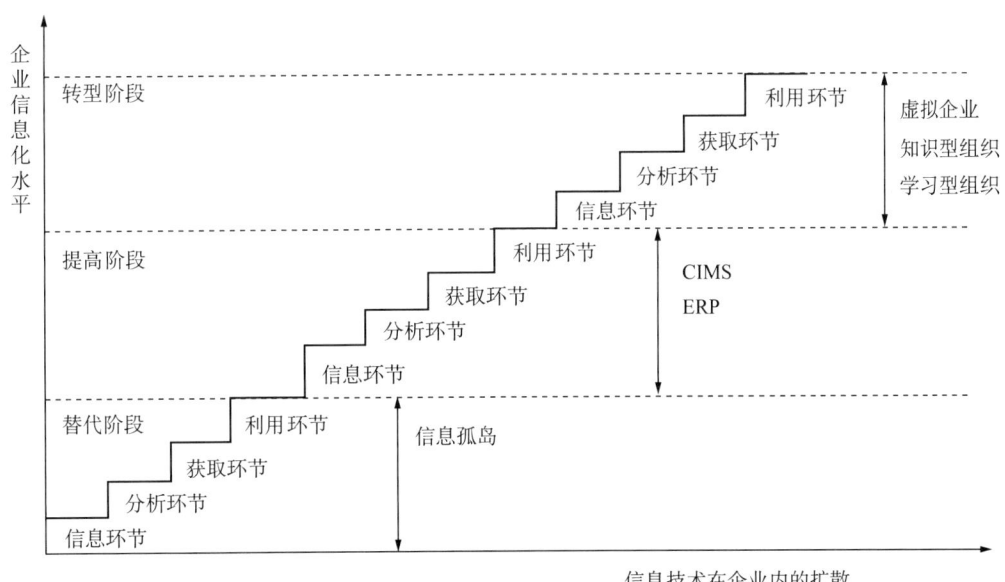

图1-3 汉纳信息技术扩散模型

1.2.1.4 米斯切模型

美国学者米斯切（Mische）认为，信息技术综合应用的连续发展可以分为四个阶段：初始阶段，信息系统主要完成数据处理功能，实现一些局部的、有代表性的应用；成长阶段，主要实现应用系统和数据管理的初步整合集成，形成管理信息系统并能提供简单的决策；成熟阶段，信息系统应该从信息技术、信息资源等纵向管理以及组织内横向资源管理方面实现数据的集中，并应用到企业信息化实际操作过程；更新阶段，信息系统不但能实现整个组织供应链的管理，为组织提供整体决策，还能提高并体现组织内全员文化及素质，也能影响组织内外所有的最终用户，增强组织的灵敏度和适应度，从而提高组织的核心竞争力。如图1-4所示。

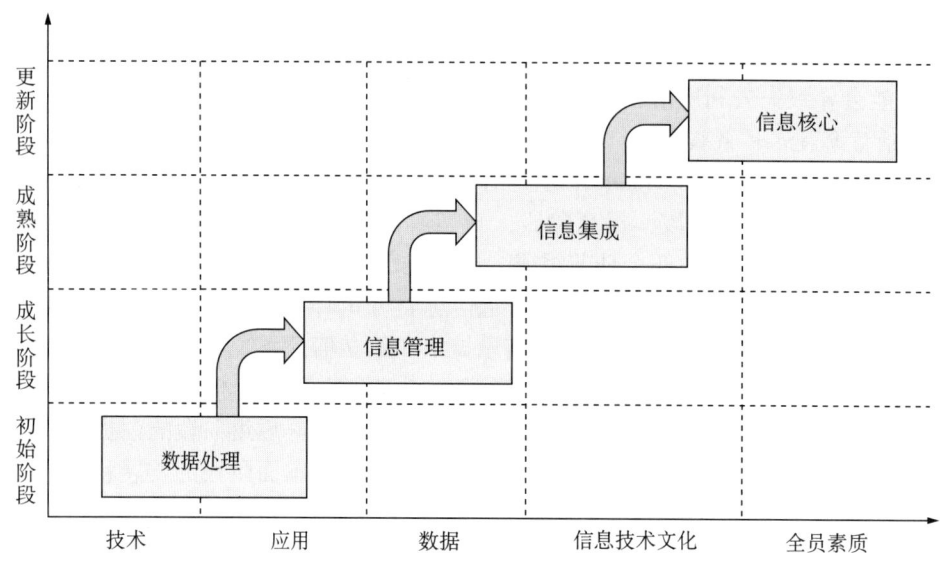

图1-4 米斯切模型

另外，企业界普遍认可一种基于创造价值的信息化模型，按照信息技术应用于企业所产生的价值大小将企业信息化分为四个阶段：单一部门信息化，实现单项工作自动化，提高工作效率；跨部门信息化，实现多职能部门间的信息集成；企业级信息化，实现整个组织内部信息集成，使整个组织的运作能力得以提升；产业链级信息化，实现产业链信息整合，强调产业级协同商务能力。

1.2.2 企业信息化发展一般规律

上文所介绍的各类企业信息化发展阶段模型基本上是基于国外企业信息化发展的历程，侧重点也各有不同，例如诺兰模型是从企业信息化投资与收益角度上分析企业信息化进程，埃德加·斯凯因模型则关注于微观的企业信息化进程，分析个体的信息技术在企业中得到有效应用的发展阶段等。

总体来说，上述发展阶段模型还不能完全有效地指导中国企业的信息化发展。本书根据多年实践经验，结合信息化发展专业理论的研究，总结出企业信息化发展四个阶段的规律性认识，即：各单位、各部门独立建设自己的信息系统，统一建设全局性信息系统，集成应用信息系统，持续提升与共享应用阶段。它反映了信息化从分散向集中、持续发展完善的规律。第一阶段所建系统在局部发挥了作用，同时也必然存在低水平重复和大量信息孤岛的信息化通病。为了解决好第一阶段存在的问题，提升信息化建设质量，必须适时确定升级计划，启动第二阶段信息化建设，即按照信息技术总体规划，建设集团总部统一的信息系统。经过一段时期应用，进入信息化的集成阶段，即实现企业级大集中信息系统之间的集成与整合，提高生产经营决策管理水平。通过系统集成应用，信息化进入更高级的持续提升与共享服务阶段，信息系统实现与业务价值链的整合，企业的经营模式和业务形态发生转变，由信息系统平台全面支持的各种共享服务中心成为企业生产经营的常态。企业信息化发展四阶段模型如图 1-5 所示。

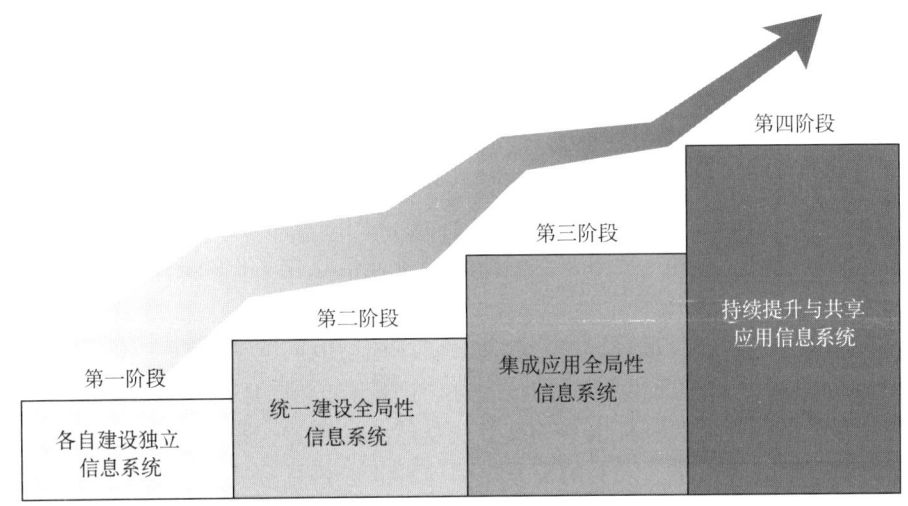

图 1-5 企业信息化发展阶段

上图所示的四个阶段反映了企业信息化建设模式和系统架构从分散到集中，系统集成从单项业务、部门业务到企业整体业务，信息化对企业发展的支持从操作层面到决策层面，再到生产经营模式根本转变的持续历程和发展规律。四个阶段的建设和管理主要特点总结如表 1-2 所示。

表 1-2 企业信息化发展阶段建设和管理主要特点

阶段 特点	第一阶段	第二阶段	第三阶段	第四阶段
建设特点	建设独立分散信息系统	建设全局性信息系统	集成应用全局性信息系统	持续提升与共享应用信息系统
管理特点	分散建设和独自管理	集中建设和统一管理	集中管理和集成应用	业务部门广泛参与集中统一建设共享服务中心

该规律是基于对企业信息化进程的经验总结，体现出明显的阶段性特征，适用于中国企业信息化建设，与上文所述国外多种模型存在相互对应的关系。四阶段规律与各模型的大致对应关系详见表 1-3。

表 1-3 四阶段规律与国外各模型大致对应关系

四阶段规律	诺兰模型	埃德加·斯凯因模型	汉纳模型	米斯切模型	基于创造价值的信息化模型
分散建设阶段	初始阶段 普及阶段	第一阶段 第二阶段		数据处理阶段	单一部门信息化
统一建设阶段	控制阶段	第三阶段	替代阶段	信息管理阶段	跨部门信息化
集成应用阶段	集成阶段 数据管理阶段	第四阶段	提高阶段	信息集成阶段	企业级信息化
持续提升与共享应用阶段	成熟阶段		转型阶段	信息核心阶段	产业链级信息化

在分散建设阶段，四阶段规律与国外各种理论认识上比较一致，信息技术作为企业生产、经营、管理的有效推动力，在企业信息化的初级阶段确实起到了解放企业资源，提高工作效率的作用，各业务部门纷纷采用信息系统替代手工操作，开展基于各自业务的单一信息化建设。在这一阶段中，从深度上看，信息技术主要用于企业各业务部门处理各自相对简单的研发设计、生产及经营业务，主要进行原始的数据处理工作；从广度上看，信息技术应用主要覆盖单一业务部门，信息系统数量较多，但是应用范围较窄，系统之间缺乏有效集成，形成众多的信息孤岛，无法有效地支持部门内及跨部门的业务协调和战略决策；从整体的建设模式和管理模式上看，这一阶段的企业信息化工作缺乏立足于全局的统筹把握，水平较低。

国外各种理论提出，在如何解决分散建设阶段遗留的问题上，有一种倾向是关注于已有信息系统的集成，从而实现跨部门的信息化，创造有价值的信息资源并加以行之有效的信息管理，为企业业务提供更高水平的支撑。从这个角度看，将分散建成的大量信息系统进行集成确实也能带来效率、效益的提升，但这种集成仍是在妥协系统效率与质量的前提下发挥作用。为了真正实现信息化建设的跨越式发展，处于第二阶段的企业信息化主管领导与主管部门需要更大的决心和精心组织，考虑重新进行企业级信息技术架构设计，从根本上解决低水平重复分散问题，推进从分散到集中的企业信息化升级。作者认为，集中统一建设正是改进第一阶段工作的有效方法，在企业信息化进程中，有着极其重要的作用和意义。信息化建设随着企业的成长而不断发展，随着信息技术的不断更新，信息化建设覆盖的业务、部门、人员广度不断拓展，各业务部门必然会提出规范标准、统一建设的需求，只有在企业内采用集中统一信息化建设的方式，才能将信息化建设的各种力量、各种资源形成合力，采用更为卓越的解决方案替代原有的信息系统，更好地服务于集团业务。

实践证明，集中统一的信息化建设，能够有效提升企业信息化建设的效率和水平，促进信息化与企业业务战略和业务运营的融合，其作用显著体现在以下三个方面：

（1）集中统一的信息化建设有利于整合信息化资源，可以提高系统应用效率，降低整体运行维护成本，减少信息孤岛，增强信息共享，促进系统集成；

（2）集中统一的信息化建设立足于整个企业的视角，能够充分整合来自各业务领域的信息化需求，为企业优化业务管理流程和精细化管理提供技术支持，促进业务协同和一体化运作，提升企业业务运营水平，有利于信息化与业务的融合；

（3）集中统一的信息化建设能够使企业战略融入每一个员工的日常工作中，同时信息系统将企业各方面第一手的运营信息进行汇集、分析和展示，支持企业决策和战略调整，有利于支撑企业战略的实现。

可见，统一建设全局性信息系统这一阶段，无论对于处于成长过程中的中小型企业，还是已经具有相当规模的大型企业，都是不可逾越、应当引起重视、投入精力开展工作的关键阶段。

在集成应用阶段，各理论的认识较为统一。这一阶段是对企业级集中统一建设的系统进行集成，包括开展以 ERP 为核心的应用系统集成，开展信息化与自动化系统的集成，开展有线网络与移动应用的集成。企业真正将信息技术应用视作自身核心竞争力，自觉成为信息技术的传播者、驱动者，推进产业链级的信息化，通过信息技术为企业生产经营决策提供有力支持。这一阶段的管理仍需对信息技术应用进行集中管理，提升标准化水平，获取更好的集成应用效果。持续提升与共享应用阶段，体现的是一个业务与信息化交互融合、共同提升和转型的过程，企业在信息化发展上更加成熟，信息技术应用整合于企业整体发展战略，能够将信息技术的升级与业务的拓展、转型进行有机的统一，使二者互相适应，互相促进，信息技术与企业业务实现全面的融合，各种能够提升企业效率和效益的共享服务中心（包括专家支持中心、生产运行中心等）应运而生，信息资源的共享服务能力大大增强，企业发展方式将发生重要的转变。

1.2.3 企业信息化发展阶段描述

1.2.3.1 第一阶段，即分散建设阶段

从企业管理信息化的角度讲，这是信息化的早期阶段。这一阶段的主要特征为分散建设部门或单项业务的独立信息系统。企业内一些部门先是根据自身某一项和几项业务的需要，按条块分散建设和管理支持单项业务的管理信息系统，对企业中定期重复、操作简单并且相对独立的业务实现初级信息化，如互相独立的工资核算、考勤管理、固定资产管理等。这些系统大多是孤立的系统，仅有少量或单一部门的终端联网。因为系统建设涉及业务流程和岗位职责相对较少，人为阻力小，但由于系统应用于局部或是对原来手工操作的简单模拟，其提高企业核心竞争力的作用有限。而且，在解决一个个具体业务问题的同时，形成了一个个分散的小系统和信息孤岛，存在严重的低水平重复问题，甚至本部门内的信息都无法共享。为此，在单项业务信息系统应用的基础上，业务部门又要从本部门的需要出发，花大力气将部门各单项软件集成，逐步发展成简单局域网 C/S 架构的部门业务管理信息系统，实现部门内初步集成和数据共享。很多企业的财务管理信息化就是如此，逐步将财务管理、预算管理、投资管理、成本管理、资产管理、报表管理等业务进行集成，实现了整个财务部门内部业务的信息化管理。部门级应用提高了部门管理的规范化水平和工作效率，实现了部门内部数据共享，提高了部门内部各业务间的协调能力，但还无法实现跨部门的数据共享。

在这一阶段，企业信息化没有总体规划或者没有按照规划实施，信息系统及应用的主要特点为：

（1）信息系统数量多、大多数系统用户少、规模小、应用范围窄（图 1-6）；
（2）系统应用效率低，建设、维护成本较高；
（3）形成众多的信息孤岛，信息共享程度低；
（4）信息系统标准不统一，系统之间不集成；
（5）应用范围和深度参差不齐；
（6）无法有效支持业务协调和战略决策。

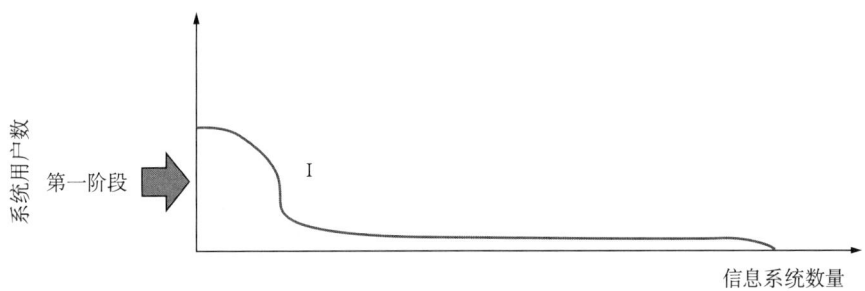

图 1-6 信息化发展第一阶段信息系统与其用户数关系图

1.2.3.2 第二阶段，即统一建设阶段

该阶段是集中统一建设企业全局性信息系统阶段，也可称之为企业级信息化阶段。该阶段的主要标志和根本特征是，由企业总部根据企业发展战略制定统一的信息技术总体规划，以互联网和跨平台技术为依托，统一组织建设全局性的信息系统，并集中组织信息系统实施及相关制度标准制定。整个企业从全面支撑主营业务发展的角度进行信息化建设和集中管理，逐步消除局部信息孤岛，实现信息跨部门共享，各系统间数据传递流畅，下一级数据自动传递到上一级。将技术、生产、进销存、财务以及人力资源管理等业务管理全部纳入信息化管理的轨道，实现业务、资金、信息在一个平台上管理，具有方便的各级查询功能和辅助决策功能，能实现网上申请、审核、结算、报账等。企业内部的基础设施比较完备。企业可以通过统一的信息系统平台实现业务信息的跨部门、跨地区、多业务综合应用，整个企业的核心竞争力和各部门间的协调作业能力大幅度提升。企业级信息化不再是简单模拟手工操作；企业级的业务流程优化基本完成；企业设置独立的专职信息管理部门，归口统一管理整个企业的信息化建设；信息化技术服务队伍也向专业化、集中化发展；集中统一的信息化管理制度和技术标准体系基本建立并得到有效执行。

这一阶段信息系统及应用的主要特点（图1-7）如下：

（1）拥有企业级集中统一系统，全面支撑企业的生产管理、经营管理、办公管理和辅助决策；

（2）信息系统数量大幅度减少，各系统用户多、规模大、应用范围广；

（3）系统应用效率高，整体运行维护成本下降；

（4）信息孤岛数量大幅度减少，信息共享程度大幅度提高；

（5）信息系统一般采用集中架构、集中部署；

（6）信息安全和灾备体系基本完备；

（7）基本实现业务协同和支持战略决策。

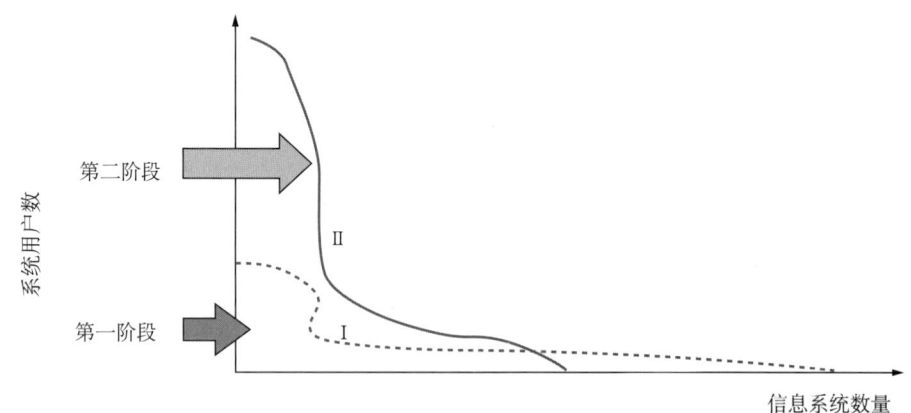

图1-7　企业信息化第二发展阶段信息系统与其用户数关系图

1.2.3.3 第三阶段，即集成应用阶段

在这一阶段，信息化开始成为企业发展战略的重要组成部分，逐步实现信息技术与公司各项业务领域和环节的深入结合，信息系统持续集成，整体应用水平显著提升，全面支撑企业的发展进程。企业通过对已建信息系统、自动化系统、移动应用系统的集成，进一步提升系统的集成度和集中度，信息系统数量进一步缩减，用户数更加集中；企业信息化

全面融入研发、设计、生产、经营、管理、决策活动，基于知识进行快速战略决策；企业信息化已步入多行业、多地区、多业务全面集成与协同，有效改造和提升企业价值链，提高创新和竞争能力；企业 CIO 治理体制建立，基本成为信息化企业。

这一阶段信息系统及应用的主要特点（图 1-8）如下：

（1）信息系统间集成、信息化与自动化系统集成、有线网络与移动应用网络集成的价值被广泛认可和获取；

（2）系统功能持续完善，系统集成度持续提高，更加满足业务需求；

（3）系统的应用更深入、更广泛，对业务的支持作用持续提升；

（4）信息化已经成为企业战略的一个组成部分。

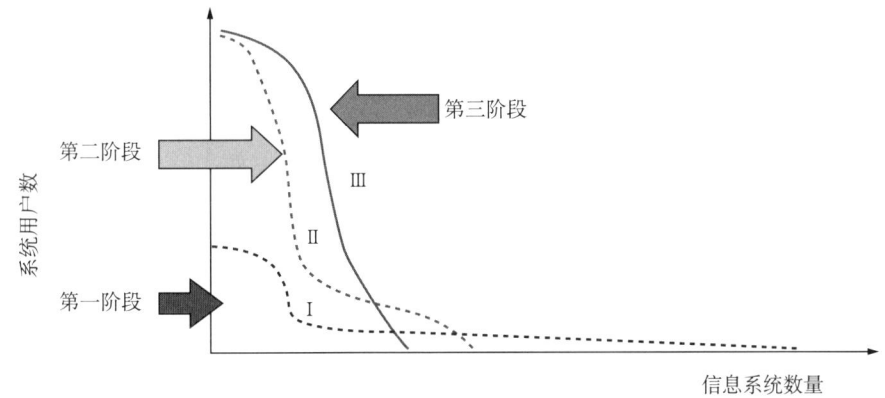

图 1-8　企业信息化第三发展阶段信息系统与其用户数关系图

1.2.3.4　第四阶段，即共享应用阶段

这是信息化发展的高级阶段，信息化与业务发展和转型实现一体化。共享应用主要有两种方式：一是基于业务价值链的集成信息，对企业价值链条进行总体优化，实现业务全面协同、生产经营决策智能化，提升整体资源利用效率，创造更大的价值，获取显著的竞争优势。二是基于先进成熟的集成系统和安全可靠、无处不在的网络，实现对相关业务的集中化处理和远程服务支持，如财务、人力资源、物资采购等共享服务中心，无缝支撑企业的全球化运营；如生产运营中心、投资与预算控制服务中心、安全生产与环境保护实时检测中心等，对生产经营过程进行实时控制与优化；如油气勘探与生产专家支持中心、工程技术专家远程诊断中心等，对企业内部专家资源进行最大化利用。

这一阶段信息化的主要特点如下：

（1）与企业业务发展一体化，信息化支撑生产经营运行、有效扩张、转变提升企业发展方式的作用和价值明显；

（2）信息化支持企业投资、预算、财务、人事、生产运行、安全环保等业务的各种共享服务中心常态化，成为一个企业与另一个企业竞争不可缺少的手段；

（3）企业信息技术部门将大幅度加强信息资源的共享服务能力，统一建设和运行维护有效支持专业化管理的共享服务中心的应用系统。

另外，根据有关机构对某行业的专项研究，企业规模越大，信息系统的高度集中、集成所产生的效益越大，如图 1-9 所示。随着企业信息化的不断发展，各信息系统的陆续应用，相较于中小型企业，大型企业在企业信息化建设初期形成的规模优势逐渐缩小，而中型企业由于其在企业业务专注度、业务多样性及灵活性等方面相对平衡，更容易快速地定位企业信息化发展方向，从而集中力量进行信息化建设。大型企业需要发挥自身业务领域多样性及丰富的人力资源的优势，就必须依赖于企业信息化的全面建设，建立稳定的信息化专业队伍，对信息技术进行深入探索，持续进行提升完善，不断拓宽应用范围，加强对各业务领域的支持，同时通过实现各信息系统的集成，将企业业务有机地联系在一起，从而最大程度地支持各业务间的协同，发挥企业的规模及资源优势。可以说，持续的企业信息化建设，尤其是进入到第三阶段后的信息化建设，如同给大型企业这只大象，套上了合适的舞鞋，使其能够翩翩起舞，蓬勃发展。

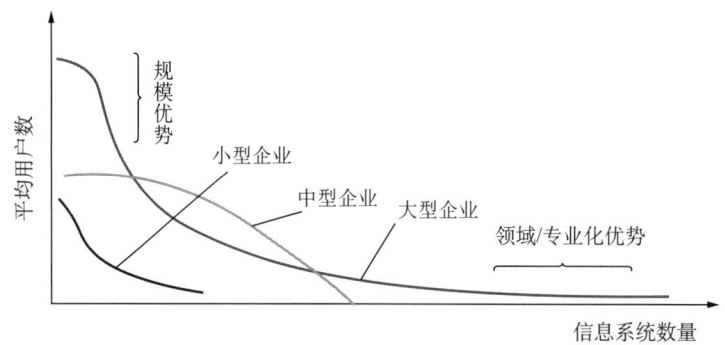

图1-9 不同企业应用系统集中集成的规模优势对比图

1.3 企业信息化发展与信息技术总体规划

信息技术总体规划（IT-Master-Plan）是一个企业或机构、组织用来解决信息化过程中应做什么（Do Right Thing）的问题。企业信息化是一个持续的、长期的、庞大的系统工程，覆盖企业的方方面面、每一个角落，建设周期长，投资大，不确定性强。沿着上文总结的企业信息化发展一般规律进行剖析，可以发现，从最初的分散建设阶段到统一建设阶段、集成应用阶段、直至持续提升与共享应用阶段，核心的建设思路和发展趋势是大统一、大集中，而在这一过程中，不可忽视的一项关键工作就是信息技术总体规划。作为企业通过信息化提升核心竞争力的整体解决方案和建设蓝图，只有通过进行统一规划，才能够从总体上把握信息化建设的进程，有效解决信息化过程中存在的问题，在整体上促进传统企业向信息化企业的转型升级。

在第一阶段，即分散建设阶段。由于是自发形成，企业缺乏统一制定并实施的信息技术总体规划，造成了信息化实践过程中做什么与怎么做都比较随意，企业内部各部门和单位在信息化建设过程中自行其是，重复建设严重、成果互不共享、信息孤岛和信息壁垒大量存在，整个企业的信息化应用环境越来越复杂，不仅浪费了大量投资，也为后续的业务整合和系统集成带来了巨大的困难，导致了信息化投入和回报呈现递减效应。

信息化由第一发展阶段转变到第二发展阶段，这一转变是跨越性的、革命性的。其核心是建设模式与系统架构从分散转为集中，信息系统的规模、功能、对业务支撑的深度和广度都将实现跨越式提升。因此，第二阶段的信息化建设更具艰巨性、复杂性、创新性和挑战性，是信息化过程中的攻坚战、阵地战和战略决战。这一阶段转变的主要标志和基本特征，就是企业总部统一制定并坚持统一组织实施全面支撑业务发展的信息技术总体规划。

对于处于第二阶段，即集中统一建设全局性信息系统阶段的企业来讲，制定并严格执行支撑企业主营业务发展的信息技术总体规划，是顺利完成本阶段信息化建设任务的重要前提和坚实基础。建设全局性信息系统不是一个简单的购买和安装计算机软硬件设备的问题，它涉及企业战略、管理、业务、流程等方方面面，是一项庞大的系统工程，没有统一的规划将是难以实现的。对于产业链长、业务复杂、地域分布广的特大型企业，需要通过分析企业战略和主营业务，明确业务之间的关系及利用信息技术支撑业务发展的方式，理清支撑业务发展的各信息系统之间存在的数据互供关系。因此，只有在信息技术总体规划的指导下，才能建成统一集成的信息系统，杜绝信息化建设低水平和重复建设问题，避免或减少信息孤岛，降低信息化建设的风险，有效控制和降低总体成本。

在顺利完成全局性信息系统建设后，需要信息技术总体规划对持续提升工作进行指引，在企业信息化的集成应用、持续提升与共享应用阶段中，企业信息化已上升至企业发展战略的高度，涉及信息技术与业务的全面融合，同时需要对已有信息系统进行进一步的集成共享。这就需要在进行持续提升工作之前，做好基于企业发展战略的信息化战略匹配；摸透企业业务现状，全面获取业务部门各级需求，尤其是管理层面的决策需求；厘清企业信息化现状，什么系统需要提升完善，哪些系统需要集成，何种系统可以被取代或者不适应业务发展需要替换，等等。通过进行全面、深入的信息技术总体规划，才能在已有的坚实基础上，实现信息化与工业化全面深度融合、协调发展。

国际领先企业大多约在1995年后就已从信息化建设的第一阶段进入了第二阶段，并于21世纪初进入了信息化建设的第三阶段。目前第四阶段共享应用也初露端倪，其企业信息化已经从最初的技术部门引导驱动、后来的业务管理部门业务板块需求驱动，逐步发展成为企业实现发展战略驱动的统一规划行为的必要支撑。

时至今日，国内有部分企业的认识和做法还停留在独立、分散建设信息系统的信息化发展初级阶段，与世界先进水平存在着较大的差距。与此同时，随着对企业信息化的认识不断加深，当前国内的很多企业，特别是行业领军的大型企业和企业集团，认识到统一的信息系统有助于实现企业现代化管理和集中管控，可以促进成员企业间的协作和供应链整合，提升企业的国际竞争力，其信息化建设已经陆续由第一阶段迈进到第二阶段，并根据信息化与工业化融合的战略要求，制定了与业务发展战略协调一致的信息技术总体规划，按规划统一组织并施行信息化建设。这些企业在信息技术总体规划实施完成后，管理信息系统数量将大幅度缩减，而系统的规模和效益将显著提高，从而大幅度缩小了与国际先进企业在信息化方面的差距，有力地支撑企业发展战略目标的实现。

值得肯定的是，国内少数信息化领先企业也已经明确了如图1-10所示的信息化建设战略思路，即按照总体规划，建设统一的信息系统，形成覆盖各项业务的统一信息系统平台，基本满足当前业务需求，从根本上杜绝低水平重复建设和新的信息孤岛产生，并随着条件的成熟适时转入信息化的第三、第四发展阶段。通过持续整合、集成、提升信息系统来不断满足业务新的需求，实现两化融合，全面支撑企业信息化运营和发展，使企业转变为具有国际领先水平的信息化企业。

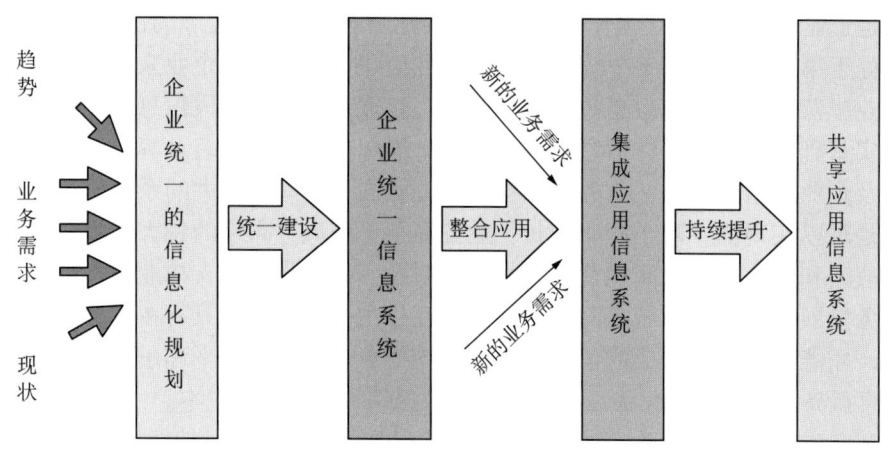

图 1-10 企业信息化建设的战略思路

1.4 小结

本章阐述了信息化对于企业,尤其是对于处于当今世界经济体系下、现代社会环境下中国企业的重要意义;回顾了企业信息化的发展历程,冀图寻求符合中国现阶段企业信息化现状,并能指引未来企业信息化发展方向的客观规律;结合多年的企业信息化工作经验,论述了对于企业信息化发展演进的认识,着重论述了四阶段的企业信息化发展规律;介绍了信息技术总体规划在企业信息化发展中的重要作用。希望读者通过本章内容,能够对企业信息化及其发展规律有所了解。

2 企业信息技术总体规划方法论

信息技术总体规划和信息化项目实施是企业信息化建设推进过程中必不可少、紧密关联的两个方面。企业信息化发展过程就是这两个层次构成的螺旋式递进的动态过程。信息技术总体规划的宗旨是明确企业做什么（Do Right Thing），即从宏观上校准企业信息化的发展目标方向，构建符合企业发展的信息化蓝图，确保信息化建设沿着正确的轨道开展，而信息化项目实施过程所需的方法论是保证把事情做正确（Do Thing Right），即从微观上把握各个信息化项目的建设过程，保障企业信息化建设的各个方面顺利进行，以达到信息化建设的预期效果。

企业信息技术总体规划对于理清企业信息化发展思路、推动企业信息化建设有着至关重要的作用。科学合理、切实可行的信息技术总体规划，可以有效保证企业信息化发展方向正确、涵盖内容全面、工作重点突出、整体计划有序、资源配置合理，为规划周期内的信息化项目实施打下坚实的基础。

研究和编制大型企业信息技术总体规划，不管是在国内，还是在国外，无论是在理论研究领域，还是在企业实践层面，都是一个关乎信息化与工业化融合战略如何在企业落地实施的问题，是一个关乎企业信息化建设全局的战略问题。要想制定出科学合理的信息技术总体规划，需要一套科学的规划编制方法论作为指导。

2.1 信息技术总体规划的意义与定位

信息技术总体规划这个概念，最重要的动因来自于信息化建设所具有的综合性、系统性、变革性和持续性的特点和要求。一般意义上的信息技术总体规划包括信息化战略规划和信息化项目规划。

信息化战略规划要解决的是企业的信息化发展战略问题，信息化战略服从并服务于企业业务战略，全面支撑企业业务战略的实施。信息化战略规划要在充分、深入研究企业愿景、发展战略、业务战略和管理基础上，结合所属行业信息化方面的实践和对信息技术最新发展情况及趋势的总结分析，制定企业信息化的发展愿景、总体目标、方针原则，设计信息化总体架构，提出相关重大措施等。

信息化项目规划是解决信息化建设的项目设计与实施的工程问题，就是根据信息化战略规划，分解信息化总体架构要求的信息化项目体系，对各信息系统建设项目的目标、内容、方案和策略等逐一进行规划设计，并根据项目间的依赖关系，设计信息化建设的总体工程路线图、信息系统实施的优先级次序，全面系统地指导企业信息化建设，促进和支撑企业业务的网络化运行和可持续发展。

2.1.1 整体战略的重要组成部分

企业业务战略和信息化战略二者互相关联，互相促进，协调发展，密不可分。信息化战略是企业完整发展战略的重要组成部分。

信息技术总体规划和相关决策是否上升到企业战略高度，直接决定了企业的战略思维和导向，决定了企业信息化投资力度以及在信息化项目实施中对涉及的流程、组织变革的决心和执行力，关系到信息化建设和应用的成败。

制定和实施信息技术总体规划，要站在全局的、整体的、系统的高度，根据企业发展战略、信息化现状、结合行业和信息化发展趋势，设计企业信息化建设的愿景、目标和战略，设计企业信息化总体架构，致力于企业信息化战略、信息化总体架构与企业业务战略、组织与业务流程的一致和匹配，要从企业业务战略出发，通盘考虑各主营业务、各业务部门的信息化需求，规划信息化建设项目体系框架，制定信息化整体实施计划和策略，统一规划信息化建设，促进企业成为科学发展、竞争力强的信息化企业。

2.1.2 业务战略的重要支撑

信息技术总体规划不只是信息部门的规划，而且是企业通过信息化提升企业整体实力、更好地实现企业发展目标的专项规划。信息技术总体规划的实质是使企业上下通过信息化审视管理，梳理业务问题，并寻求疏通业务瓶颈、优化业务运作、拓展业务领域、强化业务手段等的信息技术应用需求，其编制的过程也是企业管理层提高信息化认识，凝聚信息化共识，增强以信息化促进和支撑企业业务发展的紧迫感和责任感的过程。

信息技术总体规划需要动员企业的整体力量来完成，制定信息技术总体规划的过程中需要业务部门的深度参与。围绕企业业务战略来研究制定信息技术总体规划，最后交付的整体方案必须经过业务部门确认，方能纳入企业发展规划。按规划统一组织实施，才能将信息化战略与业务战略进行良好的融合与匹配，从而有效地支撑公司的业务战略，确保信息化总体架构对企业的组织及业务流程提供有效支撑。没有业务部门积极参与、充分沟通和高度认可的信息技术总体规划价值将大打折扣，并很难实施成功。

2.1.3 信息化项目立项与投资的依据

信息技术总体规划是企业实施信息化项目的先导和基础，是指引企业进行信息化建设的有效依据。在企业制订年度信息化建设投资计划，开展项目立项前，通过信息技术总体规划进行顶层设计，从整体角度对每个单独的信息化项目给予清晰、合理的说明，明确为什么要设立该项目，建设的具体内容是什么，由谁来组织信息化建设，什么时间做，用什么方式、方法做，与其他项目之间的关系是什么，建成后会有什么效果，建设过程中可能会遇到什么风险以及完成这些任务所需要的资金、人员等各类资源投入等，使企业从事信息化建设的相关人员在项目初始就做到心中有数，有据可查，并在规划的基础上，进一步完成项目可行性研究，细化项目的建设目标、技术方案、建设内容、实施计划和投资估算，确保项目后续实施工作的顺利开展。

2.1.4 信息化建设的总体解决方案

企业信息技术总体规划是企业实现战略目标和业务发展所需信息化能力建设和提升的蓝图，是企业获取这些能力的全面、系统的中长期计划，是企业逐步将生产管理、经营管理、办公管理和辅助决策搬到现代化网络上运行的总体解决方案。企业在企业信息化建设过程中会出现各种疑问，例如信息化建设会对企业的技术、管理、决策等方面产生什么样的影响？采取什么样的信息系统体系架构？实施哪些信息技术项目及项目之间是什么关系？需要多少资金及其在项目、年度之间如何分配？采取什么样的信息系统建设组织模式和实施方法……这些问题涉及技术、操作、管理和决策等方面，信息技术总体规划将从宏观角度系统、全面地回答这些问题，科学总结过去、正确认识现在、准确把握未来。

在具体操作中，企业要按照项目优先级次序，将信息技术总体规划中的任务分解到年度计划，与当年的经营管理责任挂钩执行。在实施过程中，信息技术总体规划要根据企业发展战略和实际工作需要，及时进行滚动修订，使之更好地满足企业发展的需要。信息技术总体规划的制定和实施，为成功建设企业级信息系统平台提供了有利条件，从根本上避免了信息化建设过程中的重复建设、信息孤岛、投资浪费等问题。

2.2 信息技术总体规划编制的基本原则

信息技术总体规划应坚持规划与行业趋势紧密结合、与业务发展紧密结合，在编制过程中应坚持战略性、权威性、整体性和指导性原则。

2.2.1 战略性原则

战略性原则主要体现在三个坚持：

（1）要坚持分析研究行业解决方案和发展趋势，将本行业的最佳实践融入信息技术总体规划中来，保证完成的信息技术总体规划具有一定的前瞻性。

（2）要坚持与企业战略融合，围绕企业整体战略和业务战略，制定与业务战略相匹配、相融合的信息技术应用架构，使信息技术总体规划成为企业规划重要的组成部分，能够全面支持企业业务战略的实施。

（3）要坚持与业务运营相融合，在信息化建设目标、信息化总体架构、信息化组织体系、信息化管理政策、信息化投资渠道、科学的实施策略、高效的对外合作模式等方面，充分体现利用信息化支撑企业主营业务运营、发展和转型。

2.2.2 权威性原则

权威性原则指信息技术总体规划在技术架构、项目内容和实施策略等方面的权威性。

首先，必须具有技术权威性，规划所确定的技术在一定时期内是企业综合各种因素可采用的最佳选择。

其次，必须具有项目权威性，规划确定的项目要尽可能按时完成，规划外的项目原则上不再立项实施，以便集中力量解决关键问题。

最后，必须具有实施的权威性，坚持规划确定的实施策略，提供实施规划必需的资金、人员等资源，确保项目按照规划的步伐推进。

2.2.3 整体性原则

整体性原则主要体现在四个方面：

第一，体现在规划对各主要业务发展的全面支撑上，不能只支持一部分业务发展。

第二，体现在企业信息技术应用的全面性，企业信息化需要全面应用信息技术，不是只有网络，只有某个或几个系统，而是需要一个整体解决方案，包括信息技术基础设施、专业应用系统、管理信息系统等。

第三，体现在企业信息系统实施的整体性，信息技术总体规划只有全面有序地实施，才能充分发挥各系统的作用。按照总体规划建设的信息系统相互之间能够有效配合，信息化所创造的价值具有"1+1＞2"的特征。

第四，体现在企业各信息系统之间的集成性，各信息系统都是针对具体业务需求建设和应用的，但公司是一个整体，需要各系统之间能够很好地实现集成，形成企业统一集成的信息系统平台。

2.2.4 指导性原则

指导性原则是指企业信息技术总体规划应从业务需求、技术方案、实施策略及成本、进度、范围、风险等方面明确框架性建议，以指导每一个项目的具体实施。信息技术总体规划是信息系统建设立项和投资的基本依据，是信息系统总体设计、详细设计和实施的主要基础。

虽然信息技术总体规划需要各单位和业务领域的广泛参与，但必须由企业总部确定信息技术总体规划和投资的总体方向。信息技术总体规划要贯彻到成员企业和业务领域，并指导成员企业和业务领域配套规划的制定。

由于企业总部负责投资建设整个企业范围内的信息化资产和应用系统，成员企业负责投资建设仅在本单位使用的信息化资产和应用系统，因此在总部总体规划下，需要由各业务领域决定如何完善总体规划中与其相关的部分以及是否需要作补充规划；成员企业根据实际情况制定本单位信息技术总体规划，细化信息技术总体规划中与之相关的建设内容和配套实施计划。

2.3 信息技术总体规划编制方法

编制信息技术总体规划是一项综合性很强、技术性很高、影响深远的先导工程，需要科学、规范的编制方法，需要深入、全面、系统的调查研究和综合归纳分析，需要信息化专家、业务专家和管理专家的共同参与，需要企业内部队伍与外部咨询团队的紧密合作、共同努力。

2.3.1 信息技术总体规划编制方法概述

近年来，随着企业信息化实践的丰富和信息技术发展的成熟，信息技术总体规划的方法也日臻完善。国际著名的信息技术及管理咨询公司和国内咨询厂商关于企业信息技术总体规划的方法论不尽相同，常根据不同客户的需求有所侧重，主要差别在于其各自对用户行业、企业的业务，对信息化发展基础、趋势的理解掌握程度，并没有形成统一的思路。根据多年的企业信息技术总体规划实践经验，汲取国内外相关规划编制先进思想、理念和方法，本书归纳提出了符合企业实际、具有一定代表性和适用性的信息技术总体规划方法论，包括现状调研与需求分析、愿景制定与架构设计、项目规划与实施设计三大步骤，如图2-1所示。

信息技术总体规划是一个过程，是公司上下围绕信息化支持管理、信息化与工业化融合，寻求全局性整体解决方案的过程，是梳理业务、暴露矛盾、反复沟通、全面碰撞、凝聚共识、更新理念的过程。贯穿信息技术总体规划编制过程始终的是研讨沟通环节，

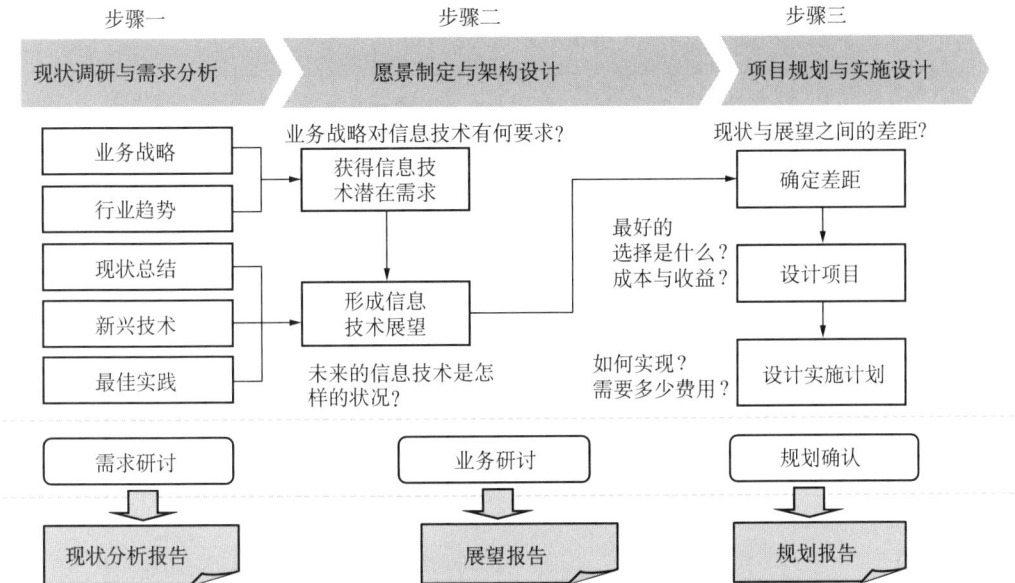

图 2-1 企业信息技术总体规划编制方法图

无论在进行现状调研与需求分析时的需求研讨，进行愿景制定与架构设计时的业务研讨，还是进行最终项目规划与实施设计时的规划确认研讨，都是不可或缺，至关重要的环节。要特别强调规划编制团队与业务部门在规划编制全过程的沟通交流，特别重视规划编制各重要阶段的工作及成果汇报，以便让企业领导和业务部门及时了解规划的思路、目标和内容，及时征求他们的意见和建议，及时获得他们的理解和支持，保证规划始终把握正确方向，围绕公司业务需求，体现公司战略和意志。否则，如果不能通过有效的沟通、交流、汇报、宣传，使规划被企业高层、业务部门、各成员企业和全体员工所理解与接受的话，规划编制的方法思路再好，设计的架构和项目再科学、再合理，也不可能真正成为企业信息化建设的总纲和行动计划，就有被束之高阁、成为一纸空文的危险。同时，需要自始至终做好及时有效的项目培训、知识转移、技术交流、专家咨询、业务研讨、项目汇报。从这个意义上讲，信息技术总体规划编制团队，是企业信息化的宣传队、播种机和开路先锋。

信息技术总体规划作为企业一项重要的专项规划部署编制，需要重视并加强规划工作的组织管理。笔者建议在企业信息化工作管理委员会统一领导下，由信息管理部门具体负责组织，相关业务部门参加，每 5 年进行一次。根据企业战略调整，业务实际变革及规划项目实施情况，必要时可以 2～3 年甚至逐年进行滚动调整。编制工作按照规划编制方法和流程进行，要全面落实规划编制的各项原则，实施严格的项目管理，确保规划的质量。在各阶段由信息管理部门组织业务部门、成员企业和信息技术专家对阶段成果进行讨论并提出意见，由项目组修改完善后报企业信息化主管领导审阅，信息技术总体规划经信息化主管领导审核后报企业信息化工作管理委员会或企业最高管理层会议审定。

信息技术总体规划三大步骤切分清晰，联系紧密，各步骤的主要工作内容、各步骤之间的逻辑关联以及各主要工作间的相互联系如图 2-2 所示。步骤一是整体规划工作的基础，是全面了解企业现状和需求；步骤二是规划工作的核心，要明确企业信息化建设的目标和方向；步骤三是规划的结果，详细设计信息化项目和实施计划。

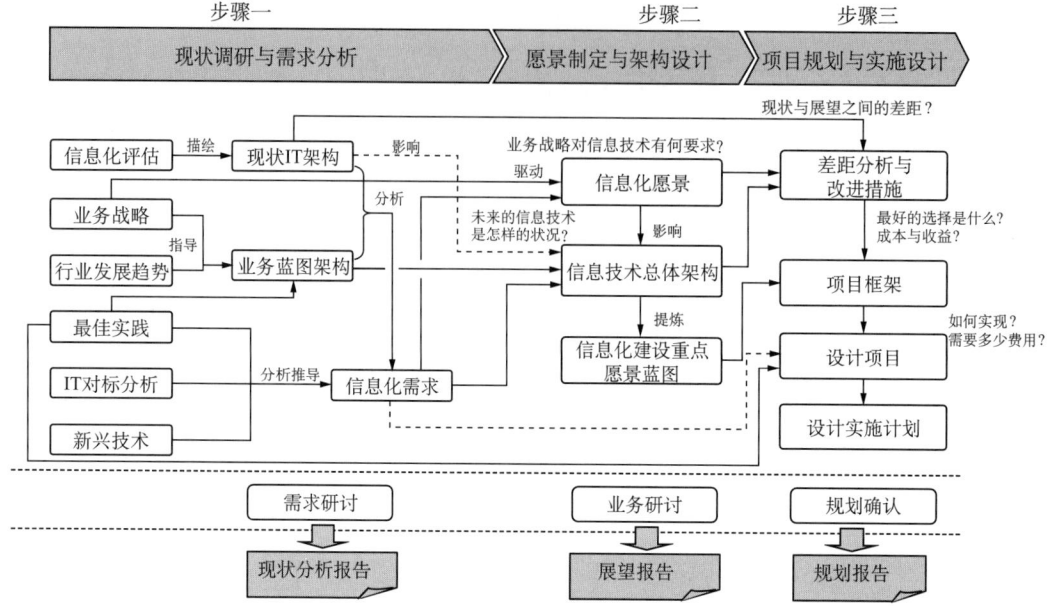

图 2-2 企业信息技术总体规划编制方法"三步骤"关联图

在现状调研与需求分析工作中，通过开展针对性的调研对企业业务现状、信息化现状进行梳理，结合最佳实践、行业发展趋势、信息技术对标分析、新兴技术等研究，描绘出企业信息技术应用现状，指导建立企业未来的业务蓝图，分析明确企业信息化建设需求，从而为愿景制定与架构设计、项目规划与实施设计工作的进行奠定切合企业实际的基础。在愿景制定与架构设计工作中，根据业务战略准确把握信息化愿景，综合信息技术需求及未来的业务架构，构建符合企业未来发展的信息化总体架构，并提炼出信息化建设重点方向。符合企业实际的现状分析与信息化展望，共同驱动并指引着项目规划与实施设计工作，通过对比二者得出企业信息化差距，提出改进措施，并结合信息化建设重点，建立适合企业信息化发展的信息化项目框架，参考最佳实践及信息化需求，设计框架内各信息化项目及整体的实施计划。可见，这三大步骤从企业的实际情况出发，将业务与信息化、现状与愿景、架构与规划、需求与项目等逐一拆分、分析、对应，整体层面上每一大步都至关重要，具体工作中每一小步都不可缺失，在逻辑思维上严丝合缝，在实际工作中环环相扣，共同构成了科学合理的信息技术总体规划编制方法。

2.3.2 现状调研与需求分析

现状调研与需求分析阶段旨在调查、分析企业业务需求和信息技术应用情况，通过对企业业务及信息化现状进行分析，并根据行业最佳实践和技术发展趋势，总结行业业务与信息化发展状况，为愿景制定与架构设计阶段提供基础和依据。在本阶段，项目组遵循项目的基本原则和相关要求，通过现场调研、重点访谈、问卷调查、交流研讨、资料收集等各种手段和方式，全面收集各种业务和信息化相关信息和资料，如：企业业务运营和发展趋势，主流和新兴信息技术发展与应用，企业信息化现状等文件、数据和资料，全面掌握公司信息技术应用现状和业务需求，并运用管理咨询公司的行业经验和方法体系，深入了解和掌握信息技术发展趋势，分析本行业的信息技术应用情况，特别是标杆企业的信息技术应用情况和发展方向，全面了解和掌握业内信息技术应用趋势。主要完成以下六个方面的工作：

（1）研究企业业务战略。主要对业务战略进行层层分解，衍生出业务目标、业务现状，对应到信息化目标、信息化现状，继而在愿景分析与架构设计阶段校准信息化战略，分析提取匹配企业业务战略的信息化需求。

（2）研究行业发展趋势。主要研究分析企业所在行业的发展趋势，开展与标杆企业的对标分析，找准企业在行业中所处位置，发扬优势，消除劣势，明确业务和信息化发展方向。

（3）总结企业现状。主要调查研究和分析企业组织机构，成员企业及地域分布，企业当前面临的挑战和机遇，企业各业务领域价值链和主要业务流程，各业务领域主要问题及改进方向。分析总结企业各业务领域信息化建设、应用和管理现状，全面了解已有信息技术基础设施和存在的主要差距与问题。

（4）研究新兴技术。主要了解研究主流和新兴信息技术发展方向及应用趋势；了解新兴技术在行业内的适用性及扩展性等。

（5）研究信息化最佳实践。了解研究国内外，特别是所在行业和对标企业的信息化建设与应用实践及趋势；研究企业信息化管理组织架构的沿革及发展趋势等。

（6）组织进行需求研讨。组织需求研讨会，对现状调研与需求阶段总结的业务现状、提取的信息化需求等工作成果进行讨论、分析，根据反馈意见及时调整工作，推进阶段工作进行。

现状调研与需求分析阶段提交的成果是《信息化现状与需求分析报告》。

2.3.3 愿景制定与架构设计

愿景制定和架构设计阶段旨在根据企业业务及信息化现状，结合行业最佳实践和技术发展趋势，对企业信息系统建设进行规划，指明企业在应用和管理信息技术方面的发展方向，指导企业信息总体结构和功能的设计，确定应该实施的技术解决方案和建议，回答企业未来应该如何应用信息技术的问题，使企业对信息化建设未来蓝图有一个较确切的认识和理解。在本阶段主要完成以下五个方面的工作：

（1）获得信息技术潜在需求。结合现状调研与需求分析阶段中收集到的大量业务需求，根据企业发展战略与主营业务特点，并与行业发展趋势进行对比分析，准确提炼出企业信息化潜在需求。

（2）形成信息技术展望。在获取信息技术潜在需求的基础上，将企业信息化现状、新兴信息技术及国内外成功经验进行综合分析，提出企业信息技术展望，即企业信息化的发展愿景、方针、原则和总体目标。

（3）设计企业信息化总体架构。结合企业的业务战略、主营业务、管理和运营架构及关键流程，分析设计企业应用架构、数据架构、信息化基础设施架构、信息安全架构及企业信息化治理架构。同时，还要提出信息技术总体规划和总体架构实现的保障措施。

（4）提出信息化建设重点方向。在信息化愿景和战略目标的指导下，在信息技术总体架构的内容基础上，总结出未来信息化的建设重点领域，形成信息化建设的蓝图。

（5）组织业务研讨。组织业务研讨会，对愿景制定与架构设计阶段提出的企业信息技术展望、设计的企业信息化总体架构、形成的信息化建设重点领域等工作成果进行讨论、分析，根据反馈意见及时调整完善，明确信息化建设的目标和方向。

愿景制定与架构设计阶段提交的成果是《信息化愿景和总体架构设计报告》。

2.3.4 项目规划与实施设计

项目规划和实施设计阶段旨在通过比较企业信息化现状与信息化愿景，分析主要差距，找出改进机会，设定总体目标，明确实施计划，提出变革策略，进行风险分析，确定面临的挑战。项目组以此为基础确定整体的项目体系，提出建议实施的信息技术项目，设计信息系统项目工作包，制定项目实施计划，设计主要的系统功能架构，进行投资估算，分析项目实施效果、存在的风险以及建议采取的保障措施，明确主要数据及其信息流动关系，并提出项目进度安排及优先次序，为企业实现信息化建设蓝图提出明确的任务和完成方法。在本阶段主要完成以下四个方面的工作：

（1）确定差距。将前述的现状分析与信息化发展展望、总体架构进行对比分析，确定之间的差距。研究缩小差距的改进机会，提出对应的改进措施。

（2）设计项目。根据这些改进措施，以全面提升信息化能力、支撑企业主营业务发展为宗旨，以业务和应用功能为主线，设计信息化项目框架体系，并逐一对项目框架体系中的各个信息化建设项目进行具体的规划设计，包括项目目标、范围、任务、项目参与方、成本估算、人力资源需求、实施策略等，为项目的可行性研究及立项实施提供依据和指导。

（3）设计总体实施计划。制定信息化项目总体投资预算和实施计划，完成效益分析和风险分析。根据信息化项目的一般原则和行业、企业的有关要求，编制规划的信息化项目的总体预算。根据企业资金投入、实施队伍的实际情况，应用需求迫切程度，项目之间业务逻辑关系、输入输出时序依赖等，设计企业所有信息化项目的先后次序和总体实施路线图、实施策略。完成信息技术总体规划实施的成本效益分析，提出主要风险和规避措施。

（4）组织研讨确认。组织规划确认研讨会，对项目规划与实施设计阶段提出的差距分析，项目设计，实施计划等工作成果进行讨论、分析，根据反馈意见及时调整，保证项目设计及实施计划准确、可行。

项目规划和实施设计阶段提交的成果是《信息化项目规划与实施设计报告》。

2.3.5 信息技术总体规划编制方法的理论支撑

编制信息技术总体规划是一项复杂的系统工程，需要采用科学的系统化方法，综合考虑来自业务、组织、流程、信息技术、信息化能力等多方面因素，同时需要引入国际先进的理念作为支撑。

企业架构（Enterprise Architecture，EA）是当前国际上较为流行的理论方法，用于指导企业如何将业务功能与需求映射到信息系统，并为选择、设计、开发和部署所有的信息系统提供一系列的方法、工具和参考模型。企业架构关注企业信息化的根本问题，是企业的实际业务和具体的信息技术项目建设之间的桥梁，是实现战略、业务、信息技术的融合，实现从企业战略到信息服务，再到企业架构能力路线图的过程，能够帮助企业从业务战略上理解什么是需要在未来交付的信息化功能。正是因为如此，企业架构的理论和方法越来越受到政府、企业和研究机构的重视。他们对企业架构的基本期望是，能够在对业务战略和流程理解的基础上，进行信息化顶层设计，形成灵活稳健的信息技术结构，建立和谐的信息技术环境。这种立足于企业战略和业务，进行从整体到具体的信息化架构的思路，与信息技术总体规划是非常一致的。

2.3.5.1 企业架构的定义及发展

企业架构是英文"Enterprise Architecture"的一般译法，也被译为企业体系结构或企业总体架构。架构（Architecture）的含义是指，具有特定结构的体现某种统一规则的形态或框架以及针对该结构的有意识、有条理的方法。架构的建立通常会建立一个共有的愿景，并考虑外部的约束、客户的需求、内部约束、技术约束等，通过有条理的逻辑推理来最终实现该结构。架构包含了构建过程中连接概念到实施的工具、流程、文档、计划和蓝图的集合。

企业架构的雏形来自企业建模的理论和思想。在20世纪80年代早期，除了学术界，很少有人对企业再造或企业建模的思想感兴趣，而且使用的理论和模型通常被限于某个信息系统的设计和开发。

1987年，曾经在美国海军服役、在IBM公司服务26年、企业信息系统架构框架概念的创始人John Zachman发表了名为"A Framework for Information Systems Architecture"的文章，首先引入"信息系统架构框架"的概念。他认为使用一个逻辑的企业构造蓝图（即一个架构）来定义和控制企业信息系统及其组件的集成是非常有用的。为此，Zachman开发了从信息、流程、网络、人员、时间、基本原理等六个视角来分析企业，也提供了与这些视角逐个相对应的六个模型，包括语义、概念、逻辑、物理、组件和功能等模型。Zachman理论被称为"Zachman框架"。Zachman本人被业界公认为企业架构领域的开拓者，现有的企业架构框架大都由Zachman框架衍生而来。企业架构的理念很快得到咨询公司、研究机构和IT厂商的关注和认可。1995年，国际开放标准组织（The Open Group）发布TOGAF（The Open Group Architecture Framework）。这是一个行业标准的架构框架，可以被任何一个希望开发信息系统架构的组织机构或企业免费使用。

时至今日，企业架构还没有形成一个业界公认的、一致的定义。不同的研究机构、咨询公司、政府和信息技术（IT）厂商对企业架构（EA）都有不同的定义。

- Zachman的定义：企业架构是构成组织的所有关键元素和关系的综合描述。企业架构框架是一个描述企业信息系统架构方法的蓝图。
- 1996年美国国会Clinger-Cohen法案的定义：企业架构是一个集成的框架，用于演进或维护存在的信息技术和引入新的信息技术来实现组织的战略目标和信息资源管理目标。
- 美国行政管理和预算局（OMB）的定义：企业架构是业务、管理流程和信息技术之间当前以及未来关系的描述和记录。
- Gartner Group的定义：企业架构是一个自顶向下、业务战略驱动的过程，表达了企业的关键业务、信息、应用和技术战略以及它们对业务功能和流程的影响。关于信息技术怎样以及应该如何在企业内实施，企业架构提供一个一致的、整体的视角，使它与业务和市场战略保持一致，也就是企业信息技术应用解决方案架构。
- 2002年美国电子政务法案的定义：企业架构意味着一个战略信息资产库，定义了使命、执行使命所必需的信息和技术，并且为了响应使命不断变化的需求，而实施新技术的变迁过程。
- Microsoft的定义：企业架构是对一个公司的核心业务流程和IT能力的组织逻辑，通过一组原理、政策和技术选择来获得，以实现公司运营模型的业务标准化和集成需求。

2.3.5.2 TOGAF企业架构理念与总体规划的关系

TOGAF是由国际开放标准组织发起和设计的，这个组织于1993年成立，是一个非营利性组织，现有3150多个会员，来自100多个国家和地区。2008年组织的会员企业达到350个，包括许多世界著名的企业和政府机构，如SAP、BP、壳牌、美国银行、美国国防部、美国国家航空航天局（NASA）、日本电气株式会社（NEC）等，其中50%来自北美，25%来自欧洲，25%来自亚洲。自1995年TOGAF第一个版本发布以来，不断更新和完整框架内容，到2009年发布了第9个版本。通过采用TOGAF，用户可以灵活、高效地构建企业信息技术架构，帮助企业节约成本，增加业务模式的灵活性，使之更加个性化，随需应变，并提高信息系统应用水平，同时还可以对客户的业务模式创新起到推动作用。

TOGAF理念中，处处体现着与企业信息技术总体规划方法论一致的思想。图2-3展示了TOGAF企业架构元模型。企业架构元模型是企业架构的总纲及本质内容，结合企业信息技术总体规划工作，现将其核心的内在逻辑及内容进行阐述、分解，希望能够清晰地将企业架构与信息技术总体规划进行联系，通过分析企业架构的理念，从而支持信息技术总体规划的核心思想与方法。

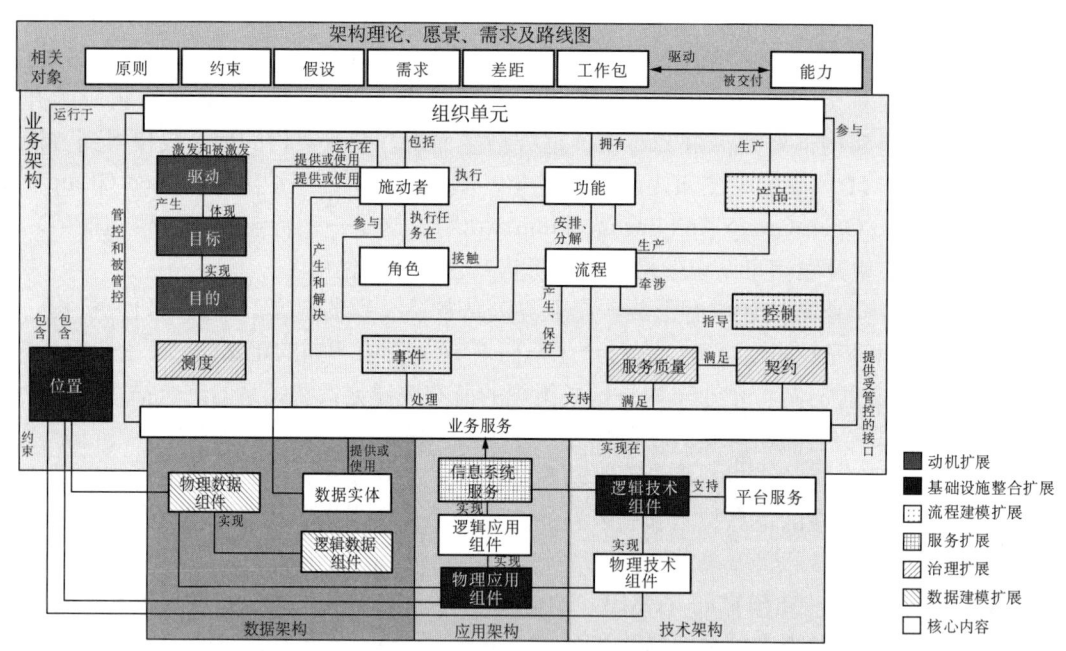

图2-3 企业架构元模型

对于企业架构的实现，TOGAF企业架构元模型定义了5部分核心工作，17个核心模块及多个扩展模块，其中支撑架构模型的5部分核心工作是：架构理论、愿景、需求及路线图，业务架构，数据架构，应用架构，技术架构。

架构理论、愿景、需求及路线图，是企业架构的基础，其中包含的模块都是进行企业架构所需的核心模块，包括架构原则、约束、假设、需求、差距、工作包及能力，共同支持企业对业务架构、数据架构、应用架构及技术架构的设计，获取适于业务的信息化能力，支持企业业务开展。如果将该理论映射到信息技术总体规划上，其实信息技术规划工作的主要思想也正是这些：即遵循一定的规划原则，在企业现状约束和发展假设下，分析获取信息化需求，制定企业信息化建设的愿景，通过对比愿景与现状得出信息化差距，制定能缩小差距的信息化建设工作包，通过实施信息化建设工作包，从而驱动企业获取信息化能力，进而支撑企业的业务能力发展。

业务架构，这部分内容是紧密贴合架构理论、愿景、需求及路线图内容的，也是企业架构的核心。其中的核心模块包括组织单元、施动者（Enabler）、角色、功能、流程和业务服务。业务架构基于组织单元，是组织单元拥有的各个业务功能、业务流程的合集。施动者这一核心模块是包含于组织单元的，其作为企业业务功能的执行者，参与到日常的业务流程中，直接面向着企业业务及业务产生的相关数据，以解决业务过程中的各项事件。角色是基于不同的任务执行前提下，对于施动者的细化。功能是企业组织所拥有的各项业务功能，并可以整合形成各个业务流程，而业务服务可以对业务流程提供支持，包含并体现了企业信息化对业务的支撑作用。

数据架构、应用架构和技术架构这三部分内容具有一个共同点，就是统一支持业务服务。在数据架构中定义了数据实体这一核心模块，作为企业架构中的重要元素，明确数据实体是通过信息化为业务提供服务的基础。在应用架构中定义了逻辑应用组件这一核心模块，作为信息技术应用的具体表现，企业通过其实现信息系统服务，继而实现信息化对业务的支撑。在技术架构中定义了平台服务及物理技术组件这两个核心模块，其中平台服务支持了企业架构中信息技术应用的实现、应用及集成，物理技术组件是信息技术应用的基础，二者对于业务服务都有着不可或缺的辅助支持作用。

将业务架构、数据架构、应用架构和技术架构这四种架构结合信息技术总体规划来看，体现着企业信息化统一于业务、服务于业务、融合于业务的思路，这也正是信息技术总体规划的指导原则。总体规划的核心方法，就是针对业务架构，设计科学合理的数据架构、应用架构和技术架构。通过对企业业务架构进行分析研究，对业务流程进行梳理，对业务价值链内各个环节进行拆解，提取符合企业业务现状的信息化需求，找准信息化工作的着力点和提升点，指导企业开展信息技术总体规划，设计企业总体的信息技术架构，包括核心的数据架构、具体的应用架构以及基础的信息技术架构，基于总体架构设计工作包，通过项目获取信息技术能力，服务于企业的业务流程，管理业务流程中的各项功能，为企业内部的各施动者提供符合各自需求的数据及应用，进而有效地协助企业的研发、设计、生产、管理及运营等各环节运作。

2.4 信息技术总体规划准备工作

2.4.1 确定规划编制组织机构

规划项目组织和项目团队是规划成功的根本保障。企业信息化建设工作向来被认为是"一把手"工程，需要企业和相关部门最高领导的支持和推动。信息技术总体规划是企业未来一个时期信息化建设的纲领和指南，体现企业的信息化战略，更应明确作为"一把手"工程的定位。企业根据自身情况，成立信息技术总体规划编制项目指导委员会，负责协调和决策，决定规划方向，审定规划成果。一般项目指导委员会由企业信息化工作主管领导和各主要部门领导组成。

领导层的支持和推动是企业信息技术总体规划取得成功的首要条件，与此同时，各相关部门的充分参与是成功的根本保障。信息技术总体规划涉及人员多，面广，组织协调工作量大。国际开放标准组织在其企业架构理论中提出，企业架构主要涉及五类人群，分别是企业功能性组织、最终用户组织、项目组织、系统运营组织以及外部人员。每一类人群对于项目的兴趣点、参与程度以及作用都不相同。

结合中国企业的实际情况，信息技术总体规划工作一般由企业的信息化管理部门具体负责编制，并建立专职的规划编制项目经理部。与规划相关的部门可以分为以下三种类型：（1）企业功能性组织，如企业级的计划、财务、人力资源等部门；（2）业务用户组织，包括各业务部门与业务条线；（3）信息化建设组织，主要包括具体参与企业信息化建设的内部团队。在信息技术总体规划项目实施过程中，企业功能性组织主要支持项目管理和资源协调，同时也作为用户提出需求。业务用户组织是企业信息化建设服务的主体对象，向规划项目输入业务发展战略、业务现状以及业务对信息化的需求等信息，全程参与规划的过程，及时评估规划的各阶段成果。信息化建设组织是企业信息技术总体规划的实际执行者，向规划项目提供企业信息化项目现状，并对所负责信息化项目的未来进行展望。

通过以上对于参与者的分析，企业可以在信息技术总体规划编制时建立相应的项目组织，例如成立专门的规划编制项目经理部，由企业信息管理部门的主要领导负责，各主要企业功能性组织和业务部门的主管领导参加。项目经理部全面负责项目的质量和进度，调配项目所需资源，指导规划项目经理部的工作，听取项目汇报，研究解决项目问题。针对企业的业务和管理结构，企业可以成立相应的专业项目小组，包括相关业务用户组织、相关信息化建设组织的专家以及规划项目经理部成员。专业项目小组负责规划的具体内容，使得规划符合企业业务的发展规律和趋势，切合企业业务与信息化建设的实际，同时具备可行性和可操作性。

在企业充分调动并利用内部资源参与信息技术总体规划工作的同时，也可以借助外部力量充实规划编制组织。2000年以来，中国一个大型企业通过招标方式，引入国际咨询公司参与信息技术总体规划工作，取得了良好的效果。这些外部力量带来了先进的经验、成熟的方法以及不同的视角，帮助企业扩展了视野，充分吸收了国内外先进理念和行业最佳实践，借鉴国内外相关公司的成功经验和方法，提升信息技术总体规划水平。

案例：某企业信息技术总体规划编制组织结构

该企业为了编制信息化发展"五年规划"，成立了规划组织机构，如图2-4所示。

信息规划领导小组由企业主管信息化的副总经理担任组长，企业信息部门和规划部门的负责人担任副组长，总部相关管理部门（如财务、人力资源等）的负责人以及各业务领域的信息化主管领导作为领导小组成员。

成立信息规划领导小组办公室，具体负责信息规划编制的管理工作。办公室由企业信息部门负责人担任主任，规划部门和信息部门指定的主管信息规划的领导担任副主任，信息部门指定规划的项目经理、企业管理部门指定的信息化负责人以及各业务领域信息部门的负责人作为办公室成员。

根据该企业业务领域多的特点，成立信息规划项目经理部，负责规划的具体编制工作，亦即上文所述的专职规划编制项目组。项目经理部由企业内部承担信息技术总体规划编制任务的信息化团队和外部咨询公司人员共同组成。

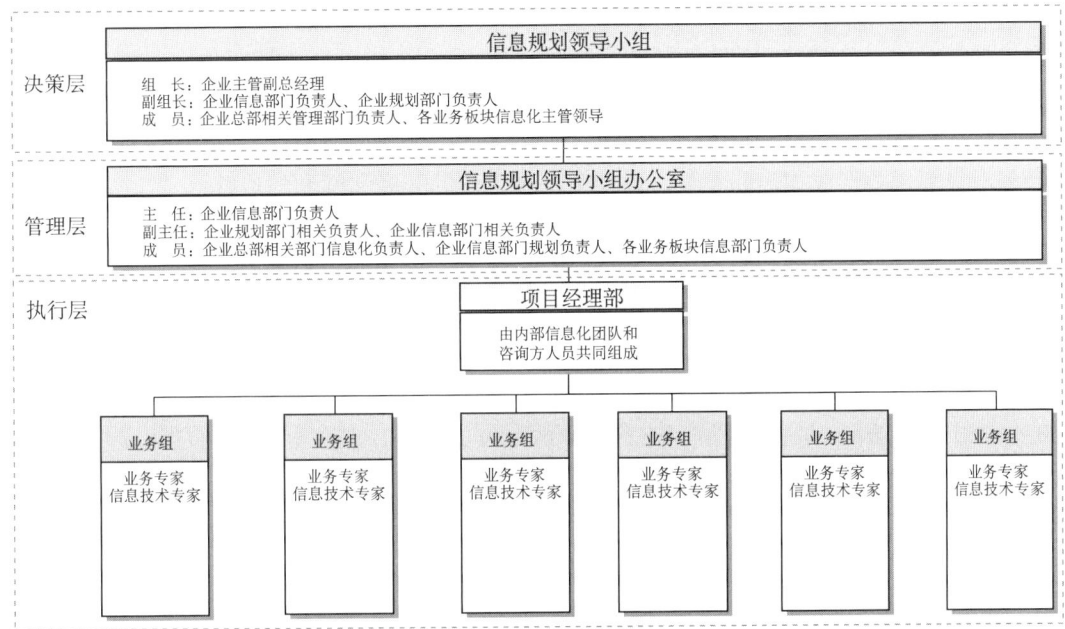

图 2-4 信息技术总体规划项目组织示例

在各业务领域成立规划编制业务组，同步进行各业务领域的信息技术规划编制，同时作为专家支持项目经理部的工作。业务组主要由相关各业务领域的业务专家和信息技术专家组成。

2.4.2 建立规划编制管理制度

在确定企业信息技术总体规划编制组织的同时，企业需要建立相关的管理制度以保障规划编制工作的顺利进行。这里将选取四个具有规划典型特点的方面进行阐述。

（1）沟通管理。企业信息技术总体规划参与者众多，来自不同的部门和业务领域，而且大部分参与者并不是全职进行规划工作，因此各方面的协同合作是规划编制的关键点，而高效的沟通机制是协同合作的保障。项目经理部是整个沟通管理的中心，指定的项目组成员将负责与相应企业功能性组织、业务用户组织、信息化建设组织进行沟通。同时，以上各组织也指定专人负责沟通联系的工作。对于成立了专业项目小组的规划编制项目，可以将各专业项目小组作为沟通的渠道，充分发挥专业项目小组集合业务专家、信息化建设专家和专职规划项目成员的特点，建立畅通、高效的沟通管理体系。

（2）人员管理。信息技术总体规划一般具有时间紧、任务重、要求高的特点，而且规划的涉及面较广，需要项目经理部各成员分别承担并负责一部分工作。因此，保持专职规划人员工作的连续性和稳定性十分重要。项目参与人员的变动需要经过项目经理部的同意，并提前开始工作交接，以保证工作的顺利延续。

（3）例会和汇报管理。定期召开的信息技术总体规划项目例会是确保项目顺利推进的重要举措。项目例会由项目经理部组织召开，一般为 1~2 周一次，内容包括跟踪之前例会提出的问题，落实解决情况，沟通项目进展，介绍各专业项目小组的工作完成情况和工作计划安排，提出需要其他专业项目小组或项目经理部支持的问题等。项目汇报是项目经理部向企业信息化管理部门、各企业功能性组织、业务用户组织以及信息化建设组织进行工作情况说明的主要形式。项目汇报的频率一般为 1~2 月一次，或者安排在项目进展的一些主要节点上，主要内容包括项目经理部汇报项目总体进展，近期工作完成情况和今后工作计划安排，提出需要相应组织或人员配合完成的工作以及协调解决的问题，与会人员对项目工作提出意见、建议和要求，必要的时候，还可以组织针对专题的项目汇报。项目例会和汇报都需要形成相应的纪要，以便下一步工作的开展和问题的追踪。

（4）保密管理。近年来，随着国家对保密工作重视程度的升级，中国企业，特别是大型国有企业对于保密工作的重视程度不断提高。国务院国有资产监督管理委员会于 2010 年发布的《中央企业商业秘密保护暂行规定》中，在第十条明确规定战略规划处于商业秘密的保护范围。企业信息技术总体规划作为企业发展规划的一个部分，在企业中的保密程度较高。由于规划具有参与人数众多、涉及面广的特点，因此保密工作的难度相对较大。规划的保密工作可以通过制度保障和技术保障两个方面进行。制度保障指通过建立相应的保密制度并督促执行来加强保密工作。技术保障指通过一些信息技术的应用来加强保密工作，如建立专门用于规划工作的环境，与外部互联网隔离，或者采取控制电子文件传输等方式来进行。

案例：某企业信息技术总体规划编制制度节选

该企业在信息技术总体规划的编制过程中，指定了一家内部单位承担规划的编制工作，同时聘请了外部咨询公司的顾问参与规划。内部单位和咨询公司共同成立项目经理部，双方各有一名项目经理负责规划工作。项目经理部向企业信息管理部门（下称"信息管理部"）进行汇报。为了更好地进行规划项目管理，该企业制定了规划编制制度和规定，这里节选其中几个方面作为例子。

在项目问题的报告与解决方面，规定要求"项目经理部成员随时将项目进行中发现的问题予以汇总提交给小组组长审阅并商讨解决方案，将确定后的解决方案递交给项目经理审阅并进行讨论，提出最终解决方案，对未能解决的问题向信息管理部进行反映，并进行整理归档，记入周报"。

在项目范围变更方面，针对工作范围、人员配置或标准方面的变化，规定了如下的变更流程。（1）申请：小组组长提出变更要求，填写变更申请单，报项目经理；（2）分析：由项目经理负责组织项目成员进行变更影响分析，重点考虑该变更对项目目标、项目进度的影响以及潜在风险等因素；（3）批准：由信息管理部审查批准或拒绝变更申请；（4）记录：经批准的变更申请作为变更纪录追加至项目管理文档。

在日常工作方面，制订了工作计划与周报、材料上报以及考勤等规定，确保规划项目的顺利进行。在工作计划与周报方面，规定要求：（1）项目经理每周四完成下周工作计划的编写并与各小组组长进行讨论，各小组组长在每周五上午之前制定各小组详细工作计划并交由项目经理进行审阅，确定通过后由各组长通知工作组成员；（2）各项目小组每周五下午 2:00 前（遇特殊情况顺延），以电子邮件方式向综合组提供有关项目进展的周报和动态，综合组汇总编制项目周报和动态，经项目经理确认后，由中方项目经理签发，报信息管理部，同时在项目经理部文件服务器项目管理文档目录下发布，以便委托方及时掌握项目情况，采取适当措施。

材料上报方面，规定要求：（1）项目质量、进度等项目研究方向、策略的报告成果须由项目经理审核后，报信息管理部审批通过；（2）项目现状、需求分析等技术报告由项目经理审核后，报信息管理部，组织召开需求确认研讨会，予以确认；（3）项目规划、项目质量、项目内容等报告由项目经理签字批准；（4）日常周报、会议纪要、动态报告等由项目经理签字批准；（5）项目成果报告由项目经理审核后，组织专家研讨，召开评审验收会，项目经理部按照评审意见进一步完善成果报告，经项目经理签字后，报信息管理部。

考勤制度方面，规定要求：（1）项目成员必须在项目指定的固定场所办公，工作时间为每周一至周五的上午8：30～12：00，下午1：00～5：30，项目人员应按时上下班，不迟到、不早退、不无故旷工，出入办公场所时应及时签到考勤，具体事宜由项目组考勤员负责，考勤表应一周向项目经理汇报一次；（2）咨询专家应按合同要求保证出席天数，按项目要求在指定场所办公，并参与考勤；（3）项目成员有事应至少提前1天请假，其中请假1天以内的须报请中方项目经理同意，1天以上的需报请信息管理部同意。项目经理请假需报请信息管理部同意。

2.4.3 制订规划编制工作计划

根据前面对规划编制阶段的阐述，信息技术总体规划编制一般分为现状调研与需求分析、愿景制定与架构设计以及项目规划与实施设计三个阶段。大型、特大型企业信息技术总体规划编制的过程一般需要持续6个月。在三个阶段中，现状调研与需求分析阶段的时间较长，一般需要2～3个月，愿景制定与架构设计阶段需要1～2个月，项目规划与实施设计需要1～2个月。

在具体的任务时间安排上，现状调研与需求分析阶段的业务战略、行业趋势、企业信息化现状、新兴技术、最佳实践等分析工作可以并行展开，而后两个阶段的任务由于前后的逻辑关系，需要顺序安排。

在人员安排上，信息技术总体规划项目期间的工作负载变化具有一定的规律性。其中项目初始阶段的现状调研和需求分析工作需要大量的人力投入，而愿景展望与架构设计阶段需要更多思维的碰撞，人员的工作量负荷相对较少，项目规划和实施设计阶段需要设计具体的项目和实施计划，人力负荷又有上升趋势。此外，在各阶段进行研讨会之前，需要大量的沟通和材料准备工作，这些时间点也是项目人力负荷的高峰。一般信息技术总体规划项目的人力负载规律如图2-5所示。

图2-5 信息技术总体规划人力负载变化规律示意图

2.4.4 召开规划编制启动会

根据信息技术总体规划自身的要求和中国企业管理的特色，信息技术总体规划编制项目需要召开企业范围的启动会议，达到统一思想、动员工作的效果。

启动会议由项目指导委员会授权项目经理部组织筹备，企业信息化管理部门、企业功能性组织、业务用户组织、信息化建设组织的项目负责人员参加。会议由项目指导委员会主任宣布信息技术总体规划编制项目的组织架构，宣布公司启动规划编制项目的专门文件，进行思想动员，提出工作要求；由项目经理部主任进行具体工作部署。与会人员可以根据会议安排，提出对于信息技术总体规划工作的期望。

信息技术总体规划的项目启动会议可以与下一阶段的现状调研工作安排紧密结合。一些大型企业集团在召开启动会的同时专门印发通知，以文件的形式明确规划编制的目标、范围、组织领导和项目经理部成员，明确规划的编制方法，并对下一阶段的访谈单位和时间做出安排。同时要求各成员企业将信息技术总体规划编制列为当年信息化工作的一项重要任务，由企业信息化主管领导主抓，信息管理部门具体负责，各业务部门和基层单位参与。要求被访谈企业的主要领导和各业务部门领导结合本企业实际和信息化需求参加访谈，各单位认真组织、规范真实地填写相关调查问卷，提出对本单位和企业集团信息化发展的意见和建议，经单位主管领导审签后报送。

2.5 信息技术总体规划编制误区

经过多年的信息化实践与探索，中国企事业单位管理人员、信息技术专业人员以及从事信息化研究工作的专家学者，都对信息技术总体规划工作有着自己的真知灼见。大多数从业人员都认同信息技术总体规划在企业信息化中的关键作用，认为"先规划、后实施""统一规划，分步实施"是企业理性地进行信息化投资与建设的可行方式，可见，信息技术总体规划的重要性已深入人心。同时，很多企业都把信息技术总体规划列入日常信息化建设工作中，有些单位还专门设置了负责信息技术总体规划的规划部门或岗位。但是由于不同企业对信息技术总体规划的内容、方法、过程、组织的理解不同，规划工作出发点上的偏差，导致中国企业在信息技术总体规划方面存在诸多问题：有的企业没有规划，想做什么就做什么，想到哪儿就做到哪儿，形成很多信息孤岛，无助于企业全局性、整体性问题的解决；有的企业有规划但质量不高，没有充分了解业务需求，为信息化而信息化，信息技术总体规划不能很好地支持企业战略实施和业务发展；有的企业规划不切实际，不能正确地指导信息化工作，或者规划无法执行，起不到应有的作用，对今后的信息化建设造成了无法规避的风险，造成大量投资的浪费；有的企业有比较好的规划，但没有全面、系统、严格、持续地按规划去开展信息化项目实施，规划的作用大打折扣，企业的信息化发展受到严重影响。

经验证明，没有规划搞不好企业信息化；没有好的规划同样搞不好信息化；有好的规划但不坚决地、持之以恒地执行下去，还是搞不好企业信息化。总结分析信息技术总体规划的经验教训，深化对信息技术总体规划内容、方法、过程、组织等的认识，对实际操作过程进行具体的情景分析，提炼信息技术总体规划工作的成功要素，具有十分重要的意义。下文将引入实例，结合所述信息技术总体规划编制方法，针对在企业信息技术总体规划中易出现的几种误区进行分析,希望能够加深读者对于信息技术总体规划的理解,对读者有所启发。

2.5.1 没有全面编制信息技术总体规划

某大型矿业集团,近年来业务处于高速扩张过程中,兼并了许多地方小型矿选矿采企业,各企业的信息化现状存在一定差距,建设水平参差不齐。为了提高企业整体信息化水平,该集团提出了加强信息化建设的需求,要求从安全生产监测监控自动化、ERP 以及电子商务等几大方面着手开展信息化建设。

由于企业并购速度较快,对于信息化建设需求紧迫,加上本身集团已有成功的系统实施经验,故在其推行信息化建设的过程中未采用系统和结构化的方法制定信息技术总体规划,而是由集团下达文件明确信息化建设任务,各下属企业套用集团已有的系统实施模式,各自推行信息化建设。

在实际工作的初期,信息化进展未出现明显的延滞,然而经过一段时间的系统建设,出现了一系列的问题,例如,分公司甲自身信息化建设的基础较好,已有运行良好的 ERP 系统,在其并购后的信息化过程中,未对收购部分的业务流程进行梳理和调整,致使集团统一推行的 ERP 系统未能在收购的业务中应用,故被收购业务仍采用原来的系统进行日常业务处理;分公司乙的信息化建设基础较差,对于信息化建设没有成功的经验,在信息化工作上没有明确的实施步骤、程序,急功近利,为了完成集团下达的任务而盲目采用并实施信息系统等。各企业没有统一的指导思想和量身定做、切合自身情况的建设方案,出现的问题集中在信息系统不符合实际需求,不能有效支持业务进行,系统建成了不能用,用不好,甚至出现了重复建设,在信息化建设过后出现了大量的"信息孤岛",整个集团内缺乏系统集成,信息资源共享程度有限。

集团在信息化建设过程中投入了大量的时间、资金、人力之后,却收效甚微,未能达到预期的效果。可以说,这一阶段的信息化建设是失败的。归根结底,失败的原因即是忽视了信息技术总体规划对信息化项目实施的指引作用。

由于集团在进行信息化推进先期缺乏统一规范和标准,没有进行企业信息技术总体规划,也就忽略了各企业的实际情况。集团内各下属企业的工作流程大多是自然形成的,必然存在着许多不适合信息化建设和不统一的地方,这就导致了信息系统的开发和维护本身困难极大。另一方面,虽然集团有成功的实施经验,但由于各企业之间的工作流程并不一致,在实际工作中不能生搬硬套,需要结合信息规划进行推广。缺乏信息技术总体规划,信息化项目实施也就缺乏了开展的基础,必然会造成实际工作困难重重,导致低水平重复建设。

信息化项目的科学、规范实施是一个长期的过程,并且要依托于信息技术总体规划,违背了这个规律,期望通过套用以往经验,绕开规划,直接开展建设,这样的路是行不通的。

2.5.2 总体规划质量差无法落地实施

案例一:总体规划脱离业务实际。

某大型金融企业,随着多年业务发展,在存贷、信用卡、证券等多个业务方面都取得了积极的进展,积累了大量的客户,拥有了大量的历史业务数据,也建立了一些信息系统支持日常工作，为企业创造了一定的价值。企业重视开展信息化工作，需要制定信息技术规划，为其下阶段信息化建设提供指引。

企业组织建立了包括内部信息技术人员、外部咨询商在内的信息技术规划团队，但是在工作过程中，各业务部门配合程度不高，不愿过多涉及各自业务现状及未来的发展战略，在与业务部门进行沟通屡次碰壁后，规划团队尝试打通与业务部门的沟通渠道的积极性不高，缺少对关键人员的现状调研及各层面管理者与业务人员的访谈调研，仅仅根据前期调研的部分结果及自身对行业的理解开展工作，在业务模式与业务需求上不做深入分析，导致在编制规划的过程中，部分内容只是简单地从技术角度出发，规划与业务严重脱节，变成信息技术工作内容。当时企业的需求之一是对个人信用进行评估，由于个人的储蓄、消费、信贷等信息分散在诸多业务部门中，集成难度较高。但信息技术总体规划项目经理部根据所了解的部分需求及行业内先进实践，分析认为启动数据仓库项目是解决该问题的最佳方案，并且在规划中将其实施计划提前。然而，该企业的发展重点集中在拓展针对于大型客户的金融业务，信息化的现实情况是信用卡业务部门还未全部推行统一的客户关系管理系统，其他业务部门也在进行原有信息系统的更替工作。从整体上考虑，由于缺乏准确、翔实、有效的数据，在短时间内启动数据仓库系统背离了企业的业务实际，企业更需要的是通过信息化建设，摆脱部分业务部门缺乏关键信息系统这一现实。

脱离业务实际的信息技术规划，是形式上的规划，仅仅是文字的堆砌，并不具备可操作性，会造成信息技术与业务各行其是，直接导致信息技术架构不符合企业实际情况，并会引起执行过程中的投资失误，造成资源浪费。

案例二：总体规划目标好高骛远。

某中型制造企业制定了在10年内成长为国内一流的大型制造企业的业务战略。希望借由信息化建设推进其业务发展，因此企业决定先期进行信息技术总体规划，由内部信息技术人员与外部咨询机构共同组成信息技术规划团队，开展信息技术规划工作。

在工作过程中，团队过分依赖外部力量，内部工作人员主人翁意识差，对于规划事务参与较少，没有发挥其对企业实际情况，尤其是企业信息化情况熟悉的优势，造成在现状分析阶段对企业实际情况了解失真，所获取的现状信息并不符合企业实际的业务与管理情况，直接影响到愿景制定与架构设计工作。团队在制定企业信息化愿景时高估了企业现有信息化水平及未来的发展潜力，同时由于信息技术规划咨询商在专业技能上的不足，在架构设计时对应用架构、信息技术架构做出了过高的定位，并且没有细化说明。作为架构设计中的重点内容，应用架构、信息技术架构的分析设计失误，无疑会造成后续工作难以开展，导致信息规划不可执行。

不考虑企业信息化的实际情况，而一味地追求新技术、新概念，制定出的信息化愿景就如同海市蜃楼，虽然看起来很美，给企业带来希望，但最终的结果必然是企业投入很多，经历异常艰难的工作，仍存在很大差距，付出与所得不成比例，会极大地挫伤企业对信息化的热情和积极性。

案例三：总体规划粗放，无法落地执行。

某大中型钢铁企业非常重视企业信息化建设，在20世纪80年代初，已采用计算机用于企业信息统计等基础性工作。为加快信息化建设的步伐，在20世纪90年代成立了以自动控制、程控交换和计算机为主体的电子信息公司，后发展为专门负责进行企业信息技术总体规划和建设的信息部门，曾自行及合作开发了一些小型的应用程序和网络程序，同时进行了企业计算机网络的初期建设，应该说有了一定的信息化工作经验。

在 2002 年初，基于当时对企业信息化建设的理解，由信息管理部门牵头，制定了《××企业信息化发展规划》。该规划的制定，对企业的信息化发展方向起到了一定的指导性作用，为企业推行信息化建设奠定了基础，起到了积极而有益的作用，但在其中也存在一些问题，主要反映在信息规划工作不细致方面：

首先，对信息技术应用的认识及分析不足，在整个规划工作进行过程中，负责团队并没有对企业信息化建设中存在的问题进行科学系统的分析，没有深入地研究相应的解决方案，无论是对信息化建设中存在问题和挑战的分析，还是对信息化建设方案和目的的分析，都欠缺缜密的思索。对信息化建设缺乏应有的认识，缺少必要的专业化知识，大量的分析是基于感性认识而不是理性科学的分析判断。

其次，信息技术总体规划不细致。在规划方案中，重点提到了加大企业信息化管理的投资力度、采用信息技术处理数据、进行网络建设，虽然对本企业的信息化建设进行了一些构想，但缺少对信息化整体框架的拆分，缺少具体的项目包的规划制定，没有指定方案的具体实施部门和相应的配合部门，没有指定一个强有力的领导小组，没有明确信息化实施项目的项目目标、项目计划、实施策略、投资侧重点等等能够切实指导实施工作的规划信息，造成了规划方案在实施过程中的困难和不可落实性，使得具体的信息技术应用并不能按照规划的内容顺利实施。

信息技术总体规划需要具有一定的高度，能够正确指引企业进行信息化建设，同时需要一定的细度，能够在实际中协助企业将建设工作落到实处，要见森林，也要看见树木，避免假大空，避免高高举起，轻轻放下，这就需要企业投入一定的精力、人力、财力进行全面而细致的规划工作，在方向正确的基础上将其中每个部分认真做扎实，才能使规划行之有效。

2.5.3 不能坚持实施总体规划

某快速消费品经营企业，拥有多个子公司，10 余个生产基地，上百个销售分公司及办事处，随着业务不断扩展，企业的生产、销售、库存等情况越来越难掌握，急需通过信息化手段改进企业生产和管理水平。企业在进行信息化建设的前期，量体裁衣，完成了符合自身发展需求的信息技术总体规划，阶段的主要信息化建设目标是在前 3 年完成企业 ERP 的实施及推广工作，后期陆续完成客户关系管理（CRM）及供应商关系管理（SRM）的实施及推广工作。

在企业信息化建设过渡到执行阶段时，问题接踵而至，例如：专业的信息技术人员流失，企业自身缺乏后备人才以填补空缺；咨询方核心人员频繁变更；无法保障信息技术规划中的资金到位，导致信息系统实施拖延甚至停滞；由于企业内部存在整合及业务战略变更，造成的实施计划变更等。

面对这些情况，企业没有及时调配资源予以支持，信息技术规划团队也未针对企业现状对信息规划进行滚动调整，实施团队多次对实施方案进行更改，预先规划中的实施计划、实施策略、实施功能等核心内容都未能在实际工作中实现。随着实施过程的推进，该企业信息化建设不可避免地出现了阶段性失控，陷入了无序、混乱的状态，建成的信息系统或多或少存在缺陷，建设中的信息系统不能稳步取得进展，未建成的信息系统则遥遥无期，最终企业这一阶段的信息化建设成果寥寥可数。

企业需要具备强力的执行力，有了符合企业的信息技术总体规划，在接下来的实施过程中就要严肃认真地对待并予以执行，脱离信息技术总体规划的信息化建设工作如同脱缰的野马，很容易会失去控制。

2.6 小结

本章阐述了企业信息技术总体规划的重要意义及定位，开展企业信息技术总体规划的原则，着重论述了信息技术总体规划的三阶段编制方法，并对其核心内容进行概述，讨论了规划编制各阶段的工作思路和主要内容，包括规划编制启动、现状调研与需求分析、愿景制定与架构设计、项目规划与实施设计等，介绍了先进的企业架构理论，总结出信息技术总体规划过程中的关键要素及经验教训。希望读者通过本章内容，能够对企业信息技术总体规划有所认识，对如何开展编制工作有所启发。

3 企业信息化现状调研与需求分析

信息化现状调研与需求分析是企业信息技术总体规划编制三大步骤中的第一阶段,包括现状调研和访谈、业务战略和发展趋势理解、业务架构分析、信息化现状分析和评估、新兴技术和最佳实践研究、对标分析、需求分析等工作内容。现状调研与需求分析阶段各项工作内容之间的关系如图3-1所示。

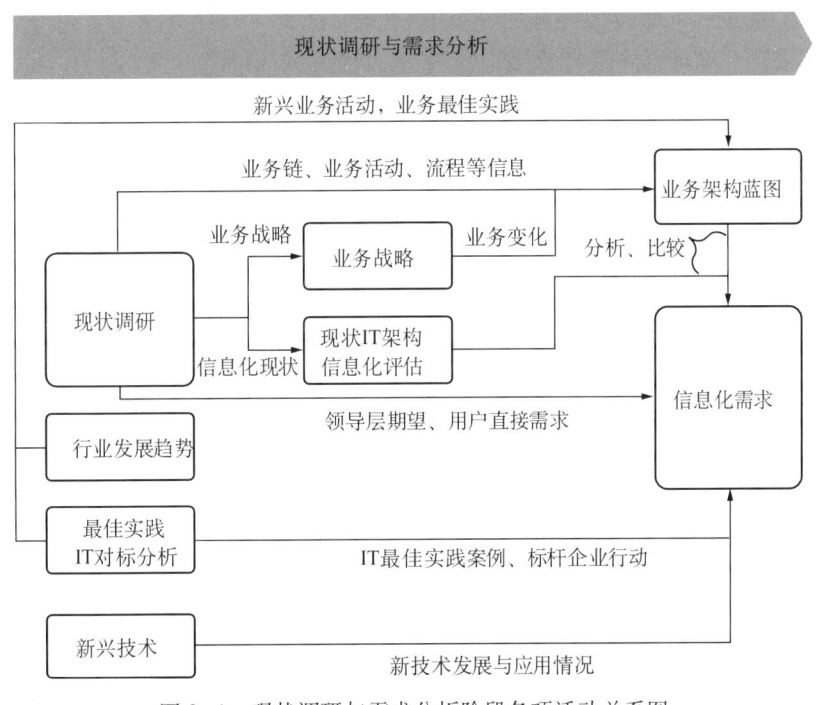

图3-1 现状调研与需求分析阶段各项活动关系图

这一阶段的总体工作思路是:业务战略、发展趋势和业务架构关注企业业务的现状和发展方向,信息化现状关注企业信息化建设的情况,新兴技术、最佳实践和对标分析则将视角扩展到企业之外。这一阶段的目标是全面准确地把握现状,清晰透彻地分析需求,为成功的信息技术总体规划奠定坚实基础。

现状调研活动的输出主要包括四个方面:(1)现状调研得到的业务战略将输入到业务战略分析活动中;(2)业务链、业务活动和流程等信息将输入到业务架构分析的活动中;(3)现状调研得到的信息化现状将输入到信息化评估活动中,并用来分析信息化的现状架构;(4)现状调研得到的领导层期望和用户直接需求等信息将输入到信息化需求分析中。

业务架构分析是现状调研与需求分析阶段的一项重要工作。业务架构分析的输入除了来自于上述现状调研之外,还有由行业发展趋势分析和最佳实践分析输入的新兴业务活动和业务最佳实践,由业务战略分析输入的未来业务变化。

信息化需求是现状调研与需求分析阶段对整体规划的重要输出。信息化需求除了来自现状调研的领导层期望和用户直接需求外，另一个主要的来源是通过比较业务架构和信息化现状架构，分析信息化对业务的支持情况得到。此外，最佳实践与 IT 对标分析中的 IT 最佳实践案例和标杆企业行动，新兴技术研究中的新技术发展与应用情况也是信息化需求的来源。

3.1 现状调研

现状调研与评估是信息技术总体规划工作的开端，是后续工作的前提和基础，也是规划过程中企业上下参与人员最多的阶段，涉及大量的组织、沟通和协调工作。综合来看，现状调研采取的方式主要有现场调研与访谈、问卷调查、专题交流等。在下面的章节中，首先介绍调研范围与对象，然后分别对上述几种方式进行说明。此外，信息技术总体规划涉及面广，需要大量的各类资料作为参考，资料收集也是现状调研的一项重要工作。这部分内容将在问卷调查部分一并叙述。各种调研方式都应围绕现状调研活动四个方面的主要输出：即业务战略、业务链/业务活动/业务流程、信息化现状、领导层期望和用户提出的直接需求等内容展开工作。

3.1.1 调研范围与对象的确定

在现状调研阶段，信息技术总体规划项目经理部需要同规划编制涉及的组织和人员进行充分交流与沟通。对于大型企业，企业领导、信息化管理部门、企业功能性组织、业务用户组织、信息化建设组织各方面人数众多，无法进行面面俱到的调研，因此在实际工作中，需要根据企业的组织、管理和业务结构，分类管理调研对象、统筹安排调研工作。

企业领导是信息技术总体规划和建设工作的关键推动力量。与企业领导的沟通形式主要是访谈，而这类访谈的特点是时间较短，需要有较强的针对性和较高的概括性。通过对企业领导的访谈，了解领导层对于信息技术总体规划和建设的期望以及关注的重点领域。

企业信息化管理部门是调研的一大重点。信息化管理部门的人员对于企业信息化建设的现状有全局性的了解和认识，掌握大量的资料，同时对未来的信息化建设也有深入的思考。由于信息技术总体规划工作一般由企业信息化管理部门组织执行，因此应该首先充分利用信息化管理部门已有的资料，深入了解相关管理人员的工作设想，并以这些信息为基础，较有针对性地安排对企业其他对象的调研内容。

企业管理部门在企业中承担专项管理职能。在安排调研时，要选择与信息化较为紧密的部门优先进行，如财务部门、采购物流部门，生产型企业的生产管理、质量管理、技术管理、设备管理等部门。调研的主要内容是这些部门信息技术应用现状和需求，采取的形式主要是现场调研与访谈。

企业生产和经营单位是信息技术总体规划调研的主要对象。在安排调研时，需要覆盖企业各个主要业务领域，并根据业务规模和重要性突出重点业务。调研的主要内容是相关业务领域的业务现状、未来一个时期内的业务战略和重点发展方向、已有信息系统应用情况、信息化建设需求，信息化建设建议等内容。由于大型企业集团各业务领域可能包括许多成员企业，在安排调研计划时，首先应考虑集团总部的业务管理部门，采取的方式是现场调研与访谈。然后考虑相关业务领域的成员企业，采取现场调研与访谈和问卷调查相结合的方式。对于成员企业分布较为广泛的业务领域，应选取有代表性的单位作为现场调研与访谈的对象。对于其他企业，则可以采取问卷调查的方式。对于企业的重点业务领域，在有条件的情况下，可以进行专题交流，由集团总部业务管理部门及成员企业的代表共同参与。这类专题交流建议由总部的相关业务管理部门牵头组织。

具体承担信息化建设的信息技术队伍是企业实施信息技术总体规划的主力军，也是信息技术总体规划调研的对象。针对信息化建设组织的调研，主要内容包括相关组织承担的信息化项目的进展情况、未来建设目标的设想、主要提升点的提炼等。采取的方式主要是专题交流与问卷调查相结合。对于信息化建设的一些重点领域和项目、一些信息技术的热点问题，建议组织相关信息化建设组织的项目负责人和主要成员进行专题交流，共同探讨重点项目的未来发展方向、新技术应用展望等专题。对于大型企业，已建成应用的信息系统众多，可以对其中一部分项目采取问卷调查的方式，通过问卷收集相关信息化建设队伍的反馈信息。

3.1.2 现场调研与访谈

现场调研与访谈是最直接的一种现状调研方式，通过对相关部门、成员企业的实地走访，了解业务运行情况以及信息化现状和需求。

现场调研计划由规划项目经理部负责制定并执行，信息化管理部门负责计划审核和安排协调。现场调研的计划可以与规划编制启动会相结合，启动会后立即实施，从而充分借助企业领导层的推动力，有力推进调研工作的开展。

现场调研与访谈的收效大小不仅系于现场具体的沟通过程，还与事前的准备和事后的总结密切相关。现场调研与访谈是一个完整的沟通过程，包括了前期的准备、事前的沟通、现场的沟通、事后的沟通等步骤。

规划项目经理部在准备现场调研的过程中，首先应该明确每一场访谈的对象及关注的主要内容。在内容的安排上，要充分考虑具体的访谈对象，仔细拟定访谈计划和提纲，抓住关键点，力争实现调研高效、准确。同时，考虑到不同的调研和访谈对象，转换角度，以取得较好的效果。如访谈对象是成员企业的领导，则应关注该企业业务发展，转变发展方式以及信息化支持决策等议题；如访谈对象是业务管理人员，则应关注信息化对业务运行的支持，对业务扩张的支持以及日常工作中亟须解决的管理问题等方面；如访谈对象是信息化建设人员，则应关注信息化建设进展、工作过程中的重点与难点、行业最佳实践、新兴信息技术以及相关风险与措施等内容。

初步计划排定后，规划项目经理部应先与被调研的部门和单位进行初步沟通，确定双方的联系人，商议确定最终的调研计划以及具体访谈对象。调研之前的沟通有利于引发被调研单位的积极性，帮助被调研单位更好地准备相关资料信息，促进现场调研与访谈工作的顺利进行。

规划项目经理部到达现场后，与被调研单位联系人及时沟通，按照计划执行现场调研与访谈工作。在调研过程中，每天对访谈情况进行总结，当天出访谈纪要并提交给访谈对象进行确认，对之后的访谈内容进行必要的调整，同时查缺补漏，及时与被调研单位商议，安排补充调研或访谈。

规划项目经理部结束调研后，应保持与被调研单位的沟通，向被调研单位反馈调研的总结情况，继续了解被调研单位对信息技术总体规划的想法。

3.1.3 问卷调查

问卷调查是信息技术总体规划中现状调研阶段的主要信息来源。对于规模大，下属单位多，分布地域广的企业来说，问卷调查是一种高效的信息收集方式，能够帮助规划项目经理部获取大量的信息。

由于无法与调查对象进行当面的沟通，因此在采用问卷进行调研工作时，问卷设计需要内容清晰，层次明确，重点突出，便于调查对象理解。问卷上的问题主要可以分为封闭式与开放式两种类型。对于封闭式问题，如选择、排序等，需要明确表达各备选项的含义，每个问题的各备选项尽量做到互相独立、语意确切，便于调查对象进行填答。对于开放式问题，也要表达明确的指向或范围，避免过于"宏观"或"大"的问题。同时，问卷调查也可以包含资料收集的内容，即对于某些特定资料的收集可以作为开放式问题。设计这一类资料收集的问题时，需要阐明用途和目的，并表达清楚需要资料的时间范围和内容范围，便于调查对象进行资料整理和提交。这类资料一般包括成员企业的组织结构、业务状况、主要流程等信息。

问卷调查一般根据不同类型的调查对象集中安排发放和回收。在"调研范围与对象"的确定一节中，已经说明比较适合问卷调查的对象主要是生产单位和承担信息化建设任务的技术支持单位。在本节的案例中，将分别举例说明针对这两种调查对象的典型问题。与现场调研与访谈类似，问卷调查也是一个完整的沟通过程。由于问卷调查不需要面对面沟通，因此在时间安排上比现场调研与访谈更为灵活。同时，因为远程沟通的特点，为达到较好的调查效果，需要对于整个沟通过程管理提出更高的要求。

在中国企业，发放问卷一段采用由企业下发文件或通知的形式，提高调查对象的重视程度，有利于成员企业的执行和反馈。相关的通知或文件中应包含问卷回收时间、信息技术总体规划项目负责单位和负责人的信息、规划项目经理部的联系信息、帮助热线等。在有条件的情况下，可以与重点的调查对象预先进行沟通，说明问卷调查的计划安排和主要内容，获得调查对象的理解和支持。

问卷发放之后，规划项目经理部应该组织人员在工作时间进行值班，及时接听调查单位的来电，回答问题或进行说明。对于已经反馈问卷结果的调查对象，规划项目经理部应该及时阅读问卷，并与该调查对象进行沟通，感谢他们的配合，如果有需要补充的信息，也应及时提出，请调查对象填答。

案例：某企业规划编制过程中向成员企业发放的问卷节选

该企业正在进行新周期（5年）的信息技术总体规划。在前一个规划周期中，该企业已经开展了大量的信息化建设工作，在应用系统、基础设施和管控体系等方面，取得了一定的成绩。在规划编制项目初期，企业信息管理部门和规划项目经理部希望通过问卷调查的方式，了解成员企业前一规划周期的信息化建设情况，同时收集在当前基础上对下一个规划周期的信息化建设需求、建设目标、重点内容和投资建议等信息，以支持规划编制工作。为此，规划项目经理部编写了一套问卷，发放到各业务领域的下属成员企业。问卷调查的内容主要包括四个方面：

（1）上一个规划周期信息化建设现状和应用效果。

表 3-1　调查问卷示例 1

序号	项目名称	项目目标和主要功能	实施进度和范围	应用效果	备注
1					

（2）下一个规划周期信息化建设需求。

表 3-2　调查问卷示例 2

需求类别	业务发展需求	信息化建设需求	备注
应用系统			
IT 基础设施			
信息化管理			
信息安全			
数据			

（3）下一个规划周期信息化建设目标和总体部署。

表 3-3　调查问卷示例 3

主要方面	建　议	说明
信息化总体目标		
决策支持系统		
综合管理类系统		
生产运行类系统		
信息系统集成		
IT 基础设施		
其他		

（4）下一个规划周期信息化建设重点内容和投资建议。
①信息化建设重点内容。

表 3-4　调查问卷示例 4

序号	项目名称	建设内容	实施范围	配套建设内容	项目投资估算（万元）	配套投资估算（万元）
1						

②投资估算汇总。

表 3-5　调查问卷示例 5

投资类别	投资（万元）					
	××年	××年	××年	××年	××年	合计
项目建设投资						
配套建设投资						

3.1.4 专题交流

专题交流是就一些特定的课题进行深入探讨的方法。在信息技术总体规划中,这些课题主要包括一些业务领域的信息化需求以及一些信息技术发展趋势的应用方向。

专题交流一般以会议的形式进行。会议由专题相关的企业业务管理部门或信息化管理部门牵头组织,规划项目经理部承办。规划项目经理部需要准备相关的材料,并提出供讨论的建议方案或方向。针对业务领域信息化情况和需求的专题,需要准备业务战略和发展方向、信息化对业务支持情况分析、信息化需求分析、相关案例和国内外最佳实践分析、未来设想和建议等内容。信息技术发展趋势的专题交流主要包括特定信息技术的发展趋势、应用案例与企业的应用前景展望等内容。

完成材料准备后,在有条件的情况下,规划项目经理部可以先将材料交予参加专题交流的人员预览,促进交流的顺畅进行。专题交流之后,规划项目经理部应及时整理纪要,发送给参会人员进行确认,同时对参会人员提出的问题进行回答。

3.2 业务战略和业务架构分析

3.2.1 业务战略理解

对于企业的信息技术总体规划而言,准确地理解和把握业务战略,通过 IT 支持业务战略是很关键的。例如:(1)某能源企业的业务战略中,有一项是大力发展天然气业务,与之对应,信息技术总体规划中需要体现出对于天然气业务发展的支持,比如加强管道生产管理系统建设、新建天然气销售系统等内容。(2)在某工程服务企业的业务战略中,有一项是大幅度提高国外承包项目的比例,与之对应,在规划信息技术项目时需要体现出对海外项目管理的支持,比如多语言支持,不同社会制度和财税体系的适应性等。(3)某机械制造企业在业务战略中提出要大力加强研发工作,与之对应,在信息技术总体规划需要体现出对于研发工作的支持,比如规划产品生命周期管理系统、产品数据管理系统等。(4)某大型企业在业务战略中提出要通过并购的模式扩大规模和业务链,与之对应,在信息技术总体规划中需要强调对于企业并购的支持,如系统替代和集成方案的设计。从上面的几个例子可以看出,在信息技术总体规划工作中,业务战略理解和分析的主要目的在于准确提出信息化建设的需求和重点,同时保持信息化举措与业务战略的一致性。

信息技术总体规划编制人员获得的关于业务战略的信息主要来自于企业的业务部门。对于中国企业,除了对业务部门进行调研和访谈之外,相关文件、领导讲话稿、内部通讯资料都是业务战略信息的来源。理解企业业务战略的过程可以分为三个方面:(1)理解某业务领域的宏观目标;(2)了解该业务领域实现这些目标将采取的主要举措;(3)明确衡量目标的关键业务指标。这里以一个具体例子进行说明。

某工程服务企业在业务战略中提出"积极转变发展方式,着力调整优化结构"的业务目标,辅以控制队伍规模、调整作业结构、内部持续重组、开放市场竞争、加大科技含量、提升人员素质等主要举措,确定了"队伍规模减少三分之一、营业收入增加三分之一、利润达到三倍"的关键业务指标。理解了这些业务战略,不少对应的信息化举措便可以跃然纸上。例如,收入增加的同时要求队伍规模减少,就是要提高管理和运营的效率,相关业务管理的信息系统就有很大的用武之地；加大科技含量、提升人员素质的战略就对相关的产品数据管理、专家支持、知识管理、培训管理等系统提出了需求。关于系统的从业务战略产生信息化需求的过程，将在需求分析章节中进行详细的阐述。

3.2.2 业务架构分析

在企业信息技术总体规划中，业务架构是描述企业业务情况的一个常用方式。广义的业务架构定义包括企业中采购、生产、销售、售后、财务、人力资源等全部的业务功能和职责，是把企业的战略转变成日常运营的目标和形式，明确人员、资金、服务、信息技术等企业资源如何部署和分配。企业业务架构涵盖的内容较多，有业务目标、组织架构、业务流程、业务绩效等诸多内容。

在实际的规划过程中，一般将业务模型（或称业务活动图）作为业务架构的一种图形表现方式。业务模型表现为一个业务模块化的总图。总图的纵向是职能分类，横向是业务链或业务领域，中间是业务模块，如图3-2所示。

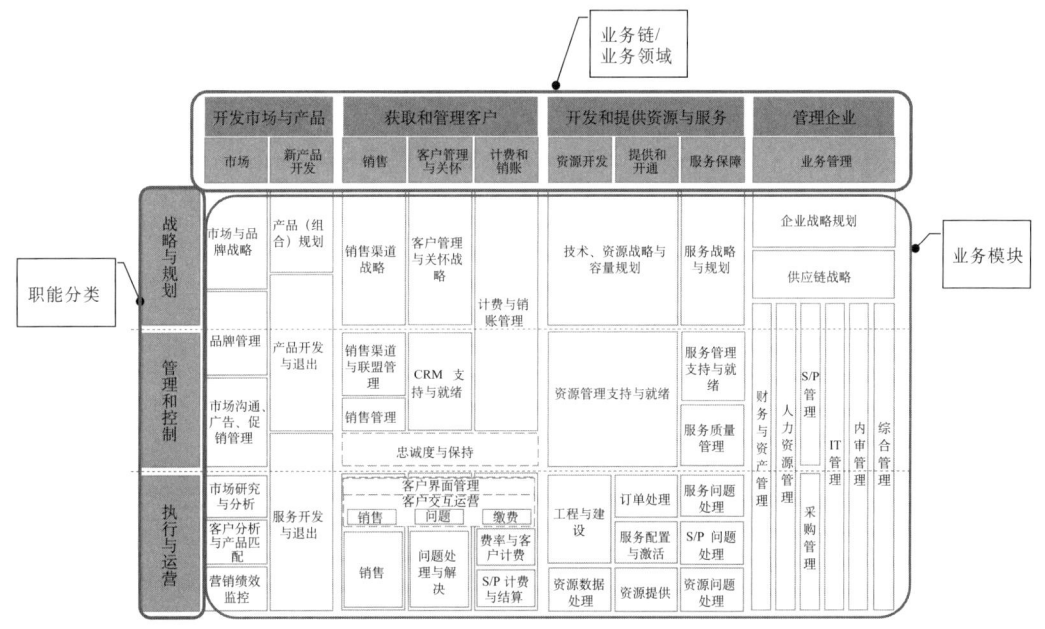

图3-2　业务模型构成示例图

纵向的职能分类，通常表明业务活动与决策的范围，一般分为决策、管理、执行三个层次。决策是指有关战略、政策、整体发展方向等方面的业务功能；管理指有关监督、管理以及行动方针的制定等业务功能；执行指具体工作执行的业务功能。根据企业的实际情况，职能分类有时候不一定是三个层次，根据企业的业务职能，也会出现两个层次和四个层次的情况。比如某企业就将业务模型分为决策、经营管理、生产管理、生产操作四个层次。

横向的业务链或业务领域，通常按照较大业务范围以及所需的业务领域来划分，如研发、采购、生产、销售等。在实际业务架构描述的过程中，可以参考价值链理论，利用价值链方法分析企业的业务链和业务领域。价值链概念是美国哈佛大学商学院教授迈克尔·波特（Michael E. Porter）在其1985年出版的《竞争优势》一书中提出的。波特认为，"每一个企业都是在设计、生产、销售、发送和辅助期产品的过程中进行种种活动的结合体。

所有这些活动可以用一个价值链来表明。"企业的价值创造是通过一系列活动构成的,这些活动可分为基本活动和支持性活动。基本活动涉及企业生产、销售、进料后勤、发货后勤、售后服务。支持性活动涉及人事、财务、计划、研究与开发、采购等。这些互不相同但又互相关联的生产经营活动,构成了一个创造价值的动态过程,即价值链。

业务模块是业务模型的主要构成元素,通常指公司能够独立运作的业务功能或业务活动。业务模块可以包括业务用途、业务活动、资源、业务管理、业务服务等内容。由于业务的复杂程度不同,不同企业的业务模块数量会有不同,某些大型企业会有100～200个业务模块,涵盖了企业所有的业务活动。企业在建立自己的业务模型时,一方面,需要参考企业的规章制度、部门职责、内部流程等。另一方面,可以参考本行业的通用业务模型,或者行业内其他同类企业的业务模型。图3-3显示了某大型能源企业在编制信息技术总体规划时,建立的油气勘探开发业务模型。

	油气资源勘探	油藏评价	油气田开发建设	油气生产	油气销售
辅助决策	勘探规划计划 勘探总体目标制定	油藏评价 规划计划	中长期油田开发规划 勘探年度开发计划	油气生产总体目标制定 油田年度生产计划	油气销售计划 油气价格制定
经营管理	计划管理、财务管理、HSE管理、人力资源管理、物资管理等				
生产管理	勘探项目总体设计 单项工程详细设计 探矿权申报 物探项目管理 地质参数井井筒工程项目管理 盆地评价 圈闭评价	区块优选 初步开发方案 物探精查项目管理 评价井井筒工程项目管理 油藏评价 储量研究 储量申报	综合地质研究 开发方案编制 开发井井筒工程项目管理 开发调整方案 精细油藏描述 地面工程作业管理	油气生产统计 油气集输管理 配注管理 设施设备运维管理 采油工艺项目管理	油气储运管理 油气计量管理 油气销售管理
生产操作	野外地质研究 物探作业 地质参数井井筒工程	物探精查作业 评价井井筒工程	开发井井筒工程作业 地面工程作业	油气生产运行 采油工艺实施 生产动态监控 设施设备运维 油气集输 油气化验 油气处理	接卸及库存 原油销售 天然气销售 轻烃销售

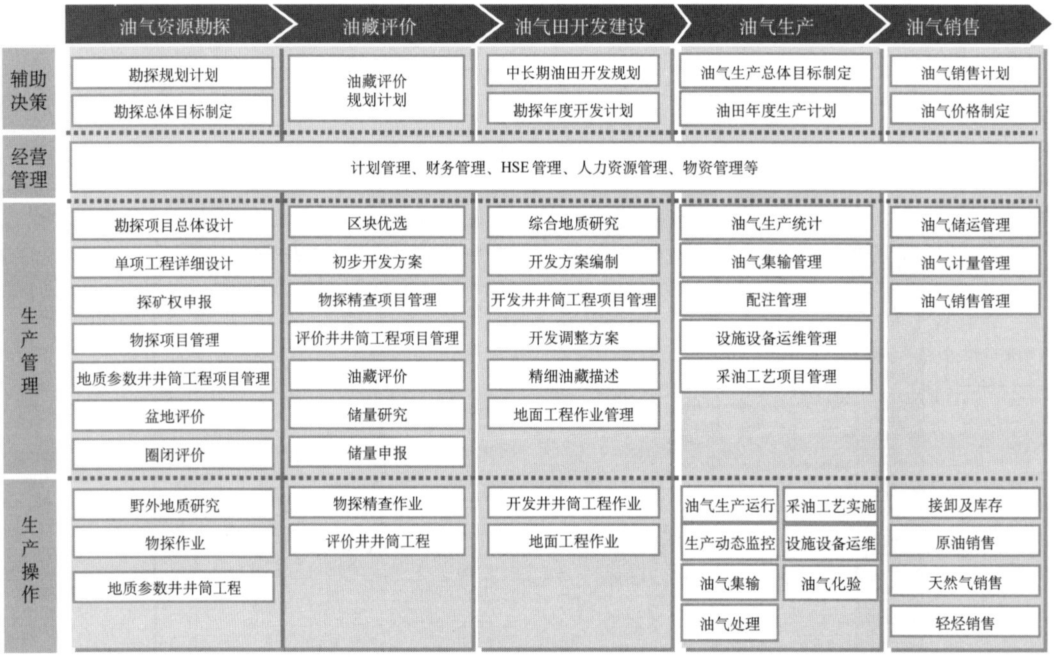

图3-3 某能源企业的油气勘探开发业务模型图

国际上也有一些机构对企业通用的业务模型进行研究,典型的如美国生产力与质量中心(American Productivity and Quality Center,简称为APQC)。APQC定期更新发布的流程分类框架(PCF,Process Classification Framework)是一个通过流程管理与标杆分析,不分产业、规模与地理区域,用来改善流程绩效的公开标准。PCF将运营与管理等流程汇整成12项企业级流程类别,每个流程类别包含许多流程群组,总计超过1500个作业流程与相关作业活动。

APQC起初提出的上述流程分类框架是一个跨行业的流程分类框架。2008年起APQC陆续提出了十个行业的流程分类框架,包括跨行业、电力行业、消费品行业、航空航天和国防行业、汽车行业、传媒行业、医药行业、电信行业、石油行业、石化行业的流程分类框架。

此外，各企业面临的商业环境越来越复杂，业务部门希望通过信息化手段的支持，更好地应对商业环境的变化。因此在信息技术总体规划中进行业务分析时，需要考虑企业各业务领域的内外部商业环境。同时，企业各业务领域之间有着千丝万缕的联系。站在信息技术总体规划的角度，需要对这些联系有一个整体的把握，避免规划出各自为战，无法集成的信息系统。在具体规划工作中，需要对企业进行内外部商业环境分析，梳理出企业内部和外部供应商和客户的业务输入、输出关系。同时，对各业务领域内部的主要业务活动进行同样的数据及功能分析，梳理出业务领域内部的业务交互关系。

3.2.3 行业发展趋势分析

在关注企业本身业务战略的同时，基于信息技术总体规划面向未来的定位，需要对规划编制企业相关业务领域的行业发展趋势有一定前瞻性的认识，并与企业业务部门达成共识。行业发展趋势分析应重点关注同类企业外部环境和自身发展面临的挑战，分析经济全球化形势下市场竞争加剧、产业持续重组等外部环境对企业结构和发展的影响，分析信息技术的飞速发展和人类社会向信息社会的逐渐转型将给企业带来的经营管理理念、发展方式、运营模式、工作方式、企业文化等方面的重要转变。

在中国，企业中从事信息技术总体规划的人员大多为信息化专业的人员，他们了解行业发展趋势的方式主要是阅读相关的材料，并进行归纳、总结和提炼。目前，海量的信息资源分布在互联网的各处，面对这些资源，如何进行选择，如何分析是信息技术规划人员面临的主要问题。资料的选取和分析一般应遵循以下原则：

（1）资料的权威性。在一些行业，有企业或行业组织会定期公布行业报告，一些政府机构也定期发布产业发展报告，这些资料都是比较权威的信息来源。

（2）资料的时效性。一些统计数据类的信息具有较强的时效性，而且目前全球经济状况正处于多变的大环境下，每一年的数据都可能有较大的变化。在资料选择时，应该尽可能挑选较新的数据。

（3）资料的适用性。在选择资料时，应该注意贴近企业的业务情况，同时要注意到中国企业和一些跨国企业在体制上的不同，分析行业趋势对不同体制下企业的不同影响。

在进行行业趋势总结时，主要采用"摆事实、讲道理"的方式。"摆事实"，就是列出行业的一些特点、现状、统计数据等信息，擅用"数字说话"的原则，同时说明数据和信息的出处，做到言之有据。"讲道理"就是根据"事实"对趋势进行分析，或者将列出的各种事实做逻辑串联，总结提炼主要的行业趋势。下面的案例将说明资料汇总和分析采用的方法。

案例：某能源企业规划编制过程中参考 IEA 能源展望报告的材料

该企业主要业务为石油上游的勘探开发。专职规划编制项目组希望通过趋势研究，了解国际石油天然气未来增长趋势，资源分布趋势，原油价格走向等信息，阅读参考了 IEA（国际能源署）、OPEC（石油输出国组织）、BP（英国石油公司）等机构和企业发布的能源展望报告，这些报告在业界具有较高的权威性。经过分析比较，从 IEA 的能源展望报告中摘录了以下趋势（图 3-4），并在与业务部门的交流中得到了认可。

这里引用的是 IEA 于 2007 年发布的能源展望报告中的内容，IEA 对于未来油气增长的分布进行了预测，包括现有产能、已探明储量的开发、提高现有油田的采收率、非常规油气资源和新油气藏的发现。这个趋势分析说明未来油气增长主要来源是已探明储量的开发和提高现有油田的采收率，该趋势将支持企业在油田开发和生产方面进行更大的信息化投入。

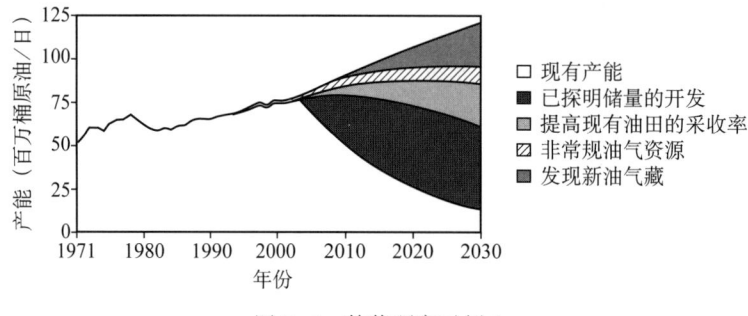

图 3-4　趋势研究示例 1

图 3-5 引用了 IEA 于 2009 年发布的能源展望报告中的内容，IEA 通过建立模型，对 2010—2030 年的原油价格进行了预测，判断为长期处于上升趋势。对于该企业来说，意味着收入提升的预期，也是加大投资的推动力。当然，这个投资就包含了对于信息化建设的投资。

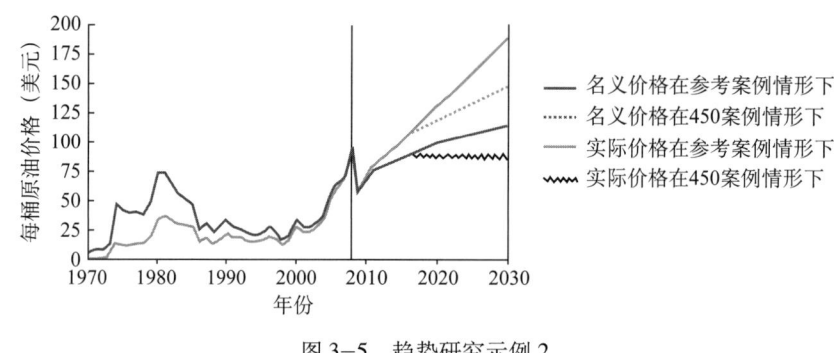

图 3-5　趋势研究示例 2

3.3　信息化现状分析与评估

企业信息技术总体规划中的信息化现状分析与评估工作主要借鉴了成熟度模型方法。主要关注数据、应用系统、基础设施、信息安全、信息化治理五个方面。根据国际开放标准组织的企业架构理论，企业架构可以分为：业务架构、数据架构、应用架构和技术架构四大部分。其中数据、应用和技术都是信息化现状评估的主要内容。在具体工作中，我们将技术架构分为基础设施和信息安全两个方面，加入信息化治理，从而形成了应用系统、数据、基础设施、信息安全、信息化治理五个评估的方面。本节将从这五个方面分别阐述信息化现状分析方法。

3.3.1　应用系统现状分析

应用架构现状评估的目的是分析企业内应用系统的"现状"并识别提升点，识别当前应用系统对价值链上关键业务流程的覆盖程度和支持程度。应用系统评估的方法通常需要通过大量问卷和访谈，并结合在典型成员企业深入现场评估的方式进行。

评估的过程首先识别和确定总部和各业务领域的核心应用系统,之后通过归纳问卷和调研反馈,总结应用系统和信息情况,对核心应用系统进行功能评估和技术评估。功能评估针对业务用户关于核心应用系统对业务支持程度的看法,技术评估是从技术角度的看法。功能评估和技术评估的指标和成熟度模型示例见表3-6和表3-7。

功能评估分为系统响应能力、安全性、可靠性、易用性、用户满意度、灵活性等方面。

(1) 系统响应能力:系统是否能够在用户要求的时间内完成处理并产生期望数据。

(2) 安全性:是否有足够的安全控制来防止非法入侵或未授权访问,对相关角色是否有合理的权限分配控制,是否有操作日志。

(3) 可靠性:系统是否稳定可靠,是否经常出错。

(4) 易用性:界面是否友好,是否有帮助功能,是否需要专业操作员进行人工干预。

(5) 用户满意度:业务部门用户对系统功能的满意度,包括对系统产生的数据,响应时间和易用程度的满意度。

(6) 灵活性:是否能够灵活地响应业务需求变更,如报表的少量改变,系统是否可以通过简单的配置工作来满足新的需求。

表3-6 应用系统功能评估表示例

指标	第0级	第1级	第2级	第3级	第4级	第5级
系统响应能力	很差	无法在用户希望时间内完成任务,提供输出	经常无法按时完成,影响到用户业务	偶尔无法按时完成	良好	系统响应时间和吞吐表现都很优秀
安全性	没有任何控制	非常简单的访问控制,没有用户分组,没有操作日志	有一些控制	有基本的安全控制	良好的安全控制	有完备的安全保护
可靠性	非常不可靠	经常故障造成服务中断,不稳定	时常出错	偶尔有问题	高稳定性,高可用性	从不出错,非常可靠
易用性	非专业人员无法操作	操作复杂,需要很多专业操作员	不易操作,需要至少1个专业操作人员	逻辑复杂,部分关键用户在接受大量培训与指导后可以操作系统	界面友好,经适当培训后,关键用户可以自行操作	界面友好,完备的帮助菜单,用户可以自己独立操作
用户满意度	很差	不满足当前用户大部分要求	满足当前用户一部分要求	有待改善	满足当前用户大多数需求	达到目前用户全部要求
灵活性	不支持任何改变	全部功能代码写死,任何改变都需要厂商来处理,变更代价极高	改变都要通过客户化定制方式实现,虽然需要厂商给予一定支持,但变更代价在合理范围	需要通过少量客户化定制和配置变更来实现	厂商可以提供建议的配置文件变更升级包,来满足新需求	用户可以自行通过修改配置的方式来满足业务需求

技术评估分为数据校验、系统效率、扩展性、代码开放性、故障处理、集成等方面。

(1) 数据校验:系统是否有足够的校验和控制流程,来保证输入数据的正确性。

(2) 系统效率:对系统资源内存、中央处理器(CPU)、存储等的使用是否合理。

(3) 扩展性:此应用是否能够实现功能扩展或系统移植来满足日后的业务发展(通常

取决于是否有足够的文档，采用的开发语言）。

（4）代码开放性：是否开放代码，主要针对客户化定制部分。

（5）故障处理：故障出现时是否容易判断故障，并作出相应的修复和恢复处理，是否故障时都需要数据恢复和重新执行程序，是否有相应的应急预案。

（6）集成：此系统是否已整合到企业同一平台，或者是否与其他系统有交互。

表 3-7 应用系统技术评估表示例

指标	第0级	第1级	第2级	第3级	第4级	第5级
数据校验	没有任何措施保证数据准确	仅有极少措施保证数据准确	有少量措施保证数据准确	有部分非法字符，数据长度等的校验	有良好的数据校验，包括非法字符、数据校验和一定的业务逻辑校验	有非常完备的数据校验，最大程度地保证输入数据的完备性和合理性
系统效率	非常低下的效率	效率很低，占用大量系统资源，表现依然不尽如人意	效率很低	效率有待改善	良好	高效的资源使用率
扩展性	原厂商已经不能对该产品继续提供支持，也没有足够的文档，技术体系落后，无法实现扩展和移植	客户化程度过高，应用建设时间太过久远，技术已经落后，扩展和移植将会需要非常大的代价，十分困难	扩展和移植将会很困难	可实现扩展和移植，但需要一定的工作量	主流厂商，扩展和移植需要适当的定制和配置变更	由于采用了行业标准，扩展和移植非常容易，可以通过简易的配置改变来实现
代码开放性	不开放	可协商	部分开放，或通过第三方	客户化部分源码完全对用户开放	客户化部分源码完全对用户开放，升级包部分源码也开放	完全开放最新的源码
故障处理	故障处理或数据恢复非常困难，且需要相当长的时间	没有任何故障恢复流程定义或之前的问题处理记录，故障修复时间长	不易作故障处理	建立了简单的故障处理流程，大部分故障修复时间在可接受的范围内	建立故障处理流程，对发生过的问题有处理记录供参考。故障修复时间短	能够简单迅速地定位并解决故障
集成	孤岛	几乎孤立的系统，与其他系统接口将会很困难	采用手工或半自动方式与其他系统接口	以点对点的方式与其他几个系统有信息交互的接口	整合入企业统一应用平台EAI（企业应用集成），有系统调用	业务级别的整合，以面向服务模式与其他系统相互调用

3.3.2 数据管理现状分析

数据评估从数据对业务的支持度、数据质量、数据集成和数据管理四个维度进行，每个维度的侧重点不同。评估模型示例见表3-8。

（1）业务支持：理解业务需求，设计执行相关管理流程以满足业务要求，评估目前数据管理的内容与范围，对数据间关系的处理方式，对业务需求的表述能力。

(2) 数据质量：确保数据符合质量要求。
(3) 数据集成：支持数据获取、数据管理和数据集成。
(4) 数据管理：评估目前信息化部门或数据管理部门在整个体系中的角色和职责，以及目前数据管理的力度和水平，提供可定义、可衡量的工作方法。

表 3-8 数据架构成熟度评估模型示例

维度	第1级	第2级	第3级	第4级	第5级
业务支持	缺乏从业务到数据的分析映射过程，存在大量信息孤岛，只能支持某些特定业务	数据需求分析映射有限地覆盖单个部门或组织；以点对点的方式初步实现不同信息系统之间的数据调用	基于价值链分析方法，确保映射数据的稳定性和可扩展性；统一基础数据管理，整合数据进行综合利用（如数据仓库）	绩效指标被制定出来，用以追踪流程的执行情况；面向服务的多层数据体系，逻辑集中，提供用户访问界面	数据管理与业务紧密结合，可灵活配置，满足业务变化
数据质量	缺乏数据标准化管理	统计口径不统一，标准不一致	有数据标准，通过工具辅助质量管理	数据质量角色作为独立的集中化的服务组织被建立；可以识别数据质量根本问题；建立服务等级相关的衡量方法	通过主动的防范行为改善数据质量。客户满意数据质量的水平，符合业务需求
数据集成	主要的数据技术工具采用 ETL（数据抽取、数据转换、数据装载）；通过使用一些供应商产品将一些特定数据抽取到一个特定的应用系统	供应商数据库产品扩展使用到存储、管理和报告数据；数据模型经常基于一个供应商集成的领域和供应商的定义；数据访问经常允许直接访问数据库	元数据被定义、使用和维护；建立并使用覆盖主数据和资产类型的综合的、可扩展的数据模型；通过一些技术手段改善数据分布、数据集成性和报告能力	数据管理工作流、数据集成和报告通过业务系统被部署在集成平台上，存储和分布架构采用集中化的安全管理，满足不同的业务需求	战略技术集中在未来的业务需求上；数据技术和架构的方向是面向服务；合理使用管理外包服务；现有的技术持续升级和改善来增强服务的能力和可靠性
数据管理	缺乏数据治理和管理策略	数据管理的价值得到承认，但缺乏开发能力，并缺少资金支持；通常处于业务分散的状态	具备一些公共数据和数据标准，常规信息通过交叉功能组交互；建立其公司/企业范围的数据策略和数据策略与责任划分机制；数据相关的策略被清晰地阐述，数据目标已经成为企业文化的一部分	包括业务和运营人员的数据管理机制正式建立，并得到高层管理者的支持；建立并实施各种指标体系，达到更稳定的服务水平；更好地运用治理方法以及数据责任体系，优化数据质量，提高支持水平，不断加入内容，提升能力	数据管理成为整体业务的重要组成部分；公司认可数据策略和责任划分给利益相关者（业务、运营、技术和数据）带来的效益和好处，并通过强大的数据责任划分机制进行持续改进

3.3.3 基础设施现状分析

企业信息化基础设施具有门类众多和多元化的特点，很难进行统一的评估。因此在实际进行信息技术总体规划时，对基础设施的评估侧重于运行维护方面，涵盖服务器、网络、存储系统、数据中心四个对象，针对每个对象的建设、维护、监视、变更四个方面对人员、流程、技术和业务管理等进行评估。

（1）人员：关注人员和组织对于基础设施的作用，与业务的联系紧密度，对业务的作用。

（2）流程：关注流程的建设程度，对基础设施和业务的影响力。

（3）技术：从管理工具、技术标准、虚拟化程度等几个方面关注基础设施技术对业务的作用。

（4）业务管理：关注基础设施的成本、收益和对业务的贡献。

基础设施成熟度评估模型中的六个级别说明如下：

（1）0级——基本状态：对IT基础设施的关注极少或完全不关注。

（2）1级——意识：意识到基础设施对于业务的重要性，在人员、组织、流程和技术方面开始采取措施来管理基础设施。

（3）2级——付诸实践：向一个管理良好的环境发展，比如在日常的IT支持流程方面，提升项目管理水平，提高用户满意度。

（4）3级——主动：通过实施标准化，进行政策开发，优化治理结构和执行主动的跨部门流程，如变革和发布管理，实现高效率，提升服务质量。

（5）4级——面向服务：以业务为中心，实时关注业务活动，灵活、高效支持业务需求。

（6）5级——业务一致性：关注与业务战略的一致性，优化业务流程，提高业务的价值和竞争力。

3.3.4 信息安全现状分析

与基础设施类似，信息安全的评估分别从安全意识、业务方向、所有权和职责、流程定义和文档化、知识/自动化和与事件管理集成情况等六个方面进行评估。在信息安全的成熟度模型中，也定义了六个成熟度级别，分别是不存在、救火式的、可重复的、可定义的、可管理的、可优化的。图3-6是六个方面的成熟度雷达图示例。

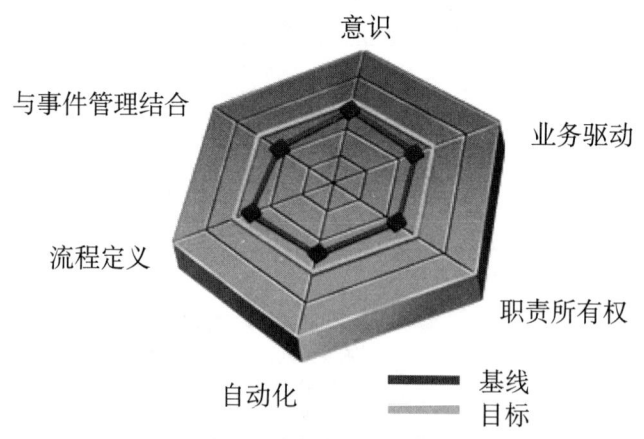

图3-6　信息安全评估成熟度雷达图示例

3.3.5 信息化治理现状分析

信息化治理范围比较广泛，涵盖了各个方面。根据编制信息技术总体规划的经验，总结了27项评估的内容。这些内容涵盖了企业IT管理、IT战略等11个方面的内容，如表

3-9所示。

表3-9 信息化治理评估范围示例

序号	评估项	所属方面
1	企业对IT的管理	企业IT管理
2	IT职能和位置	
3	投资评估及优先级选择	
4	收益管理和收益实现	
5	IT绩效管理	
6	业务和信息战略关联性	IT战略
7	IT架构	
8	服务方式选择战略	
9	关系管理	关系管理
10	业务导向的项目群管理	项目群管理
11	信息管理	信息与知识管理
12	知识管理	
13	服务方式管理	服务方式
14	人力资源管理	组织管理
15	财务管理	
16	开发（成套与定制）	应用系统开发与维护
17	维护（成套与定制）	
18	配置和资产管理	服务与交付管理
19	终端管理	
20	运营管理	
21	网络与通信	
22	IT帮助台（Helpdesk）	
23	IT灾难恢复和安全	
24	业务流程管理	业务变更管理
25	业务变更管理	
26	识别IT机遇与需求	IT机遇与意识管理
27	IT意识和培训	

信息化治理的评估标准比较复杂，目前尚无法对以上27项评估内容进行统一的成熟度定义。因此，我们对于信息化治理的每一项评估内容分别定义了相关的成熟度，同样分为1～5级。

对 27 项评估内容进行成熟度评估后，也可以形成相关的雷达图，体现评估的整体结果。图 3-7 展示了一个样例。在这个样例中，根据评估者的经验，加入了国内 IT 治理良好水平、国际 IT 治理良好水平以及信息系统和技术控制目标（COBIT）最佳实践的水平作为比较。

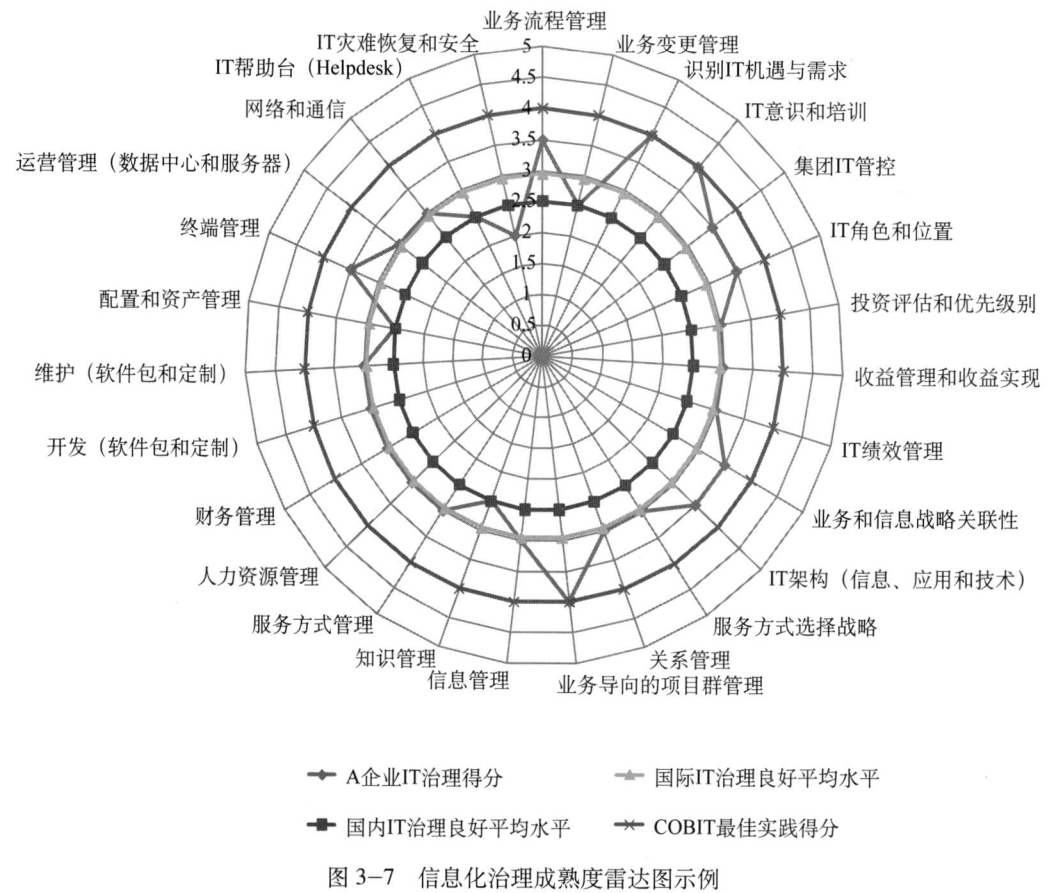

图 3-7 信息化治理成熟度雷达图示例

3.4 新兴技术和最佳实践研究

3.4.1 新兴技术研究

信息技术总体规划中的一项重要任务是探讨信息技术的发展趋势，重点研究新兴或前沿信息技术发展方向以及在企业的应用前景。

国际上有许多组织对信息技术的发展进行跟踪研究。以高德纳（Gartner）公司为例，Gartner 每年发布《技术成熟度专题报告》，该报告以成熟度曲线的方式来说明各项技术当前所处的周期。2009 年的报告涵盖了 79 个门类的 1650 种技术。Gartner 每年发布的《十大战略技术》则对未来 3 年内对企业产生重大影响的十大技术进行预测和分析。2010 年 10 月 19 日，Gartner 发布 2011 年十大战略技术，包括云计算、移动应用和智能终端、社交交流与协作、视频、下一代分析技术、社交分析、上下文感知计算、存储级内存、普适计算、基于结构的基础设施和计算机。某企业在信息技术总体规划过程中，对这十大战略技术进行了分析。这里以云计算、移动应用和智能终端、视频三项技术为例做简单说明。

3.4.1.1　云计算

根据 Gartner 的描述，云计算服务包含开放的公共云和封闭的私有云两种类型，今后 3 年将会看到介于这两种模式之间一系列云计算服务。厂商将提供成套的私有云，这类服务将具备公共云服务的技术——软件即服务以及可以在用户企业内部部署的方法，建立并运营云服务的最佳方式。许多企业仍将提供云平台管理服务，让用户可以远程管理云计算服务的部署。Gartner 预计，到 2012 年，大企业将部署一支动态的外包团队，负责持续的云计算外包决策和管理工作。

案例企业分析：云计算可以提高企业的信息化效率和系统满足业务需要的能力，节约成本。我们也在关注并计划进行云计算的试点。然而云计算的安全性是一个需要解决的问题，企业的哪些信息处理适合纳入云计算的范围也有待进一步探讨。公共云、私有云两种模式，加上介于两者之间的云计算服务模式，哪一种更为适合，或者说如何根据不同的处理对象进行部署，是应用云计算技术需要考虑的战略性问题。

3.4.1.2　移动应用和智能终端

Gartner 预计，到 2010 年底，将有 12 亿人使用功能丰富的手机，使移动商务能够提供移动性和网络整合的理想环境。由于具备强大的处理和带宽能力，移动设备正在成为一种独特的电脑，如苹果的 iPhone 平台，尽管受到市场的限制（往往只面向单一平台），并且需要特定编程，但目前已拥有上万计的应用可以使用。这类应用带来的良好体验将通过移动设备引领用户与企业进行有倾向性的互动，这些体验可以提供地理定位等与用户背景行为相关的功能。这将引发企业竞相推出应用，并将其作为一种竞争工具来改进与用户的关系，并领先那些用户界面只能够适应浏览器的竞争对手。

案例企业分析：正如 Gartner 所述，目前在企业内外部，功能丰富的手机越来越普及，移动应用将会是下一个规划周期的重点之一。我们初步认为，移动应用在企业的发展对象可以有两种，一种针对内部用户，一种针对外部客户。内部用户方面，主要应用方向包括移动办公、加强企业运营效率、充分利用终端的地理定位、信息采集和发布等功能，支持企业生产运行部门的移动巡检工作。外部客户方面，主要应用方向可能是需要为客户定制移动应用程序，并与客户关系管理和销售系统进行集成，带给客户新颖、便捷的消费体验。

3.4.1.3　视频

根据 Gartner 的描述，视频并非一种全新的媒体形式，但是它被非媒体企业作为一种标准媒体形式使用，而且使用量在快速增加。在数字摄影、消费电子、Web、社交软件、统一通讯、数字和互联网电视以及移动计算等领域，技术趋势都已经到了一个将视频引入主流的重要转折点。未来 3 年内，视频将成为常见的内容形式，还将成为针对多数用户设计的互动模式。到 2013 年，企业员工一天内看到的内容，将有超过 25% 被图片、视频或音频主导。

案例企业分析：在信息技术总体规划编制过程中进行现场调研和需求收集时，视频确实是一个"热点"词汇。在企业内，视频比较多地涉及以下几个方面，一是视频会议，二是视频监控，三是视频信息。视频会议将成为下一个规划周期企业会议的主要形式，而且对清晰度和传输效率的要求会不断提高。视频通讯也将更多地用于业务协作中。作为生产型企业，各业务领域对于在生产管理过程中增加视频监控手段的要求也会越来越多。企业内外网络中的视频信息早已为企业各级人员所熟悉。因此，视频技术应该作为企业下一规划周期重点关注的信息技术之一。

进行系统的新兴技术研究不像上述分析那样简单直接。由于信息技术普遍具有"成熟度曲线"的发展特征，在企业信息技术总体规划过程中，新兴技术研究需要充分考虑技术成熟度，同时结合企业的具体情况来分析适用性。一般来说，信息技术的分析评估通常需要考虑以下六个要求，如图3-8所示。

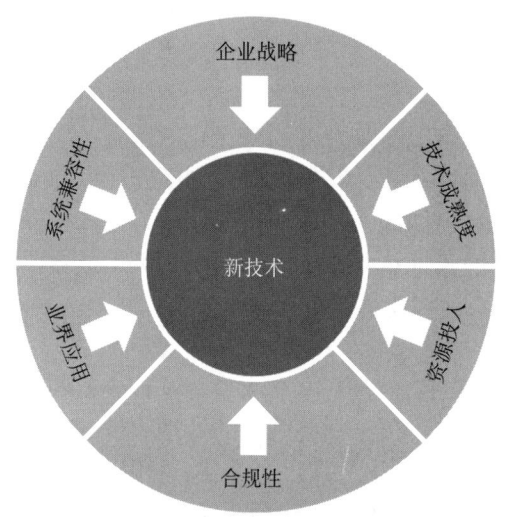

图3-8 新技术引入要求示例

信息技术的发展要和企业战略、业务发展情况以及技术成熟程度相吻合；为了采取该信息技术企业需要投入包括人力和非人力资源等各种资源；在采取某种信息技术后应该满足相关行业要求以及合规性要求；信息技术要通过参考业界领先实践，证明该技术满足自身要求；采用该信息技术不应该出现对现有技术架构产生较大影响以及兼容性等问题。信息技术评估和研讨一般从技术发展趋势分析、优势劣势分析、适用性分析、企业应用前景等方面进行。

3.4.2 信息化最佳实践研究

信息技术总体规划编制过程中，对信息化最佳实践进行研究的目的主要是对国内、外先进的相关行业信息化建设经验和业界对新兴技术的应用情况进行总结，归纳出值得借鉴的信息化建设最佳实践和领先技术，为企业信息化建设提供参考依据。

选取相关行业信息化建设最佳实践案例应遵循同业领先原则和信息可靠原则。

（1）同业领先原则。选取与规划编制企业业务相近、规模相近的国际大公司，以石油行业为例，可以选择如BP、壳牌、雪佛龙、埃克森美孚等石油公司的案例作为最佳实践。再以粮油行业为例，可以选取美国ADM、美国邦吉、美国嘉吉、法国路易达孚等"四大粮商"的案例作为最佳实践。从近几年来这些公司的业务发展、投资重点和信息化建设案例中，总结出行业业务发展趋势和信息化发展趋势以及可借鉴需要建设的信息系统或提升建议。

（2）信息可靠原则。信息化建设涉及一些企业的商业机密，许多信息不予公布。在选择最佳实践案例时，应选择各企业、媒体或相关供应商的公布信息，确保信息的可靠性，避免不必要的纠纷，同时应注意案例的时效性。

案例：某能源企业规划编制对国际石油公司"数字油田"最佳实践的分析

- **业务简介**：C 公司是世界最大的综合石油公司之一，公司总部设在美国，经营范围包括石油勘探、生产、加工、销售和油气输送、化工生产和销售、地热、发电。同时对新业务及先进技术进行投资。业务涉及约 90 个国家和地区，在全球拥有超过 6 万名员工。
- **项目背景**：S 油田实施的"数字油田"是 C 公司众多的"数字油田"实施案例之一，目的是要变更蒸汽驱操作方式、提供更好的决策、实现热量、油井、水管理流程的一体化优化。S 油田位于加利福尼亚州，油井约 15000 口，在 2007 年油气产量是每天 220000 桶（bbl），其中重质原油占 83%，轻质原油占 10%，其余的 7% 为气体。重质油采用热采方法进行开采，轻质油采用注水方式生产。
- **项目目标**：S 油田寻求运营变革，希望可以做到以下三点：（1）利用集中决策提升油田经营业绩；（2）油藏管理紧密结合日常生产操作；（3）采用人工智能进行例行决策。

C 公司将数字油田建设分为 4 个阶段，依次是监控、分析、优化和再造。S 油田的数字油田建设按照这四个阶段进行，目前已达到了第三阶段，如图 3-9 所示。

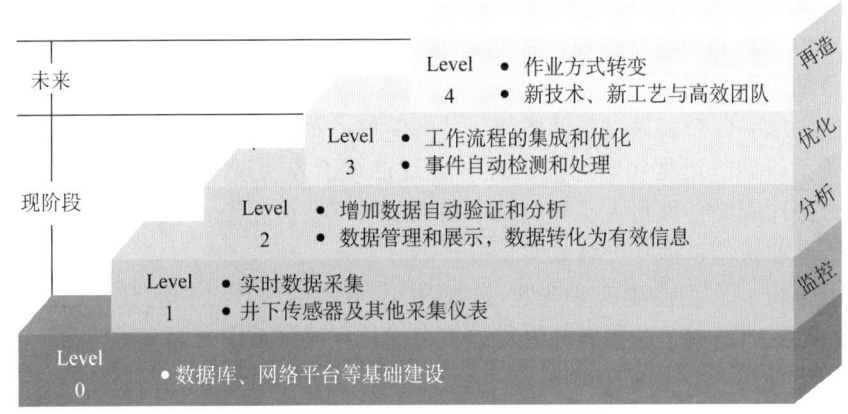

图 3-9　C 公司数字油田建设阶段示例

- **数据架构概述**：S 油田的数字油田建设面向生产，包括了油气水井生产过程、井下作业维护、地面维护、油藏监控、油藏管理，同时对生产中涉及的钻井、地质数据也进行了集成，并为生产核算提供数据。S 油田"数字油田"的数据按照 PPDM 模型进行组织管理，数据来源包括手工录入方式、SCADA 传输、其他数据库集成。数据库间集成采用进程每日同步、按需获取和使用 Datalogix 工具同步的方式。
- **应用架构概述**：根据 C 公司"数字油田"的应用架构设计，结合 S 油田以重质油蒸汽驱为主的业务特点，在 S 油田实施部署了油藏管理系统、决策支持中心、维修计划可视化支持、蒸汽系统优化、井网异常监控系统、单井监控系统，进行生产过程实时监控、生产优化和协同决策。
- **典型系统说明**：
  - 决策支持中心提供了一个有大屏幕和多个工作站组成的协同、可视化的环境来促进蒸汽产生过程标准化及其改进提高。决策支持中心建立的基础是蒸汽生产控制、SCADA 系统、可靠的局域网、实时数据管理系统。中心可以显示全部的蒸汽发生器的重要指标，用户通过 WEB 可以同时访问全部装置的相关性能数据。月度计分卡功能可以显示领先和落后的指标，提醒工作人员对相关设备进行改进。
- 维修计划执行可视化监视系统管理实时维修周计划的执行。在一个协同工作环境中，计划员根据大屏幕上显示的预先编制的周计划，与各维修队长联系，时刻监管着维修任务的执行。在 S 油田，6 名计划员协调约 80 支维修队伍，管理油田面积超过 22 平方英里，生产井 8000 口以上。
- 蒸汽装置优化系统用于蒸汽热能管理决策调整。按照油藏开发计划设定各阶段指标和趋势，监控油藏关键参数，然后将监控数据与设定的指标和趋势进行对比，生成当前油藏的热力状态图，根据生产与计划的符合程度给出操作参数调整建议，如注汽速度调整。
- 应用效果：S 油田通过应用以上系统，强化了生产过程管理，实现了对生产工艺、设备的数据化、实时化、优化、协同化管理，具体表现在：
  - 蒸汽发生器的产能利用率提高了 12%；为排放达标而需升级的蒸汽发生器的数量减少；蒸汽发生器效率提高了 1%；对蒸汽发生器问题具有预先反应能力而提高了设备可靠性。
  - 对单井和井网的检查频度提高了 30% ~ 40%；对日常事件可自动诊断，识别低效油井和井网。
- 案例启示：C 公司通过油井监控、井网监控、蒸汽发生器监控，实现了对油田生产设备、设施的远程实时监控管理；通过油藏监控实现了对油藏开发进度的实时监控，快速调整；使用人工智能技术实现了生产动态优化；利用协同工作环境，实现了跨专业协作，提高决策效率。
- 借鉴分析：在上游生产业务建设过程中，可以借鉴 C 公司的数字油田生产管理方式，从实时监控、油藏整体管理、生产优化和协调工作方面入手，实现生产过程的精细化管理。
  - 推进对油井、设备等的全面监控，建立健全与实时数据采集相关的仪表设备、网络、实时数据库系统，满足对油井温度、压力、流量、油泵运转情况实时采集运行数据的要求。
  - 推进油藏整体监控，安装油分布式温度传感器监控油藏，提高油藏监控能力，缩短开发方案的调整周期。
  - 加强对实时数据的分析利用，建立运行设备监控、油井监控、事件报警等应用，实现从被动响应到主动预防的转变。

3.5 信息技术对标分析

3.5.1 对标分析概述

对标管理是寻找和学习先进管理案例和运营方式的一种方法。现在，越来越多的企业，乃至政府都开始运用这种方法改善管理绩效。有数据显示，对标管理已成为最受企业欢迎的战略管理方法之一。

对标管理起源于 20 世纪 70 年代的美国。最初是人们利用对标寻找与别的公司的差距，把它作为一种调查比较的基准的方法。后来，对标管理逐渐演变成为寻找最佳案例和标准，加强企业内部管理的一种方法。对标管理通常分为四种。

（1）内部对标。很多大公司内部不同的部门有相似的功能。通过比较这些部门，有助于找出内部业务的运行标准，这是最简单的对标管理。其优点是分享的信息量大，内部知识能立即运用，但同时易造成信息封闭、忽视其他公司信息的可能性。

（2）竞争性对标。对企业来说，最明显的对标对象是直接的竞争对手，因为两者有着相似的产品和市场。与竞争对手对标能够看到对标的结果，但不足是竞争对手一般不愿透露最佳案例的信息。

（3）行业或功能对标，即公司与处于同一行业但不在一个市场的公司对标。这种对标的好处是，很容易找到愿意分享信息的对标对象，因为彼此不是直接竞争对手。但现在不少大公司受不了太多这样的信息交换请求，开始就此进行收费。

（4）与不相关的公司就某个工作程序对标，即类属或程序对标。相比而言，这种方法实施最困难。至于公司选择何种对标方式，是由对标的内容决定的。

信息技术总体规划中的对标主要是行业或功能对标。对标企业的选择原则与行业信息化最佳实践案例的选取类似，中国企业一般选择同行业的大型国际公司作为对标对象。对标的内容主要有两类，一类是指标对标，一类是信息化建设内容的对标。

3.5.2 指标对标

进行指标对标，第一步需要确定对标内容；第二步进行对标的组织筹备，取得管理层及员工的共识，组织相关的团队或工作小组；第三步背景调研，包括熟悉行业、企业和业务流程方面的关键问题，初步假设领先实践并筛选对标对象；第四步分析流程，确定 KPI 绩效指标，需要选择并分析关键流程和活动，决定和收集衡量业务水平的关键绩效指标；第五步选择和确定标杆企业；第六步数据收集，包括确定收集方法、设计问卷或安排访谈日程、进行现场访问；第七步进行实际的比较，包括对比绩效衡量指标、分析工作实践和流程、确定绩效差距和原因；最后进行对标的总结沟通。由于企业进行指标对标总结之后，往往会制定相应的措施进行改善，因此对标可以是一个循环的过程，对于改进措施的实施效果进行评估，重新对标，根据结果再次制定措施，进行进一步的完善。

指标对标的核心问题之一是寻找合适的标杆，除了选择同业领先企业的数据，一些独立机构也提供对标与相关的数据服务。美国生产力与质量中心（APQC）是一个具备了丰富的"流程与绩效改善资源"的全球性机构，该机构致力于制定产业标杆与最佳实践，IT 活动作为企业的重要组成部分，也是该机构的研究对象之一。APQC 创立的开放性标准的对标数据库汇集了全球各产业领导者对标项的建议以及提供的标杆数据。以 IT 通用能力部分为例，APQC 建议的关键指标分为 5 大类，包括成本效益、时间周期、工作效率、员工负荷、补充信息等，共计 112 条。

案例：某国际大型化工企业供应链计划管理对标

该企业希望通过对标分析了解自身业务运行在同类企业中的水平，成立了内部对标团队并且聘请了外部咨询顾问支持对标工作。由于 APQC 的开放性对标包括了同行业的指标对标内容，因此该企业确定采用 APQC 的方法进行供应链计划管理方面的对标。

根据APQC的建议，供应链计划管理方面的指标主要包括以下内容：（1）成本效益类，指每1000美元收入中需求/供应计划的成本、每1000美元收入中供应链管理的成本等。（2）时间周期类，指现金到现金的周期，客户订单周期等。（3）流程效益类，指成品库存周转率、每10亿美元收入对应的全职供应链计划工作人员数量等。该企业经过分析，认为APQC建议的指标符合企业对标的要求。

之后，该企业开始进行数据收集工作，包括相关计算工作。如对于"每1000美元收入中需求/供应计划的成本"这一指标，收集了收入和成本信息，计算得到的结果为1.43美元；"每1000美元收入中供应链管理的成本"计算得到的结果为4.29美元；现金到现金周期为25天；"每10亿美元收入对应的全职供应链计划工作人员数"为3.43人。

接着，该企业开始与APQC提供的标杆数据进行比较。表3-10展示了一个样例。从对标情况来看，该企业在同行业中已经处于领先水平。

表3-10 与同类企业数据对标的示例

与同行的对标比较	本企业数据	企业数量	最差	中间	最好	差距
每1000美元收入中需求/供应计划的成本（美元）	1.43	9	7.79	2.31	1.36	0.07
每1000美元收入中供应链管理的成本（美元）	4.29	16	75.08	41.91	13.74	−9.45
现金到现金的周期（天）	25	22	119	81.85	55.25	−30.25
每10亿美元收入对应的全职供应链计划工作人员数（人）	3.43	14	33.62	10.59	4.82	−1.39

3.5.3 信息化建设项目对标

信息化建设项目对标是将规划编制企业的信息化建设历程和内容与标杆企业进行对比，在内容和时间上寻找差距。在本节中，我们将以实例进行具体说明。

案例1：某石油勘探开发企业与国际大型石油公司信息化建设对标分析

该企业主要业务为石油上游勘探与开发。在信息化建设项目对标过程中，该企业选取了国际领先的S公司、C公司和B公司作为对标对象。首先在时间轴上列出了三个对标对象与企业自身的主要信息化建设项目，并进行对比。如图3-10所示。

- 信息化建设项目对标：国际石油公司在其上游业务领域的信息化建设起自20世纪90年代中期，直至今日已建设了包括数字油田、面向服务的商务智能、全球SAP、集成的地球科学信息系统、数据到桌面在内的多个标志性信息化项目，取得了卓越的信息化建设成果。规划编制企业在上游业务领域的信息化建设自2003年起，已陆续建设了包括SAP的ERP系统、勘探与生产技术数据管理系统、油气水井生产数据管理系统、工程技术生产运行管理系统等多个系统，取得了一定的成绩。但是在井、油藏管理和设施监控、智能油田、系统集成等方面仍然有明显的滞后。
- 业务支持情况对标：根据目前信息系统对企业各业务领域的支持能力，对比国际石油公司，在某些领域规划编制企业尚存在一定提升空间。整体进行对比分析可见，规划编制企业上游业务的信息化能力距国际先进水平尚存在X年的差距。对比情况见表3-11。

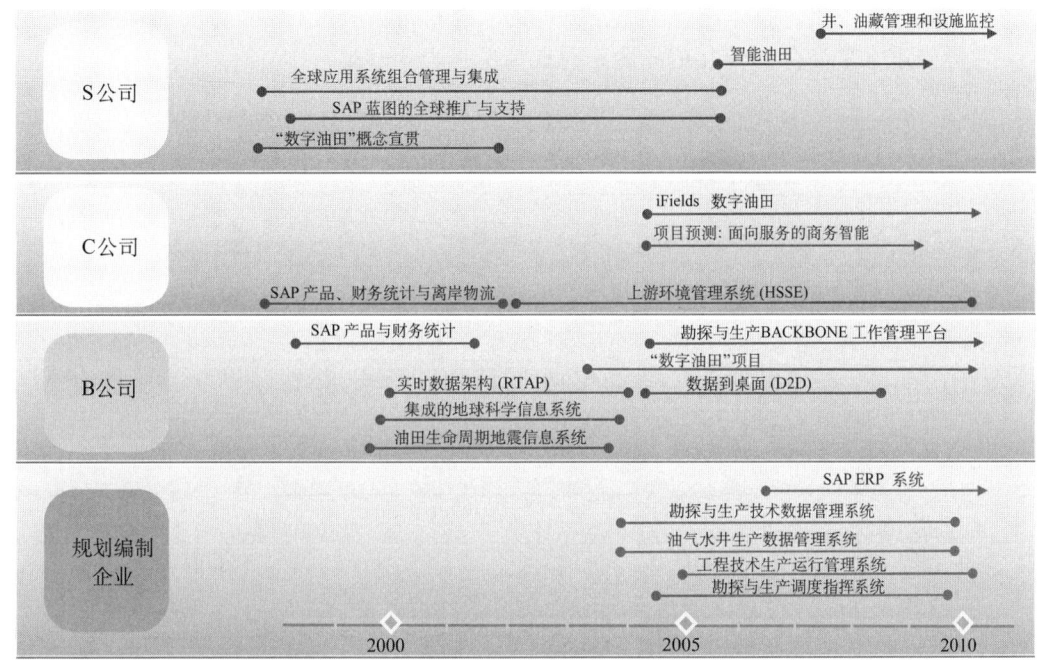

图 3-10 石油上游信息化建设情况对标示例

表 3-11 石油上游信息化对标情况示例

IT能力 企业	领域1	领域2	领域3	领域4	领域5	领域6	领域7
S公司	具备	具备	具备	具备	具备	具备	具备
C公司	具备	具备	具备	具备	具备	具备	具备
B公司	具备	具备	具备	具备	具备	具备	不具备
规划编制企业	具备	基本具备	具备	部分具备	基本具备	部分具备	具备

案例2：某炼化企业与国际大型石油公司信息化建设对标分析

该企业主要业务为石油炼制、化工与相关产成品的销售。在信息化建设项目对标过程中，该企业选取了国际领先的 S 公司、E 公司和 B 公司作为对标对象。对标示例如图 3-11 所示。

- 信息化建设项目对标：国际石油公司在其下游业务领域的信息化建设起自 20 世纪 90 年代，目前，已建设了包括客户与业务服务中心、炼油化工生产运行管理系统、加油站管理系统、全球 SAP 在内的多个标志性信息化项目，取得了卓越的信息化建设成果。规划编制企业下游业务领域的信息化建设自 2003 年起，已陆续建设了包括 ERP、炼油与化工运行系统、炼化物料优化与排产系统、加油站集成管理在内的多个系统，取得了一定成绩。但在客户与业务服务中心、供应链管理等方面还存在明显滞后。

- 业务支持情况对标：根据目前信息系统对下游业务领域的支持能力，对比国际石油公司，规划编制企业在部分领域已具备对业务提供良好支撑的信息化能力，其他领域则尚有不足。整体进行对比分析可见，规划编制企业下游业务的信息化能力距国际先进水平尚存在 X 年的差距。对比情况见表 3-12。

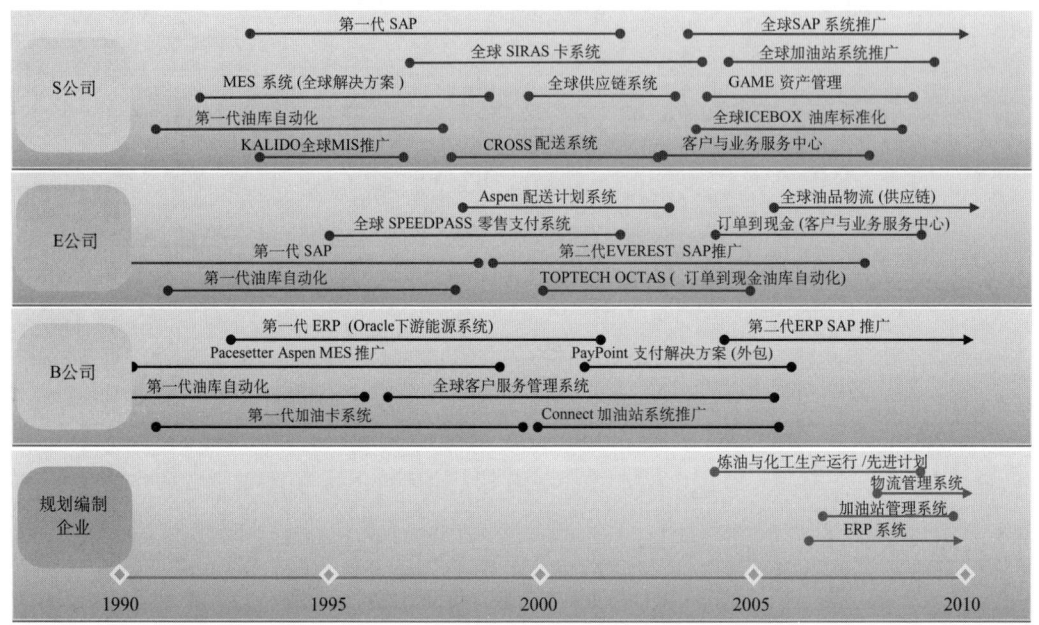

图 3-11　石油下游信息化建设情况对标示例

表 3-12　石油下游信息化对标情况示例

IT 能力 企业	领域 1	领域 2	领域 3	领域 4	领域 5	领域 6	领域 7	领域 8	领域 9
S 公司	具备	具备	具备	具备	具备	具备	具备	具备	具备
E 公司	具备	具备	具备	具备	具备	具备	具备	具备	具备
B 公司	具备	具备	具备	具备	具备	具备	具备	具备	具备
规划编制企业	具备	部分具备	具备	部分具备	部分具备	部分具备	部分具备	具备	具备

3.6　需求分析

3.6.1　需求的来源和依据

在本章开始时，已经简要阐述了信息化需求的主要来源，首先是来自现状调研的领导层期望和用户直接需求，这些需求我们一般也称为"直接需求"。然后是通过比较业务架构和信息化现状架构，分析信息化对业务的支持情况得到的需求。通过与 IT 最佳实践案例和标杆企业行动比较获得的需求，新兴技术研究中的新技术发展与应用情况也是信息化需求的来源，这三种来源的需求我们一般也称为"间接需求"。

信息化需求按照内容一般可以分为两类，一类是业务运行对信息化的需求，另一类是信息技术能力提升方面的需求。如果按照"3.3　信息化现状分析与评估"一节中的分类，信息化需求也可以分为应用系统需求、数据需求、基础设施需求、信息安全需求、信息化治理需求。对应来说，在这五类需求中，应用系统需求和数据需求一般属于业务运行对信息化的需求，而基础设施需求、信息安全需求和信息化治理需求一般属于信息技术能力提升方面的需求。在一些企业架构理论中，也将业务运行对信息化的需求称为"功能性需求"，将信息技术能力提升方面的需求称为"非功能性需求"。

上述的两种需求分类方式，一种按来源分，一种按内容分，都是在信息技术总体规划过程中需要用到的。按来源分类的方法可以用于需求的整理和汇总，按内容分类的方法则可以将需求体系化地输入规划的后两个阶段中。

3.6.2 直接需求汇总与分析

需求是现状调研工作的主要成果之一，因此对于需求的汇总和分析是现状调研之后的一项重要工作。规划项目经理部需要对汇总后资料进行整理和分析，其中对于调查问卷，应该充分利用其模板化、部分封闭性的特点，进行更为深入的汇总和统计，形成各种清晰直观的图表。下面以一个实际的案例来说明汇总分析的方法。

案例：某企业信息技术总体规划问卷反馈——信息化需求统计分析

该企业在信息技术总体规划编制过程中，向各业务领域的下属企事业单位发放了调查问卷，集中对各企事业单位的需求进行了收集。在统计分析时，首先根据业务领域，对各企事业单位上报需求的数量进行统计，对相同和相近的需求进行合并，形成共性需求，统计共性与个性需求数量，同时将各单位反映较多，比较集中的需求凸显出来，然后，再将需求进行分类统计，计算应用、数据、基础设施、IT治理、安全、集成等各类需求所占的比例。如图 3-12 所示。

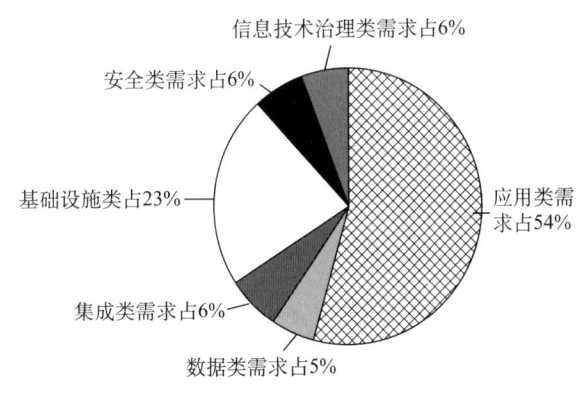

图 3-12 需求统计分类示例

在整理分析这些资料时，除了常规的汇总和统计外，在制定信息技术总体规划工作的过程中常常发现，有一些需求或问题是比较明显的，而且通过一些简单的改进手段，在短期内可以解决，这种情况在现场调研时发生的比较多。也就是说，有一些问题可以直接进行改进，而不一定要通过列入规划方式来实施。规划项目经理部可以在资料汇总分析时针对相关的部门或单位，直接提出短期改进建议，使他们"早执行，早受益"。

3.6.3 逻辑树分析方法

逻辑树分析方法，主要用于从业务战略推导分析信息化需求。逻辑树在规划需求分析中主要有两个作用：一是将业务战略与具体的信息化需求有机联系起来，保证业务与信息化的一致性；二是可以根据业务战略的优先级对相应的信息化需求进行优先级排序和筛选。

逻辑树又称问题树、演绎树或分解树等，是常用的分析工具。逻辑树是将问题的所有子问题分层罗列，从最高层开始，并逐步向下扩展。把一个已知问题当成树干，然后开始考虑这个问题和哪些相关问题或者子任务有关。每想到一点，就给这个问题（也就是树干）加一个"树枝"，并标明这个"树枝"代表什么问题。一个大的"树枝"上还可以有小的"树枝"，如此类推，找出问题的相关联项目。

在业务战略推导分析信息化需求的过程中，逻辑树可以分为四个层次。第一层次是业务战略，也就是树干。第二层次由业务战略推出业务目标，亦即达到怎么样的业务目标可以实现业务战略。第三层次由业务目标推出业务能力，亦即达到这个业务目标需要哪些业务能力。第四层次由业务能力推出信息化能力，亦即需要哪些信息化能力来支持这些业务能力。图 3-13 展示了逻辑树的概念。

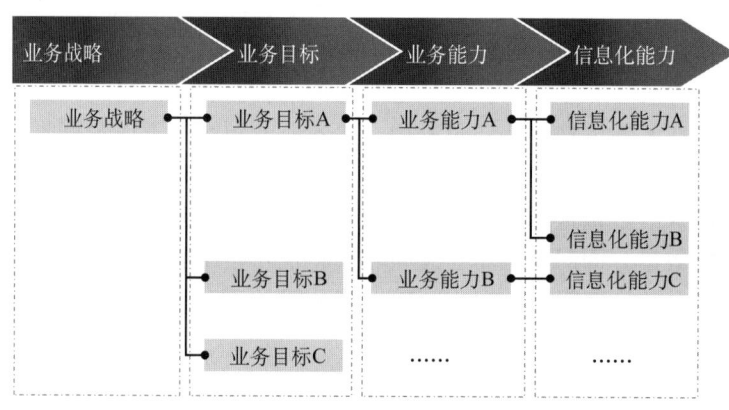

图 3-13 逻辑树概念图

3.6.4 信息化对业务覆盖分析

信息化对业务覆盖分析，主要用于分析信息化对于业务的支持程度，是依据企业业务模型和应用系统支持业务情况进行的分析。尚未有应用系统覆盖或应用系统覆盖不全面的业务活动自然成为信息化需求的来源。

以成品油销售业务为例，项目经理部参照成品油销售业务模型与应用系统现状评估结果，整理现有应用系统对业务活动覆盖范围和支持程度的信息，判断应用系统与业务的匹配程度。在业务模型中，纵向分成了四层，分别是生产操作、生产管理、经营管理和辅助决策；横向上根据业务领域分为润滑油厂、一次调运、油库、二次配送、直销和终端销售。

目前该企业成品油销售业务领域统一建设了一批专业应用系统，加油站管理系统和 ERP 系统已经投入运行，油库管理系统已经完成 50 余家试点，一些新的项目已经完成可行性研究报告编制和审批，正在详细设计阶段。针对已经投入使用的 ERP 系统和加油站管理系统对业务用户进行访谈，得出系统对业务的覆盖如图 3-14 所示。

从图中可以看出，成品油销售领域的业务应用系统覆盖了经营管理层、生产管理层和生产操作层的大部分业务活动。分析信息系统对销售业务链上各环节业务活动的支持和覆盖情况，对于信息系统未覆盖到的业务活动，存在信息化建设的需求：

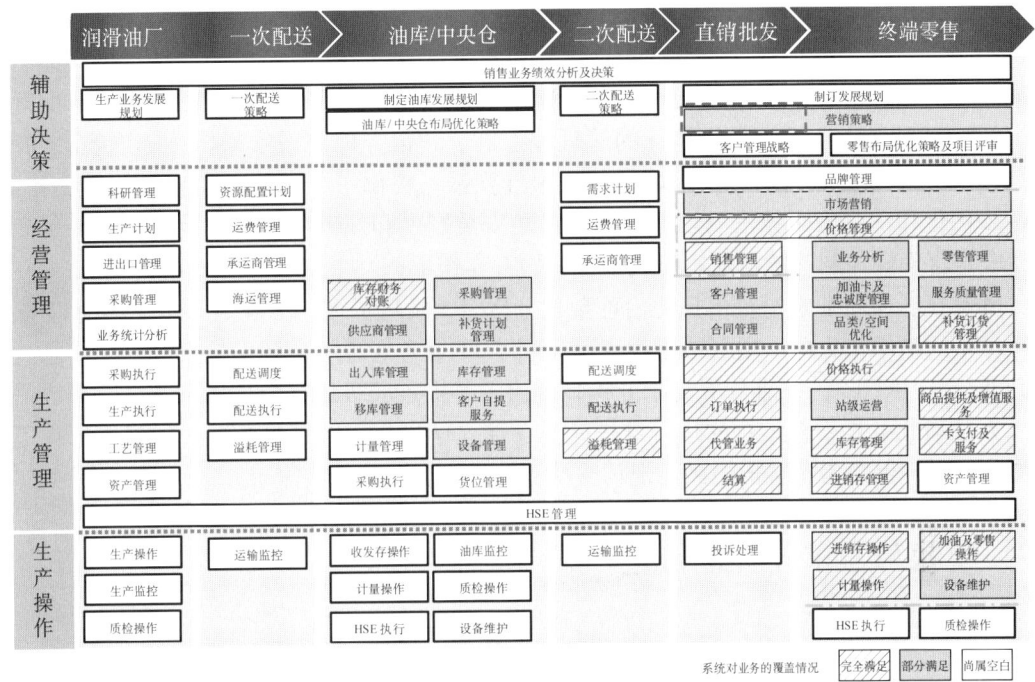

图 3-14 应用系统对业务覆盖情况示例

（1）润滑油、小产品生产业务目前没有相关信息系统覆盖，需要信息系统支持润滑油、小产品的生产运行、仓储、运输和销售。

（2）在销售业务领域，对客户的管理和服务非常重要，目前客户管理功能只能支持到持卡客户。

（3）辅助决策部分无信息系统覆盖。需要通过相应系统的建设来将各级管理层关心的生产运行和经营管理数据进行统一的展现，支持进行深入的分析，来辅助分析市场、客户行为、销售网络布局和销售策略以及发展规划。

（4）设备管理和维护部分虽然有系统支持，但支持尚不充分，需要加强。

3.6.5 信息技术能力提升需求分析

在 3.6.1 小节中，已经对信息技术能力提升需求的范围做了大致说明，包括基础设施、信息安全和信息化治理三方面的需求。

信息技术能力提升需求的主要来源有三个方面。首先是由用户提出的直接需求，比如在需求收集的过程中，经常会有用户提出"网络覆盖需要扩展，网络带宽需要提高""加强信息安全""增加信息化部门人员数量"等需求。另一个比较重要的需求来源是信息化现状分析与评估。通过对基础设施、信息安全、信息化治理等方面的成熟度评估，可以发现问题，并归纳出需求。此外，新兴技术和最佳实践的研究也是信息技术能力提升需求的来源，云计算、物联网、移动应用等技术发展趋势，都对信息技术能力的提升产生了影响。

案例一：某企业在制定信息技术总体规划过程中，对于基础设施中的网络进行了评估，结合用户提出的直接需求，归纳了以下需求：持续完善信息网络的改造与优化，开展分支机构的网络接入；满足海外成员企业的网络覆盖需求，使用多种通讯方式实现生产现场的网络覆盖，扩大网络范围；提升网络可靠性，进行重点单位网络的双链路备份建设；充分利用管道光纤扩展网络带宽，满足应用系统的需求。

案例二：某企业在进行信息技术总体规划的信息安全需求分析时，归纳了用户提出的需求，包括加强信息安全项目之间的集成和关联关系、加强针对核心应用系统的身份管理认证、加强对无线访问的身份认证的管理和控制、建设异地灾难恢复体系等内容。同时，规划项目经理部研究信息安全领域的相关最佳实践，提出了"先建立信息安全整体框架，再逐步优化和加强安全技术"以及"加强信息安全制度和规范建设，注重对服务外包商的信息安全管理和控制"的需求，形成了很好的补充作用。

案例三：某企业在进行信息化治理现状分析时，发现了下一个规划周期内建设IT服务管理体系的需求。为此，规划项目经理部研究了IT服务管理标准的最佳实践——信息技术基础架构库（ITIL），并进行了需求分析，提出了"推进三级运行维护体系建设，形成信息技术人员和业务骨干相结合的运行维护队伍，建立信息化运行维护标准，加强信息化工作的考核评比，保障信息队伍能满足现场支持服务的需要"的总体需求。

3.7 现状与需求分析报告

《信息化现状与需求分析报告》共包括五个章节内容。

■ 第一章 现状分析方法概述

介绍现状与需求分析过程中采用的主要方法，包括业务战略和趋势解读方法、业务现状分析方法、信息化现状的评估方法、需求的来源和依据、需求归纳方法等内容。

■ 第二章 业务现状分析

阐述并分析规划编制企业的业务现状，包括企业组织架构和业务管控模式概述、各业务领域的业务现状分析。其中，各业务领域的业务现状分析可以进一步分为业务战略理解、业务发展现状概述、业务架构分析等内容。

■ 第三章 信息化现状分析

信息化现状分析一章首先对信息化建设进行整体性的概述，接着分应用、数据、基础设施、信息安全、信息化治理等方面分别进行阐述和评估。其中应用评估一方面需要考察应用系统本身的情况，另一方面需要整体评估应用系统对于业务的支持情况。

■ 第四章 发展趋势综述

发展趋势综述涵盖多方面的内容，包括业务发展趋势、新技术应用趋势、最佳实践案例、信息化建设对标分析。

■ 第五章 需求分析

本章首先对需求的实际来源进行说明，然后对各业务领域的信息化需求、信息技术能力提升需求进行分析。其中每个业务领域的信息化需求分析可以进一步分解为用户直接需求的汇总与分析、信息系统对业务支持情况分析、新兴技术和最佳实践影响分析等内容。信息技术能力提升需求则要分为基础设施、信息安全、信息化治理等方面进行阐述和分析。

3.8 小结

本章阐述了企业信息技术总体规划中现状调研与需求分析阶段的工作方法。"好的开始是成功的一半",作为规划的第一阶段工作,层次清晰的现状分析和明确到位的需求归纳是一个好的规划的基石。

现状调研是获取信息的主要手段。业务现状包括业务战略和业务流程分析,梳理出企业的价值链、主要业务活动和这些活动之间的关系,业务活动是分析信息化支持业务情况的蓝本。信息化现状分析主要是评估目前信息化的整体情况,包括应用系统、数据管理、基础设施、信息安全、信息化治理等方面,是对企业现阶段信息化建设情况的整体认识和评价,也是进行愿景展望和规划的起点。

在充分把握企业内部现状的同时,需要放眼外部环境,进行发展趋势和最佳实践的研究以及对标分析。发展趋势包括相关行业发展趋势和信息技术发展趋势。掌握发展动态有助于规划企业下一步信息化走向,分析学习其他企业的案例和经验,帮助企业少走弯路,提高信息化建设的效率。通过与行业先进企业的对标分析,实实在在地进行比较,促使规划编制企业明确自身差距所在,尽快赶超先进。

需求分析内容是规划编制第一阶段最重要的输出成果。通过汇总用户提出的直接需求、业务战略推导、业务活动支持分析、最佳实践案例借鉴、信息化现状评估、信息技术发展趋势解读、相关法律法规遵从等方式,整合分析业务和信息技术两方面的需求,为下一阶段的愿景展望和架构设计工作奠定基础。

希望读者通过本章内容,能够对信息技术总体规划中现状调研与需求分析阶段的工作有一个整体的认识,对开展信息化现状调研与需求分析的工作有所借鉴。

4 企业信息化愿景展望

信息化愿景展望是信息技术总体规划"三步骤"编制方法的第二个阶段，也称作"愿景制定与架构设计"，如图4-1所示。

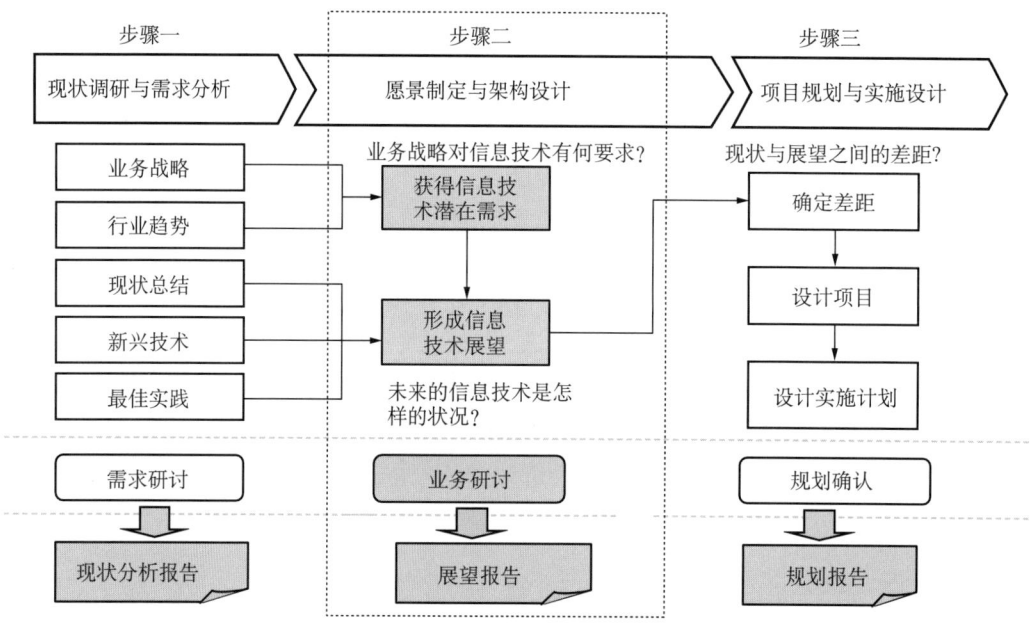

图4-1 信息技术总体规划编制的第二个阶段

信息化愿景展望阶段的工作思路是：在信息化现状评估和需求分析阶段大量评估和分析工作的基础上，基于企业的业务战略和行业趋势，获得对信息技术的潜在需求，明确信息化的愿景、战略目标，分析信息技术在实现企业业务战略中扮演的角色；借鉴国际最佳实践、新兴技术，结合企业的具体情况，确定企业信息管理、应用软件、技术基础设施和组织结构设计的原则，在这些原则的指导下，设计未来5年企业信息技术总体架构；基于总体架构的设计内容，以实现信息化战略目标为目的，提炼、归纳、总结未来信息化建设的重点，形成企业信息化愿景展望蓝图。经过与业务部门的研讨，得到高层领导、业务部门、信息部门等各方的认同，最终完成本阶段的交付成果《信息化愿景展望报告》。

4.1 信息化愿景展望的定位

信息化愿景展望是信息技术总体规划编制过程中具有承上启下作用的一个阶段，与前后两个阶段紧密联系，一方面依赖于现状调研和需求分析的工作成果，另一方面本阶段规划设计的工作成果会作用于第三阶段的工作内容，如图4-2所示。

从图中可以看出，参考业务战略目标，理解领导层对信息化建设的期望，了解实现业务战略目标所需的信息化能力，这些因素共用影响信息化愿景和战略目标的制定。这些信

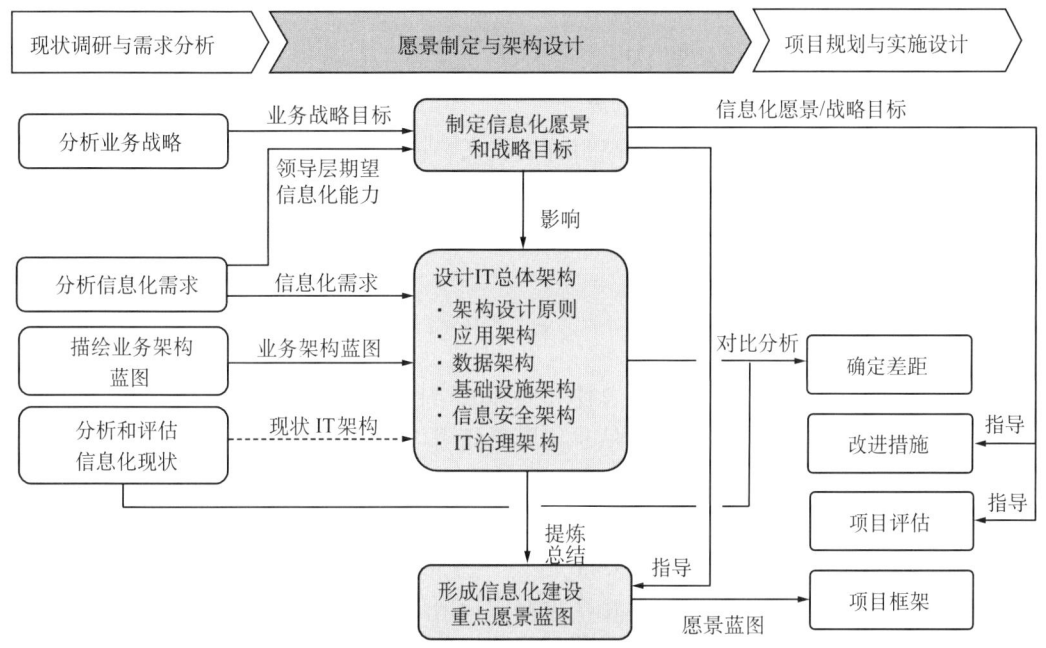

图 4-2 愿景展望阶段的输入输出逻辑关系

息来自现状调研和需求分析阶段的业务战略分析和信息化需求分析的结果。本阶段的工作成果会输出到项目规划设计阶段，未来 IT 总体架构与现状 IT 架构的对比分析会确定信息化建设的差距，信息化愿景和战略目标会影响改进措施的制定和信息化项目的评估，信息化建设的愿景蓝图会决定项目体系框架的设计。

企业信息技术总体规划是企业根据自身的实际情况对信息化建设进行一个全局的观察和分析，最根本的作用在于为企业信息化建设提出一个纲要性的目标和指导，使得信息化建设与业务的结合上考虑得更缜密细致，目的性、计划性更强。这个纲要性的目标和指导是一个逐步细化的过程，从层次上看，信息技术总体规划的内容可以涵盖战略层面、架构层面和项目层面三个层次的规划内容。

信息化战略层面的规划是制定出符合企业战略和业务发展目标的信息化建设总体目标，保障目标实现的方针、原则和策略，并且可以进一步具体细化，形成信息化建设过程中不同方面、不同层面或不同阶段的战略目标。信息化架构层面的规划是为最终实现信息化建设总体目标和战略目标所规划设计的总体架构，包括应用架构、数据架构、技术架构、IT治理架构等，并对这些架构的内容进行提炼，归纳总结未来信息化的建设重点，形成未来信息化建设的愿景蓝图。信息化项目层面的规划是为实现愿景蓝图所建设的信息化项目、资源、投资以及项目计划。从这个层次框架可以看出，信息技术总体规划的战略、架构和项目三个层面是相互依托、相互促进的，在战略层面明确了信息化愿景和战略目标，架构规划是承接战略层面规划和项目规划的桥梁，是信息化愿景和战略目标更加具体的蓝图展现，项目规划是在总体架构和现状架构差距分析的基础上，进一步确定项目框架和每一个具体 IT 项目建设的目标、范围、功能、实施计划与投资计划。

可见，信息化愿景展望是进行信息化战略层面和架构层面的规划，着力于建立企业信息化整体解决方案的蓝图。第三阶段即信息化项目规划和实施计划是基于愿景展望的工作成果，规划企业信息化建设的实施行动计划，是信息化愿景的实施蓝图。

4.2 信息化愿景和总体架构

本节将详细解释信息化愿景和战略目标的含义,说明确定信息化愿景的关键因素,并以实例来说明企业制定的信息化愿景和战略目标。本节还将详细描述设计信息技术总体架构的意义和总体架构的特点,提出总体架构的规划方法,并详细论述总体架构的组成、架构之间的相互关系。

4.2.1 信息化愿景和战略目标

信息化愿景是信息化指导思想、总体方向和战略目标的高度概括,通常以一句话或一段文字表述为信息化总体发展目标。信息化愿景还可以进一步分解成更具体一些的信息化战略目标。

信息化愿景与信息化战略目标虽然有相近之处,但是又不尽相同。愿景是更宏观更远大的总体目标,战略目标相对具体和明确。

企业对信息化的依赖程度,信息化在企业中扮演的角色和起到的作用以及信息化处于整个发展阶段中的位置,都决定了企业信息化的定位。企业信息化的定位和信息技术的总体能力决定了"IT必须做到的事",比如:企业信息化要支持主要业务活动,提高业务人员的工作效率,改善企业绩效指标。高层管理者的期望和信息技术的总体能力决定了"IT可能做到的事情",比如:建设成为先进的信息化标杆企业。信息化的定位和高层管理者的期望决定了"期待IT做到的事情",比如:信息化管理者成为达成企业战略的重要管理人员。"必须做到的"、"可能做到的"和"期待做到的"三者共同结合,通过其交集就确定出信息化的愿景。

企业信息化建设最重要的使命是驱动和支撑企业战略的执行,无论企业采取何种业务战略,业务发展目标的制定和实施都需要以一个高效、可靠的信息化为基础。因此,企业信息技术总体规划最根本的驱动力来自企业的业务战略。

在设计信息技术展望时,必须明确一点,那就是信息技术的使命是支持业务战略,并且信息技术必须与其他真正推动业务发展的因素相协调。图4-3所示为某石油石化企业业务战略与信息技术战略关系。

信息化愿景的确定是一个宏观的高层面的分析和决策过程,是为了支持企业战略目标的实现,明确信息化总体建设将要达到的远景目标。通常的做法是:通过深入理解企业战略,分析行业和信息技术发展趋势,分析企业的业务发展对信息化建设的总体要求,明确企业信息化建设的定位,结合高层管理者对信息化的期望和企业信息技术总体能力等关键因素,制定出与企业战略目标相一致的信息化愿景,从而支撑和推动企业战略目标的实现。制定信息化愿景的输入信息都是来自现状调研和需求分析的工作成果,包括业务战略分析、行业发展趋势分析、信息技术发展趋势分析、高层管理者对信息化的期望、从业务战略推导的所需信息技术能力等。

某大型公司在2002年开始启动五年为一个周期的企业战略规划,确定了未来企业的战略目标:"立足于传统业务的相关多元化,提升专业服务水平,逐步向纵向多元化调整。"公司管理层非常清晰地理解信息化战略在实现企业战略经营目标方面的重要作用,在2002年6月开始全面规划信息化建设的方向和内容。通过理解企业战略,分析企业在整个信息

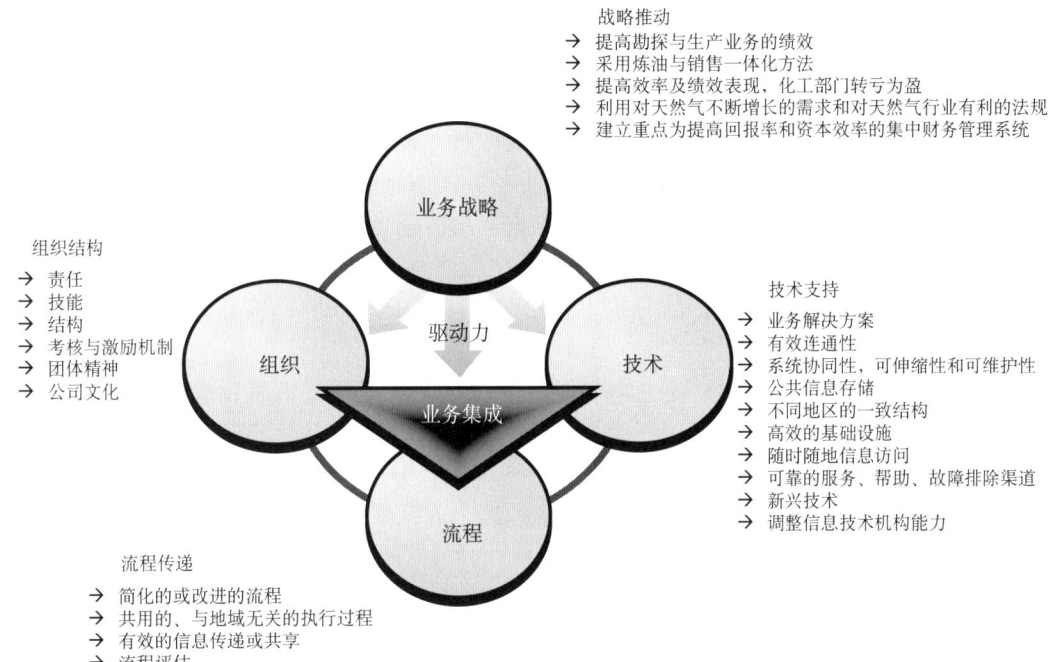

图 4-3 某石油石化企业业务战略与信息技术战略关系示意图

化发展阶段的定位以及评估企业信息技术能力,将全面支持企业战略作为未来信息化建设的定位,明确了供应链管理、项目管理、服务与增值的信息化建设方向,最终确定出信息化愿景为"以供应链管理平台为核心,面向项目管理、面向服务的网络化"。

不同企业信息化的定位、关注的重点和信息技术的能力各不相同,因此制定出的信息化愿景也是各具特色。下面以几个实例来展示企业信息化愿景的概貌。

实例1:某大型企业集团制定的信息化愿景

建设世界水平的信息技术环境,形成战胜竞争对手的一种战略优势;支持业务战略的实施;支撑业务转型、运营效率及客户服务提升;促进公司网络化运营;促使公司成为世界领先的企业集团。

实例2:某企业制定的信息化愿景

在合适的安全机制约束下,任何员工在任何时间、任何地点、以任何方式得到所需的信息(本地的、区域的和全球的);通过已实施的信息系统提高最终用户的生产率;信息系统及时响应迅速变化的市场需求,支持业务竞争力的提高;信息系统为公司的产品线提供新的竞争优势。

实例3:某集团公司制定的信息化愿景

作为信息技术的提供者,提供为保持公司战略优势建立信息系统和业务应用所需要的新技术;作为信息服务、基础架构和环境的提供者,保证全公司实现信息共享,从而满足客户需求;成为业务部门的战略业务伙伴,提供满足业务需求的及时和低成本信息系统解决方案;主动响应变化,通过自动化和集成化的信息系统和过程管理,为管理者和员工提供决策所需要的高质量信息。

下面是企业在制定信息化愿景时通常采用的文字描述。

(1)从支持业务方面来描述:支持业务战略的实施;支撑业务转型、运营效率及客户服务提升；全面支撑集团公司各业务发展；支持部门和跨部门的业务过程功能；为保持公司战略优势建立信息系统和提供业务应用所需要的新技术；成为业务部门的战略业务伙伴；支持业务竞争力的提高；促使公司成为世界领先的企业集团，等等。

（2）从信息化建设方面来描述：全面建设集中统一的信息平台；促进公司网络化运营；整体提升信息系统功能；保证全公司实现信息共享；信息系统及时响应迅速变化的市场需求；建设网络畅通、安全可靠、统一集成、先进实用的信息系统平台，等等。

（3）从信息化水平方面来描述：提高信息化应用水平，达到国际同类企业先进水平；建设世界水平的信息技术环境；信息技术应用达到国际一流水平；信息化管理和服务水平保持国内领先，等等。

企业在制定信息化愿景时，还会将信息化愿景进一步分解成信息化战略目标。战略目标可以从决策层、管理层、执行层三个层次进行分解。也可以从信息管理、应用系统、IT基础设施、组织机构（即 IATO 分析）等几个维度进行分解。如图 4-4 所示，某石油石化企业基于公司战略，进一步分解提出信息技术的四个方面战略目标。

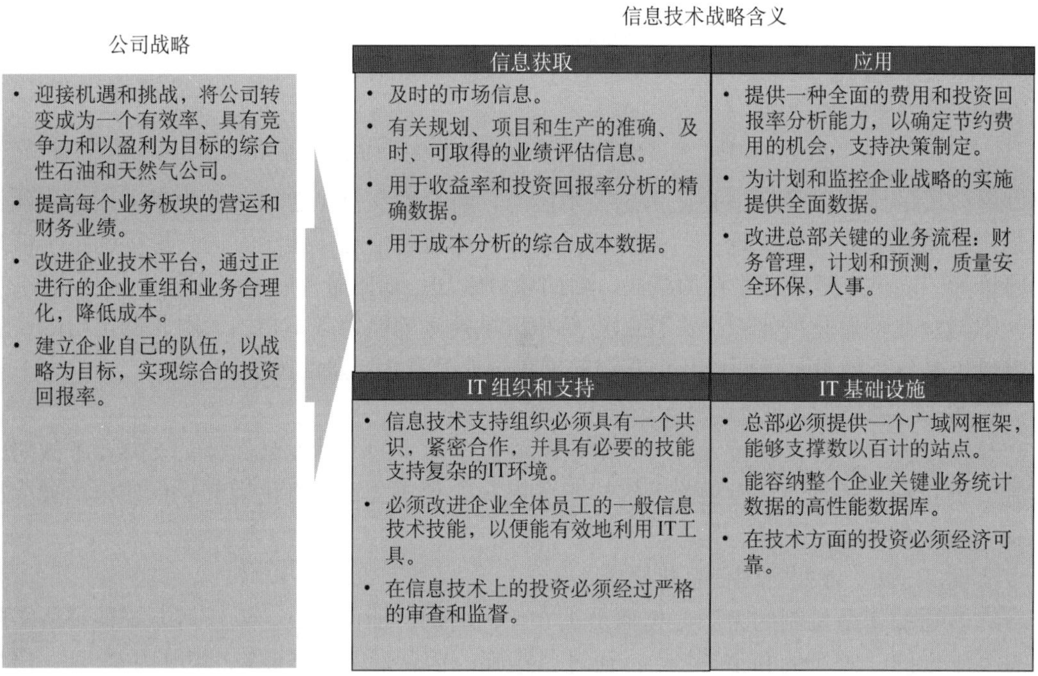

公司战略	信息技术战略含义	
	信息获取	应用
• 迎接机遇和挑战，将公司转变成为一个有效率、具有竞争力和以盈利为目标的综合性石油和天然气公司。 • 提高每个业务板块的营运和财务业绩。 • 改进企业技术平台，通过正进行的企业重组和业务合理化，降低成本。 • 建立企业自己的队伍，以战略为目标，实现综合的投资回报率。	• 及时的市场信息。 • 有关规划、项目和生产的准确、及时、可取得的业绩评估信息。 • 用于收益率和投资回报率分析的精确数据。 • 用于成本分析的综合成本数据。	• 提供一种全面的费用和投资回报率分析能力，以确定节约费用的机会，支持决策制定。 • 为计划和监控企业战略的实施提供全面数据。 • 改进总部关键的业务流程：财务管理，计划和预测，质量安全环保，人事。
	IT 组织和支持	IT 基础设施
	• 信息技术支持组织必须具有一个共识，紧密合作，并具有必要的技能支持复杂的IT环境。 • 必须改进企业全体员工的一般信息技术技能，以便能有效地利用IT工具。 • 在信息技术上的投资必须经过严格的审查和监督。	• 总部必须提供一个广域网框架，能够支撑数以百计的站点。 • 能容纳整个企业关键业务统计数据的高性能数据库。 • 在技术方面的投资必须经济可靠。

图 4-4 某石油石化企业信息技术战略目标分解情况

4.2.2 信息技术总体架构

"架构"是一个比较抽象的词汇，因此经常有人对架构表示困惑和难以理解。我们将信息化建设与建筑房屋进行类比，以此说明什么是总体架构。比如，开发一个楼盘，一定是先有楼盘总平面图和效果图，在被认可和批准后，然后才会设计建筑施工图。总体架构类似于楼盘的总平面图，主要描述清楚楼盘的地理位置、总体布局和景观特色，建什么楼、修什么路等相对宏观的事情，不会提到用什么建筑结构、施工工艺和建筑材料等相对微观层面的事情。楼盘的总平面图决定了这个楼盘的总体情况，同理，信息技术总体架构决定了未来信息化建设的总体状况。

简单来说，信息技术总体架构就是信息化建设的体系结构，以结构化和直观化的方式，从应用、数据、基础设施、信息安全、IT治理等多个角度对未来的信息化建设状况进行描述和设计。通过信息技术总体架构的设计，可以保证未来信息化建设的体系化和完整性。同时，信息技术总体架构还具有通用性、特殊性、前瞻性、时效性、动态性、理论与实践相结合和多样性等特性。

- 通用性是指确定总体架构的基本思想和基本方法不是针对某个特定企业的，而是适合于所有企业。同时，由于每个企业有其特定的情况，具体规划设计的内容必然各有特色。
- 前瞻性是指在先进的理论指导下，采用先进的方法和信息技术，从长远发展的角度进行架构规划设计。
- 时效性和动态性是指现阶段规划出来的总体架构在一定时间阶段内有效，随着时间的推移需要对其进行修正和补充。
- 理论与实践相结合说明总体架构规划设计不仅需要理论和方法的指导，还需要具体的实践经验。
- 多样性是指不同企业对架构表示方法各不相同，没有一个固定的最佳模式。

4.2.2.1 总体架构的规划方法

企业的信息技术总体架构规划方法主要包括：

- 选取企业架构的参考框架、方法和模型，根据企业的特点和企业在信息化发展阶段中的定位，定义并确定企业信息技术总体架构的组成。不同行业参考的企业架构组成会有所不同。一般情况，企业可以参考TOGAF和Zachman框架，政府机构可参考美国联邦企业架构框架（FEAF），军队机构可参考美国国防部体系架构框架（DODAF）。
- 参照信息化愿景和战略目标，考虑企业具体情况和实际需要，结合架构设计的行业通用原则和架构设计经验，明确总体架构中每个架构的设计原则。
- 基于现状调研和需求分析的工作成果，将信息化需求提炼、分类和归并成功能需求和技术需求，分析业务内部和不同业务间的数据，结合现状评估和信息技术发展方向，参考现状IT架构、国际最佳实践案例、行业通用标准，分别从应用、数据、基础设施、信息安全、IT治理等方面进行规划架构设计。

4.2.2.2 确定总体架构的组成

对于信息技术总体架构，目前还没有形成一个统一的标准，不同的企业架构理论对信息技术总体架构的组成有不同的定义和描述。

TOGAF将企业架构划分为业务架构、数据架构、应用架构、技术架构四个部分。如图4-5所示，其中数据架构和应用架构组成信息系统架构。

集成架构框架（IAF）将企业架构定义成业务、信息、信息系统、技术基础设施、治理、安全六大领域单元，如图4-6所示。

综合各种架构理论定义的内容，信息技术总体架构可以包含以下内容：

- 信息系统架构（Information Systems Architecture）
    - 数据架构（Data Architecture）
    - 应用架构（Application Architecture）

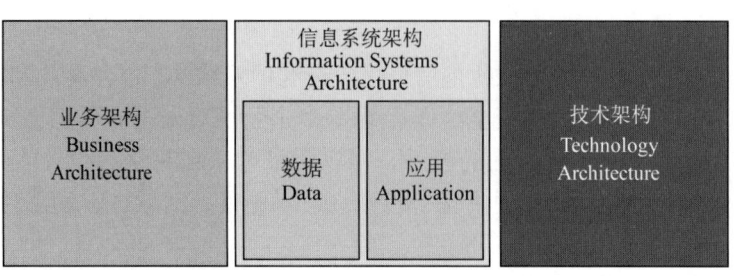

图 4-5 TOGAF 定义的架构组成

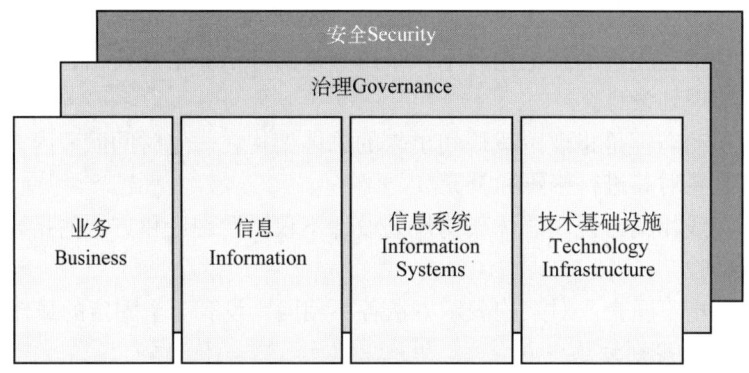

图 4-6 IAF 定义的架构组成

- 技术架构（Technology Architecture）
  - 基础架构（Infrastructure Architecture）
  - 集成架构（Integration Architecture）
  - 安全架构（Security Architecture）
- 治理架构（Governance Architecture）

根据企业的情况和架构工作的具体要求，所关注的内容和定义的具体架构会产生差异。企业需要根据自己的实际需要和重点关注的方面来定义企业的信息技术总体架构，通常由应用架构、数据架构、技术架构三大部分组成。有时数据架构也被称作信息架构。如果企业已经统一建设了很多应用系统，企业的信息化建设处于持续提升的发展阶段，或者处于从统一建设向持续提升过渡的阶段，那么系统集成、信息安全和IT治理的内容需要被重视和考虑。

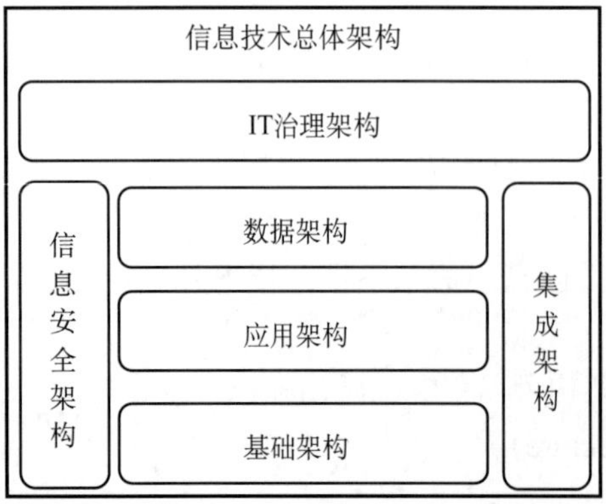

某大型集团企业经过十年的信息化统一建设，已经建设完成了大部分覆盖生产运行管理、经营管理、办公管理、辅助决策的应用系统，形成了较完整的体系架构。在新的五年信息技术总体规划中，引入企业架构理念，考虑未来发展需要，新规划的总体架构包括：数据架构、应用架构、基础架构、集成架构、信息安全架构和IT治理架构六个部分，如图4-7所示。

4.2.2.3 明确架构之间的相互关系

按照企业架构理论，业务架构、应用架构、

图 4-7 某大型集团企业的信息技术总体架构

数据架构、技术架构之间存在着关联关系。企业架构理论给出的设计步骤是：先定义企业的业务架构，再根据业务架构定义企业的应用架构和数据架构，最后定义技术架构，如图4-8所示。

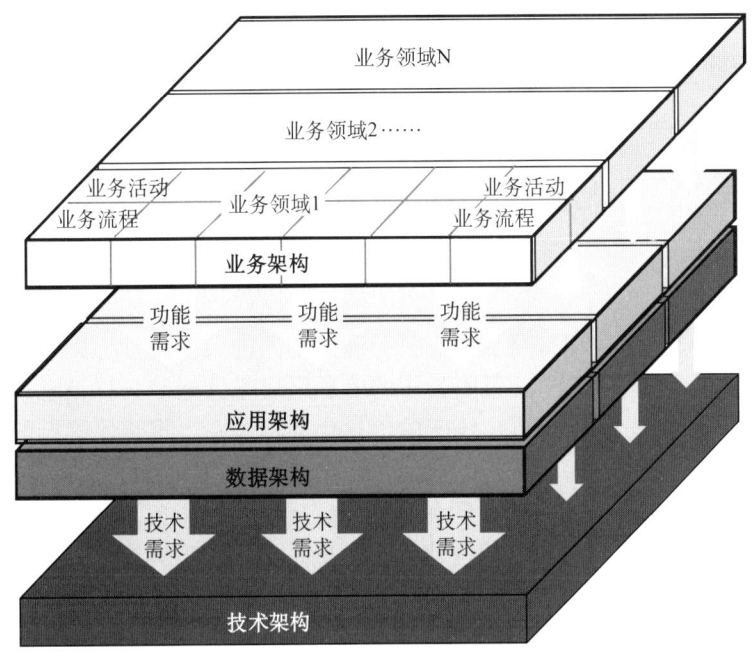

图 4-8 架构之间的层次关系

业务架构输出业务对信息化的需求（也被称作业务功能需求），根据这些功能需求，设计满足功能需求的应用或应用系统，再对这些应用或应用系统进行分析、处理和归并，设计应用架构。分析应用或应用系统中的数据及数据间的共享和交互关系，设计数据架构。应用架构和数据架构都会输出对技术的需求，通过分析技术需求，规划设计技术架构。

在现实工作中，很多信息化的需求不是通过业务架构分析出来的，而是信息部门或是信息人员直接提出来的，这时候需要对这些需求仔细甄别，从业务的视角来分析这些需求是否真正是业务所需要的。即使有些信息化的需求是业务部门直接提出来的，仍然需要从总体架构的角度仔细分析，识别这些需求是否能够被满足，是否可以被已有应用系统来满足。总之，对业务的分析非常重要，是建立信息技术总体架构的本质来源和架构规划设计的基础。

4.2.2.4 确定架构设计原则

设计信息技术总体架构，需要在充分借鉴信息化先进理念、经验教训和最佳实践的基础上，以信息化愿景和战略目标作为指导方向，充分考虑企业的具体需求，确定各个架构的设计原则，依据这些原则分别进行相应架构的设计。

架构设计原则是联系信息化愿景和总体架构之间的纽带，它们之间的逻辑关系如图4-9所示。

信息化愿景和战略目标会影响到架构设计原则的确定，同时行业通用的架构设计原则参考、架构设计的经验、对信息化需求的理解都是确定架构设计原则的主要输入因素。架构设计原则会指导总体架构的设计。由于架构设计原则反映了信息化愿景和战略目标，因此依据架构设计原则来设计总体架构，可以保证这些架构是对信息化愿景和战略目标的具体体现。

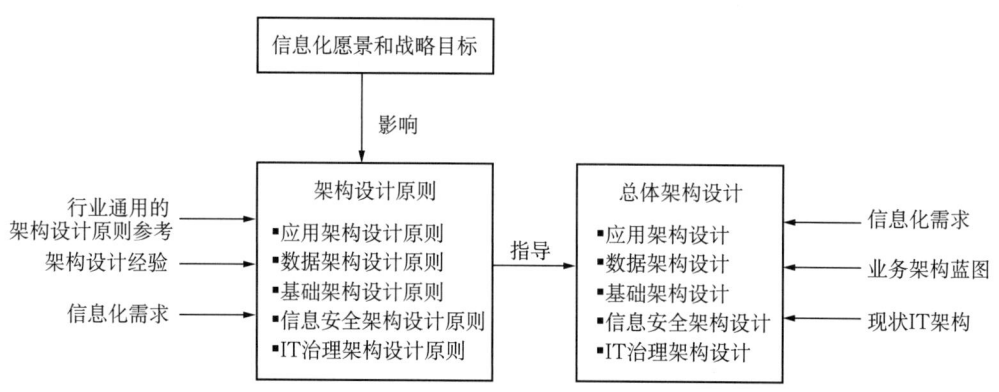

图 4-9 架构设计原则的输入输出逻辑关系

不同企业的信息化愿景和战略目标，将会确定不同的架构设计原则，从而决定了不同的架构设计。比如，某国际化学品集团公司的信息化战略目标是：以信息化引领业务的发展，实现全球共享服务，建设集成、统一的信息化架构体系。该集团确定的架构设计原则是：采用先进的信息技术，保持架构的灵活性，支持业务的创新；设计统一集成的信息系统；设计标准化的信息技术环境；组织和流程能够提供共享服务。而某国内酒店集团的信息化战略目标是：以节约成本为目的构建核心信息系统，实现集约式的信息化建设。因此该企业确定的架构设计原则是，尽量使用免费的企业套件和免费的IT技术，优化设计基础设施，降低硬件采购成本，设计支持核心业务的应用功能。

设计架构原则时，除了考虑信息化愿景和战略目标的影响外，在很大程度上需要借鉴行业通用的架构设计原则。国际知名信息技术咨询公司的架构师曾经给出过一些通用的架构设计原则，具有很大的参考作用。下面列出一些通用的IT架构设计原则：

- IT架构应保持易用性和可扩展性。
- 购买成熟的IT产品或者选择声誉良好的开源产品，不要自行开发业务应用软件、系统组件或功能框架，除非有特殊的竞争需要。
- IT架构在满足业务需求的同时尽可能保持简单，对某些复杂的内容进行封装，以提高整体架构的简单性。
- IT架构将具有灵活性，以支持不断变化的业务需求。
- IT架构将适度包含新技术的引入，以支持业务和技术创新。
- 尽可能采用业界成熟的开放标准，有效利用行业最佳实践。
- 平衡业务需求和信息系统，尽量使用公共组件，保证系统的重用性。
- 通过分层防御提供更高的安全性。
- 根据业务目标对风险和安全控制进行平衡，系统安全程度与系统构建维护成本成正比，需要考虑如何达到一种适度的安全。

要设计好的架构原则，通常需要注意以下几个条件：

- 简单性：架构原则尽量简单明了将关键点描述清楚。不要设置太多的原则，否则就会导致混淆。
- 一致性：谨慎选择定义架构原则的字句，确保不会出现对同一原则的多种解释。
- 颗粒度：架构原则的粒度都较大，不要定义粒度过细、范围过小的原则。
- 灵活性：采用恰当的方式表述原则，以便能够与其他原则相适应。

- 稳定性：架构原则应该在一定周期内长期适用。

架构设计原则是架构设计的总体指导，在参考通用架构原则的基础上，还需要体现企业自身的需要，因此对架构设计的经验以及对企业信息化需求的理解尤其重要。通常企业会召集架构设计方面的专家和经验丰富的专业人员来确定架构的设计原则以及进行各个架构的设计。总体架构中的应用架构、数据架构、基础架构、信息安全架构、IT治理架构各自有相应的架构设计原则。下面的章节在描述各个架构设计中分别给出了应用、数据、基础、信息安全等架构的设计原则，这些架构设计原则体现了国内某大型集团化企业集中统一建设信息化的思路，期望对其他大型集团企业制定信息技术总体规划有所借鉴和帮助。

4.3 应用架构设计

应用架构规划设计，在应用架构设计原则的指导下，基于企业的业务架构和现状IT应用架构，分析满足信息化需求的应用功能，组合应用功能来确定应用系统的总体部署。通常应用架构会包含企业主要的应用系统或者应用功能模块的组合。

4.3.1 应用架构设计原则

企业需要参照信息化愿景和战略目标，根据企业的实际需要和具体情况，参考通用的应用架构设计原则，结合应用架构的设计经验，确定应用架构的设计原则。下面，对集团化企业应用架构的一些设计原则进行解释说明。

4.3.1.1 建立统一的应用架构和标准化的应用系统

除非当一项业务量非常大，超出系统正常处理能力（如石油地球物理勘探数据处理），或者此应用系统在整个公司内的使用不具重要性（如小范围应用的小型专用系统），在整个企业内部都应建立统一的应用架构，建立标准化的应用信息系统。应用系统的标准化有以下好处：信息和知识广泛共享，简化培训要求，系统支持更为有效，采购和维护成本显著降低等。要通过严格的制度解决标准化问题：只批准纳入信息技术总体规划应用系统的投资计划，只对经过信息管理部门同意的应用系统提供维护和支持。

4.3.1.2 尽可能使用成熟软件包，尽量减少自行开发

要尽可能使用成熟软件，降低实施及维护成本，降低采购成本和升级工作量；尽量减少自行开发，保障系统建设进度、质量与水平。世界领先的公司现在越来越多地抛弃自行开发软件的传统做法，完全选用市场上的成熟软件产品。成熟软件的总价值总是高于自行开发的软件价值，正在同类公司中被广泛使用的成熟软件尤其如此。软件开发不是非软件业企业的核心业务，只有在现成系统软件不能满足企业要求时才自行开发，对因某些业务特殊需要自行开发软件应进行充分论证。

4.3.1.3 在与外部软件公司合作开发中争取应用系统的自主版权

企业在引进、消化、吸收的基础上，通过与软件开发商的合同约定和内部软件开发骨干的深度参与，对系统采取联合开发的形式，争取版权归企业所有，逐步形成企业生产管理系统、电子公文系统、网上报销系统等一批具有自主知识产权的信息系统，有效提高应用软件的自主程度。

4.3.1.4 优化业务流程，减少客户化开发

减少修改应用系统来满足现有业务流程的做法，要进行业务流程重组来满足系统应用，以便缩短实施周期，获得优化业务流程的商业价值。实践证明，成熟软件客户化开发在实施和维护上都是相当昂贵和困难的。一些主要的软件，如 ERP 解决方案，是根据业务流程优化设计的，系统实施不仅仅将流程自动化，还在提高业务流程的效率和效力方面获得突破。当前最佳做法是尽可能实现业务流程重组，避免修改应用软件包来满足现有业务流程。

4.3.1.5 应用系统集成

系统集成指不同系统协同工作及提供无缝环境的能力。没有集成的系统会产生业务流程的瓶颈。因此，系统集成和互用性成为应用系统设计考虑的重点，所有业务系统都应在用户、系统和数据库层次上实现集成，改善信息管理，提高用户生产力。

4.3.1.6 集中管理应用系统

应用系统设计应优先考虑集中管理，保证系统的统一和最佳应用。要对公司内统一建设的多个系统和在多个地点运行的系统实施集中管理，以便得到更好的信息管理和标准化控制、更有效的技术支持、更好的采购价格等。只有受技术条件的约束无法实行集中管理的，才考虑分散管理。大型企业应用系统应首选通过共享服务中心进行系统的集中与管理。

4.3.1.7 使用经过验证的方法管理应用系统的实施

用行之有效的策略和方法组织应用系统实施，通过系统快速实施推广，获得信息化投资的最大效益。项目团队要具有在规定的时间和预算内完成项目的技术和经验。系统推广必须制定完善的用户培训计划，除应用软件使用培训之外，还必须使用户理解应用软件在业务中的作用及其带来的各种变化，全面提高用户系统使用技能，达到最大应用效果。设计和实施对应用系统的支持服务，对于大型的应用系统，必须成立专家团队负责知识共享和维护。

4.3.2 应用架构设计内容

应用架构的设计是在需求分析的基础上，针对每个业务活动的功能需求，设计满足需求的应用功能，对应用功能进行组合，设计相应的应用系统。参照业务架构蓝图，标识出支持业务活动的应用系统，构建应用架构图。

（1）设计满足需求的应用功能

对应每个业务活动的功能需求，设计相应的应用功能，见表 4-1。

表 4-1 功能需求与应用功能对应表

序号	业务活动	功能需求	应用功能设计
1	产品设计	能够管理产品的设计规格和产品说明	产品结构与配置管理
		能够管理产品的工艺设计	工艺管理
		能够对跨部门的产品设计进行优化	协同管理
2	×××活动	—	—

（2）将应用功能进行组合，设计相应的应用系统，见表 4-2。

表 4-2 应用功能与应用系统对应表

序号	应用功能	应用系统
1	应用功能 1	应用系统 1
2	应用功能 2	
3	应用功能 3	
4	应用功能 4	应用系统 2
5	应用功能 5	
6	应用功能 6	
7	应用功能 7	
8	……	……

(3) 参照业务架构蓝图，标识出支持业务活动的各个专业应用系统，如图 4-10 所示。

图中显示了某制造企业的业务架构，图的顶部是企业的业务价值链，包括产品研发与设计、生产制造、销售与分销、售后服务四个部分，并且按照辅助决策、经营管理、生产管理、生产操作分成四个层次，在每个价值链的部分和不同层次列出相应的业务活动。每个专业应用系统都支持一系列的业务活动，在业务架构图上标识出对应的专业应用系统，便于明确每个专业应用系统的功能范围。

■ 构建整体应用架构图，如图 4-11 所示。

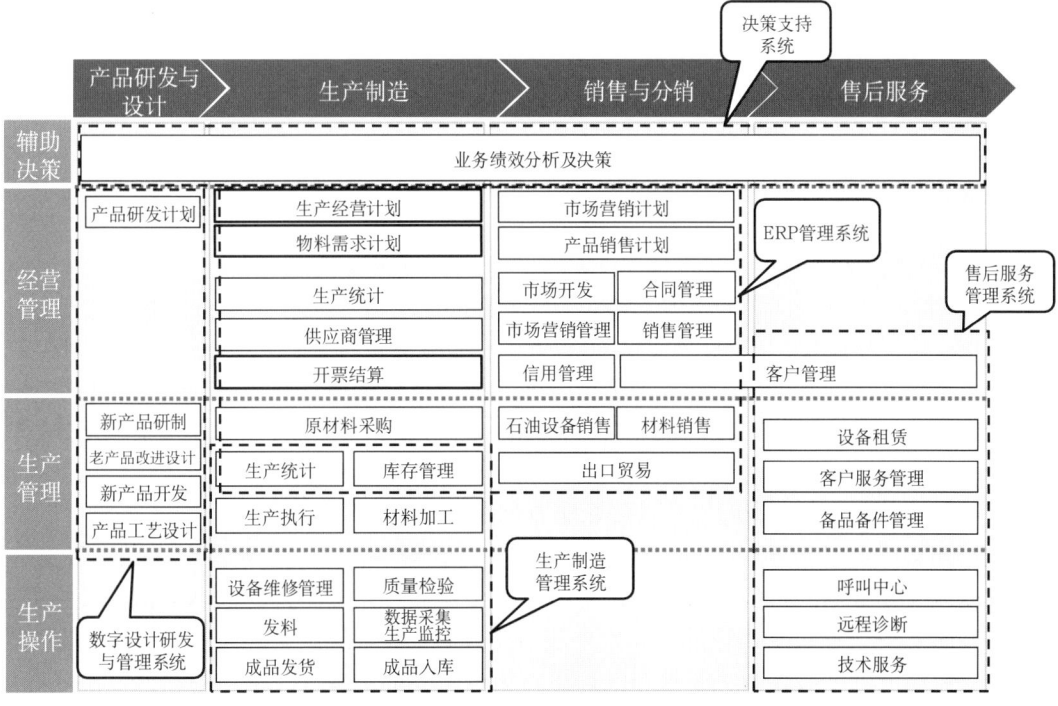

图 4-10 基于业务架构标识专业应用系统

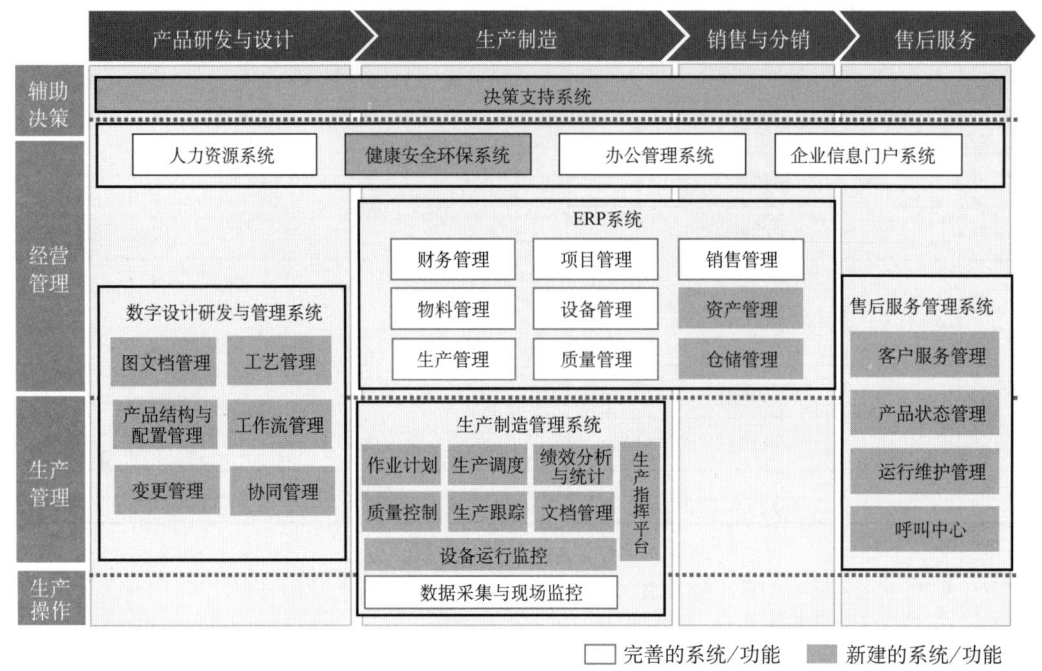

图 4-11 企业应用架构图

参照业务架构蓝图，设计业务领域的生产管理等专业应用系统以及与企业经营管理、办公管理和辅助决策相关的管理应用系统，构建企业整体应用架构图。应用架构中包含了设计的应用系统和功能模块，并且在应用架构中标识出哪些应用系统或功能模块是在未来提升完善的，哪些应用系统或功能模块是在未来新建的。比如，图 4-9 给出的应用架构中包括 ERP 系统、决策支持系统、生产制造管理系统、数字设计研发与管理系统、售后服务管理系统、人力资源管理系统、办公管理系统等应用系统，每个应用系统包含了若干功能模块。数字设计研发与管理系统包含图文档管理、产品结构与配置管理、工艺管理、工作流管理、变更管理、协同管理几个功能模块，这些功能模块都是需要新建的模块。

4.4 数据架构设计

在企业内部从设计、采购、生产、销售到客户服务等过程中，无不伴随着数据的产生、流转和运用，为了使各个部门内部、部门之间、部门与外部单位间频繁的、复杂的数据流更加畅通，数据交互更加完整、统一，并把数据作为企业的一种资源进行管理，充分发挥企业信息资源的作用，就必须统一、全面、细致地进行数据梳理和规划，并在信息系统建设过程中实现对数据资源的应用，以更好地为企业管理和决策服务。

数据架构描述了企业的数据资产，显示了如何管理和共享信息资源，用以决策支持，最大限度地发挥数据的价值。数据架构有时也被称作信息架构。设计数据架构的目的主要有三个方面：一是通过全面梳理企业内外部相关数据资源，确定企业数据模型，保证数据在整个企业层面的一致性、完整性与准确性，为构建集成、共享、统一的数据资源环境奠定基础；二是分析业务运作模式的本质，同时分析核心数据与业务之间的应用关系，为整合现有应用系统、确定未来核心应用系统以及分析规划不同应用系统间的集成关系提供依据；三是数据管理的需要，明确企业的核心业务数据，这些数据是应用系统实施与运行时IT系统实施人员或管理人员关注的重点，并且需要时时考虑保证这些数据在整个企业的一致性、完整性与准确性。

4.4.1 数据架构设计原则

根据企业的实际需要和具体情况，基于信息化愿景和战略目标，参考通用的数据架构设计原则，结合数据架构的设计经验，确定数据架构的设计原则。下面对集团化企业数据架构的一些设计原则进行解释说明。

（1）赋予企业数据管理明确角色和职责。

数据是企业的资产，必须规范有效地进行管理。为此企业必须建立数据模型，理清各业务部门对数据的需求和责任。企业业务数据为业务所有，必须承担其数据管理的角色和责任。清晰的角色定义和职责划分将会确保数据管理的规定在企业各个层面得到落实。

（2）在源头采集数据并数字化传输，同步更新，减少重复。

源头采集数据，尽可能地避免数据的二次录入，确保数据的准确性和及时性。管理企业数据转换生命周期，确保同步更新。由系统自动完成必要的数据格式转换，保证数据质量。尽可能减少数据复制和重复处理。

（3）满足员工在任何地方以任何方式访问任何授权信息的需求。

数据按业务需要而不是按照部门体系进行流动，消除数据单一纵向流动，实现信息共享。信息根据角色即业务需求而不是考虑部门或地理位置进行访问授权。要使企业员工便捷访问内外部信息。

（4）重视数据集成。

有效的数据集成使企业更具市场竞争力。公司内不同层面需要不同的数据，数据集成是满足这一要求的关键。没有信息系统的支持，企业只能通过手工方法从不同的数据源收集并集成数据，这不但非常耗时费力，而且会带来数据的错误和不一致。按照企业数据管理制度和技术标准设计实施信息系统集成解决方案，进行数据集成，可以避免许多数据错误和不一致性，使数据集成流程化。这将使企业在激烈的市场竞争中获得关键能力，即提高决策速度和质量，掌握主动和优势。

4.4.2 数据架构设计内容

完整的数据架构包括数据定义、数据分布与数据管理三部分内容，如图4-12所示。

（1）数据定义包括数据模型和数据标准，主要是定义企业的数据分类、数据属性和数据标准。数据模型包括概念数据模型、逻辑数据模型和物理数据模型三个层次。企业可以根据实际情况和自身的需要来规划设计数据模型，可以只设计概念数据模型，也可以进一步设计逻辑数据模型。物理数据模型属于系统设计和开发的范畴，在规划层面可以暂不考虑。通常规划的数据标准有：数据元标准、信息分类编码标准、概念数据库标准、逻辑数据库标准等。数据定义是数据架构规划中最重要的内容，定义良好的数据模型可以反映业务模式的本质，确保数据架构为业务需求提供全面、一致、完整的高质量数据，并且为划分应用系统边界，明确数据引用关系，定义应用系统间的集成接口，提供分析依据。良好的数据建模与数据标准的制定是实现数据共享、保证一致性、完整性与准确性的基础。

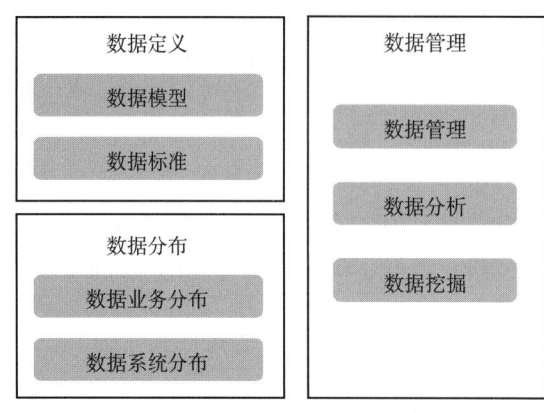

图 4-12 数据架构的组成

(2) 数据分布包括数据业务分布与数据系统分布。数据分布，一方面是分析数据的业务，即分析数据在业务各环节的创建、引用、修改或删除的关系；另一方面是分析数据在单一应用系统中的数据结构与应用系统各功能模块间的引用关系，分析数据在多个系统间的引用关系，数据业务分布是数据系统分布的基础。对于一个拥有众多分支机构的大型企业，数据存放模式也是数据分布中一项重要内容。从地域的角度看，数据分布有数据集中存放和数据分布存放两种模式。数据集中存放是指数据集中存放于企业的数据中心，其分支机构不放置或较少放置数据；数据分布式存放是指数据分布存放于企业总部和分支机构，分支机构需要维护管理它的数据。这两种数据分布模式各有其优缺点，企业可以综合考虑自身需求，确定自己的数据分布策略。

(3) 数据管理包括数据管理、数据分析和数据挖掘。数据管理是制定贯穿企业数据生命周期的各项管理制度，包括数据模型与数据标准管理、数据分布管理、数据质量管理等制度以及确定数据管理的组织或岗位。数据分析和数据挖掘主要支撑企业级经营与决策分析。数据管理必须保证业务交互数据是基于主数据产生的，并且可以在业务操作的环节及时校验。

对于完全通过定制化开发进行应用系统实施的企业来说，数据架构设计是完全可以指导应用系统开发的，可以先进行数据架构的规划设计，再进行应用架构的规划设计。对于采用"引进与管理"信息化建设策略的企业，主要以引入大型成熟软件包为应用系统，需要重点分析概念数据模型与逻辑数据模型，尤其要关注跨所有应用系统并在系统中保持一致的主数据定义，同时分析清楚这些主数据在各业务环节的分布关系，并定义其在不同应用系统中的引用关系。保证主数据在不同应用系统中的一致性、准确性与完整性，是保证所有数据一致、准确与完整的基础。

参考国际上通用的数据架构设计方法和经验，比如美国学者詹姆斯·马丁（James Martin）提出的数据规划方法，结合企业的自身情况和实际需要，形成适合企业的数据架构设计方法。通常企业在规划过程中设计数据架构的主要工作步骤为：

(1) 分析业务流程和业务活动用到的数据；
(2) 定义和划分数据主题域和数据实体；
(3) 设计概念数据模型；
(4) 分析数据与应用功能之间的创建和使用关系，建立数据分布；

(5) 规划相关的数据标准和规范框架。

4.4.2.1 规划概念数据模型

概念数据模型是由一系列概念数据库构成的。概念数据库是最终用户对数据存储的看法,反映了用户的综合性信息需求。概念数据模型从比较高的层次说明企业未来需要的主要数据以及这些数据之间的关系流。

信息管理的目标是以业务需要的形式,将准确、一致和最新的数据提供给公司里不同层次的人。图 4-13 所示为某大型石油企业设计的概念数据模型,图中示意了该企业的概念数据库以及数据库之间的数据流关系。

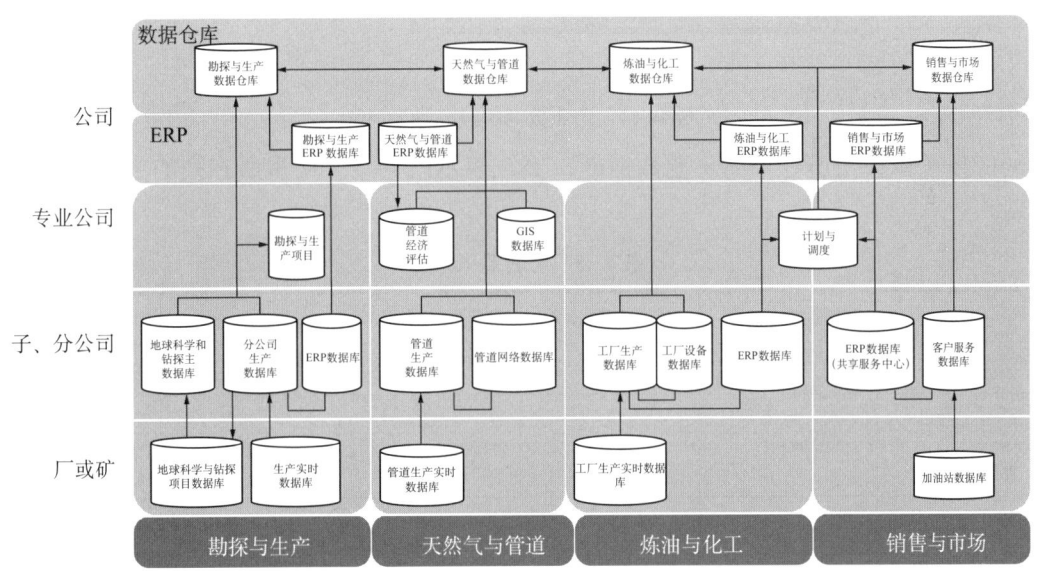

图 4-13 某石油石化企业的数据架构图（概念数据模型）

该企业设计的概念数据模型分为厂矿作业单元、地区子分公司、专业公司、集团公司四个层次,纵向按照不同的业务领域进行划分,从不同的层次和不同的业务领域描述了企业的概念数据库,并标明了数据库之间的数据流关系。

企业的不同层次需要不同的数据,数据集成是满足这一要求的关键。没有信息技术系统的支持,公司只能通过手工方法从不同的数据源收集并集成数据,这样做必然耗费大量时间,而且数据不连续,经常出现错误。通过集成的信息技术解决方案（由公司策略和标准支持）进行数据的集成,可以避免许多错误和不连贯性,使数据集成流程化。在激烈的市场竞争中,数据集成可以加快企业的决策速度。数据质量提高了,决策的质量也将相应提高。图 4-14 示意了企业数据集成的模型。

4.4.2.2 建立数据分布

通过将应用系统和应用功能与概念级的主题数据库对应起来,建立数据分布,通常采用 C-U 矩阵的方法。数据分布矩阵分为全域 C-U 矩阵和功能 C-U 矩阵。

全域 C-U 矩阵表示整个规划范围所有系统与主题数据库的关联情况,功能 C-U 矩阵表示一个系统的所有功能模块与主题数据库的关联情况。

全域 C-U 矩阵见表 4-3。全域 C-U 矩阵的行代表应用系统,列代表各主题数据库,行列交叉的"C"代表所在行的应用系统创建所在列的主题数据库,"U"表示所在

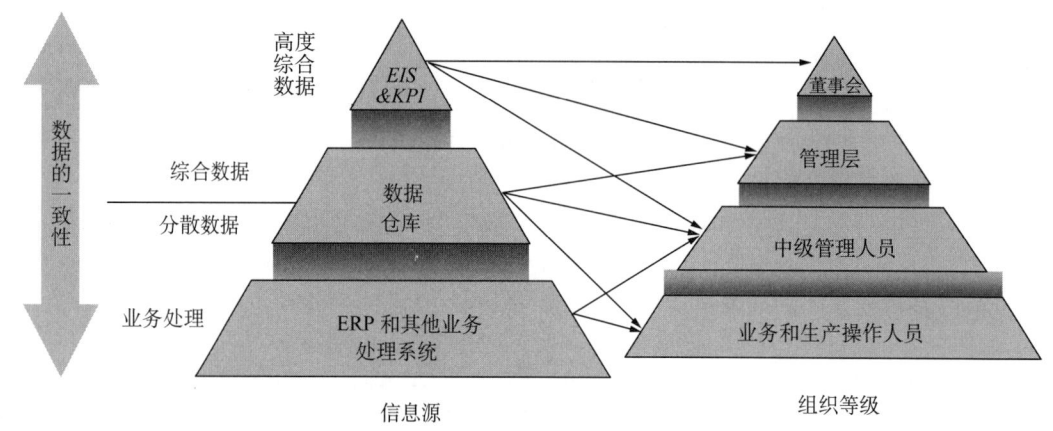

图 4-14 企业数据集成模型示意图

行的应用系统使用所在列的主题数据库,"A"表示既创建又使用所在列的主题数据库的数据。

表 4-3 全域 C-U 矩阵

	主题数据库 1	主题数据库 2	主题数据库 3	……	主题数据库 N
应用系统 1	C	U	U	……	……
应用系统 2	U	A	U	……	……
应用系统 3		C		……	……
应用系统 4			A	……	……
应用系统 n	……	……	……	……	……

功能 C-U 矩阵见表 4-4。功能 C-U 矩阵的行代表一个应用系统的功能模块,列代表各主题数据库,行列交叉的"C"代表所在行的功能模块创建所在列的主题数据库中的数据,"U"表示所在行的功能模块使用所在列的主题数据库的数据,"A"表示既创建又使用所在列的主题数据库的数据。

表 4-4 功能 C-U 矩阵

	主题数据库 1	主题数据库 2	主题数据库 3	……	主题数据库 N
功能模块 1	U	C	C	……	……
功能模块 2	U		U	……	……
功能模块 3	A	C		……	……
功能模块 4		A	U	……	……
功能模块 n	……	……	……	……	……

4.4.2.3 规划数据标准和规范

规划相关数据标准和规范具有很重要的作用,它对企业数据资源进行有效的归类、归档管理，规范数据资源的储存与抽取的方式和方法，建立应用系统间数据交互的共享和集成规则，从而有效推动信息化建设目标的实现。

通常，在数据架构层面规划的数据标准和规范包括：数据分类和分布规范、数据模型规范、企业数据仓库规范、编码规范等。此外，还需要规划每个应用系统的数据标准和规范。

4.5 基础架构设计

基础设施架构提供企业应用系统的运行环境，应具备稳定可靠、性能良好、易于维护、扩展性强、满足业务多样的需求等特点，它描述了巩固和支持总体架构的硬件、操作系统、通信组件的结构和功能以及适用于它们的服务和技术标准。

4.5.1 基础架构设计原则

基于信息化愿景和战略目标，根据企业的实际需要和具体情况，参考行业通用的基础架构设计原则，结合基础架构的设计经验，确定基础架构的设计原则。下面，对集团化企业基础设施架构的一些设计原则进行解释说明。

4.5.1.1 注重总体拥有成本

总体拥有成本指公司拥有一套技术服务和基础设施的总费用，不仅包括软硬件等直接投资费用，也包括相关的实施费用、维护费用、用户的业务费用等所有其他费用。具体为：硬件采购成本、软件采购成本、硬件和软件维护费用、推广费用、系统管理费用、帮助热线和现场支持费用、终端用户支持费用、故障费用等。设计时不要仅仅考虑降低如硬件采购等某些投资费用，而要注重降低总体拥有成本。

4.5.1.2 保持基础设施的标准化

根据开放系统和实际上的工业标准，使整个企业的信息技术基础设施包括用户桌面计算机配置全部标准化。基础设施标准化是应用系统集成的先决条件，比之应用系统标准化更需要强制执行。没有任何技术理由不集中制定通用基础设施的统一标准规范，并在全公司范围内严格执行，确保设施协同工作，简化系统管理和运维培训，提供更有效的支持服务，减少采购和维护费用。

4.5.1.3 提供标准化的应用环境

要建立标准的计算机应用环境，包括标准配置的PC或工作站硬件，操作系统，办公/生产软件、电子邮件、互联网服务等，确保有效技术支持、简化软件升级和应用培训，保证协同工作能力、降低采购及维护费用。用户桌面计算机（本书简称用户终端）配置的标准化有利于集中的支持团队提供更可靠、更及时的支持，包括远程支持；有利于软件推广，减少软件升级的时间和工作量。如果配置各异，升级将变得十分困难；而且随着用户越来越多，升级所需的工作量将越来越大。用户终端配置标准化还有利于信息安全，有助于及时发现和防范病毒等对信息系统的破坏。

4.5.1.4 提供广泛的网络连接

网络化运营是企业的战略抉择，而可靠的网络连接是网络化运营的先决条件。计算机环境极大依赖于网络连接，更多的计算机作为智能节点与网络相连，使计算机网络的价值成倍地增长。通过安全防火墙实现用户/终端、应用/服务器和数据库以及内网层次上的网络连接,用户可以与公司的其他人传递信息,交流知识,为企业创造价值。通过与互联网的连接将进一步扩大企业与供应商、客户间的协作,助推企业转变业务模式,实现对市场的敏捷反应。

4.5.1.5 促进基础设施和相关服务共享

统一信息技术基础设施是指不同业务单元之间对共用基础设施的共享,诸如:整个公司使用一个互联网网关,两个或两个以上分公司使用一个数据中心等。这样,支持服务更有效、购买和维护费用降低、技术升级更容易。

4.5.1.6 采用成熟的基础设施实施方法

采用经过验证的成熟方法进行信息技术基础设施设计和实施。与应用系统实施一样,信息技术基础设施实施必须遵循科学的方法,必须对系统管理员和终端用户培训,必须建立并完善运维服务体系来支持使用和保障安全。

4.5.2 基础架构设计内容

基础架构涵盖的内容比较广泛,主要包括:网络通信、数据库、操作系统、服务器和存储、终端、目录服务、中间件、数据中心、基础应用系统、应用平台等多项内容。

在基础架构中,网络作为企业的数据传输平台,为应用系统的稳定运行提供基本保障;数据中心为硬件设备和网络设备提供标准的环境条件,保障设备的稳定运行;服务器硬件和服务器操作系统为应用系统提供计算能力和软件运行环境;客户端硬件和操作系统、客户端配置为客户端连接、运行应用系统提供终端运行环境;数据库作为业务数据的集中存储,并提供查询和分析等功能;中间件提供应用系统之间的数据交换和集成等功能;基础应用系统为企业提供电子邮件、视频会议、统一通信等功能。某大型集团企业设计的基础架构如图4-15所示。

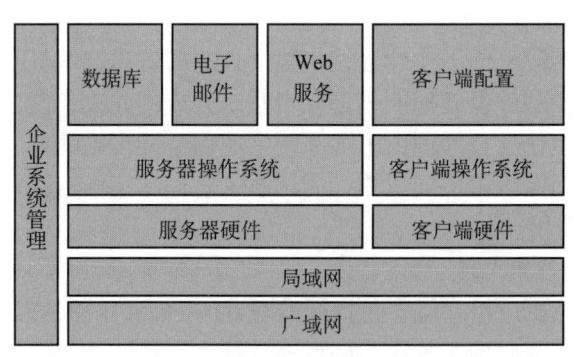

图4-15 某大型集团企业设计的基础架构

由于基础架构设计的内容较多,本文重点介绍网络、数据中心的设计内容,其他设计内容不做详细介绍。

4.5.2.1 网络规划设计

网络作为数据传输的基础,必须为应用系统提供性能优异的数据传输通道,为应用系统的数据采集、数据交换提供高效、安全、可靠的连接。网络的规划设计是对未来所建的网络系统目标、业务功能、技术规范、性能要求等方面进行周密细致的规划过程。借鉴国内外网络建设的经验,坚持实用性与先进性、开发性与标准化、可靠性与安全性、经济性与可扩充性的原则进行网络建设的规划设计。

常规的网络规划设计主要包括以下内容：网络基本构件，包括考虑各种基本构件的选型；网络接入技术；逻辑网络设计，包括网络拓扑结构设计、网络协议选择、逻辑网络划分等；广域网设计；网络管理设计，包括配置管理、性能管理、故障管理、安全管理等；网络安全设计。

一般情况下企业都会按照核心层、汇聚层、接入层三个层次设计网络逻辑结构。核心层由高速骨干链路组成，其职责是以最快的速度交换数据包。核心层对网络的连通性至关重要，需要部署高可靠性设备。核心层逻辑结构和设备的性能应能快速适应网络变化。汇聚层负责汇接配线单元，并利用底层技术实现工作组或局域网分段以及网络故障隔离，避免对核心层的影响。路由选择和数据包处理等操作都由汇聚层设备完成。用户通过接入层访问网络设备，局域网中，终端和服务器通过接入层网络，利用共享或交换的方式获取资源；广域网中，终端用户利用WAN（Wide Area Network，广域网）技术，通过接入层网络，访问网络资源。

常规的网络设计内容已经被众人熟知，不再赘述。在规划设计时，需要考虑到未来网络技术的发展，并有预见性地采用新技术设计新一代的网络。下面简要介绍面向服务的网络架构、智能化信息网络以及虚拟化、统一通信等新技术。

未来信息化建设的需求主要是以应用、服务为导向，为了能够实现对业务、应用快速、简便的部署，需要为这些业务应用提供一个统一的信息化平台，以实现对各种业务及应用的统一部署。因此，未来的网络建设方案必须建立在一个先进的网络体系架构之上，为将来的信息化建设提供一个能够集成各种应用的网络平台。思科公司提出了面向服务的网络架构（Service Oriented Network Architecture，SONA），其目标是为企业构建一个集成的基础网络，实现网络服务的智能化、虚拟化、统一化。在该平台上不仅能够实现对数据、语音、视频信息在统一网络系统上的智能传输，而且还能够提供其他的服务，比如：实现IP数据存储、远程数据备份、数据中心灾备等。在该系统架构中，所有的服务及应用能够以模块化的方式接入系统网络平台，模块化、层次化、虚拟化是这一系统架构中的核心理念。面向服务的网络架构模型包括应用层、互动服务层和网络基础设施层三层结构，如图4-16所示。

（1）网络基础设施层，所有的信息资源在融合的网络平台上互联；
（2）互动服务层，利用网络基础设施的应用和业务流程有效分配资源；
（3）应用层，业务应用和协作应用充分利用交互服务的效率。

智能化信息网络是未来几年网络的发展方向，建设智能化信息网络系统将分为三个阶段：第一阶段，构建作为基础设施的网络，实现数据、语音、视频信息在统一网络系统上的智能传输；第二阶段，实现信息资源在网络上的智能动态分配；第三阶段，在虚拟的平台上实现应用和服务的集成——智能化网络。通过这三个阶段的建设，最终能够建成一个完善的智能网络系统。面向服务的网络架构则为企业实现智能化信息网络提供了方法和途径。

建设智能化信息网络，需要采用虚拟化、统一通信等新技术。

虚拟化技术需要CPU、主板芯片组、BIOS和软件的支持，通过虚拟化技术，可以在一个硬件平台上同时运行多个操作系统，每一个操作系统都运行在虚拟的CPU、内存、存储等虚拟资源上，而且每一个操作系统中都可以有多个应用程序运行。虚拟化技术可以最大限度利用硬件平台的所有资源，用更少的投入实现更多的应用，可以简化IT架构，降低管理资源的难度，避免IT架构的非必要扩张。

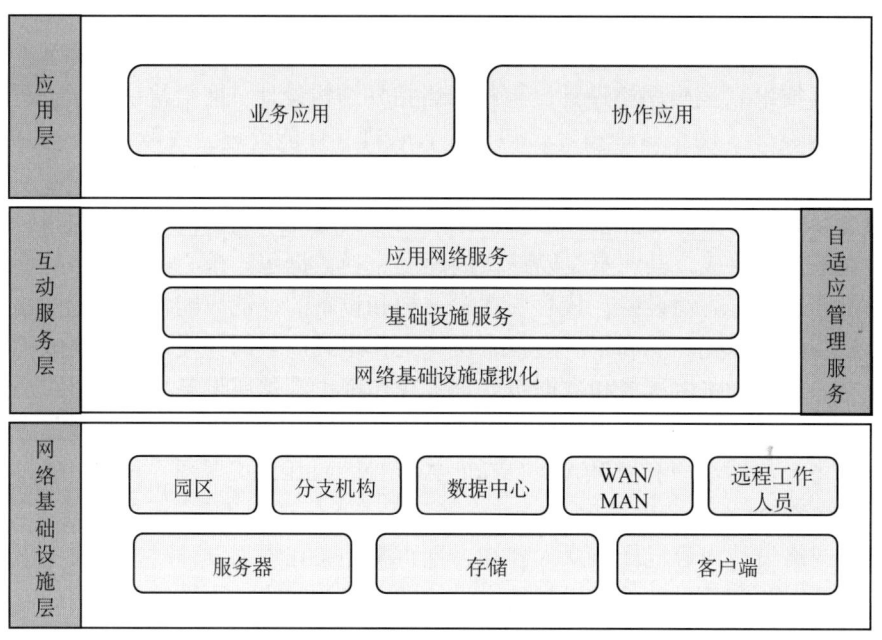

图 4-16 面向服务的网络架构

统一通信技术是一种把传统计算机技术和通信技术融合为一体的新的通信模式，它在一个融合的网络平台上以 IP 通信为基础，集成了语音、消息、多媒体会议、即时通信、协同办公等众多应用，成为可扩展的、具有开发能力的企业 IT 基础设施。其核心价值包括两个方面：一是沟通，就是将现在各种通信方式进行融合，降低沟通成本，提高沟通效率；二是协作，其目的是为了更好地提高群体协作的能力，通过统一的通信平台集成各种业务系统，减少流程响应时间，快速联系到该流程中的相关人员以快速做出决策，实现更好的协作，从而提高企业的响应能力和快速有效的决策能力。

4.5.2.2 数据中心规划设计

随着业务要求的不断提高、对环境保护意识的提高以及数据中心技术的不断发展，对企业数据中心的建设、改建和管理进行全盘规划，为企业信息化建设提供一个坚实的基础和可靠的保障。

通常在数据中心的规划设计中，会从以下三个方面进行重点设计：一是数据中心整体分布规划，全面考虑和设计企业数据中心的分布、数据中心类型和服务级别。二是数据中心建设的标准，制定各级数据中心的建设规范和标准。三是数据中心运维保障体系规划，设计企业数据中心整体的运维保障和服务体系，明确其组织构架、职责、服务流程及管理工具。下面重点介绍数据中心整体分布规划和数据中心建设标准的制定。

（1）数据中心整体分布规划。

数据中心整体分布规划的目的是为了更合理地配置资源，为不同级别的应用系统提供相应的服务，提升整体业务连续性水平。

根据企业的业务分布情况，详细分析企业应用系统的部署情况和对于应用系统服务级别的要求，并结合企业的网络现状和未来网络规划，参考 Uptime 协会颁布的数据中心等级划分标准，规划数据中心的整体分布。规划设计的主要内容包括：各级数据中心的数量、规模、性质、数据中心级别以及各级数据中心的地理分布等。

每个企业设计的数据中心分布会有很大区别，比如某大型集团企业在全国各地都有生产企业和分公司，该企业设计的数据中心为三级分布：包括"两地三中心"的企业级数据中心、若干区域数据中心和地区分公司机房。

(2) 数据中心建设标准的制定。

数据中心建设的设计，除了考虑规模及其可容纳的处理/存储设备的数量之外，还需要考虑很多的要素，如地点选择、供电方式、冗余级别、冷却设备数量、安全控制的严格程度等。

首先，明确数据中心建设的原则，包括可靠性、可扩展性、可用性、可管理性、安全性等。

其次，研究并考虑采用数据中心建设领域的主导方向和新兴技术，比如虚拟化、整合、模块化、灵活性、绿色环保等。

此外，数据中心的设计还应当考虑采用绿色建筑（LEED）的理念和技术以及节能环保的效果。比如建筑场地选址、围护结构热工性能、监测与控制系统节能诊断、能耗综合诊断等。

最后，考虑数据中心内部的详细设计，提高机房设施整体能源效率（PUE 值）。

4.6 信息安全架构设计

随着企业信息化程度的不断提高以及逐级增长的信息安全需求，企业需要建立信息安全体系来保护和防御信息和信息系统，包括信息基础设施、基本应用系统、综合管理系统和专业应用系统等。信息安全体系在信息和信息系统生命周期全过程的各个状态下提供有效的安全保障能力，包括管理保障能力、控制保障能力和技术保障能力，实现信息安全目标，即确保信息和信息系统的可用性、完整性、保密性、可控性、不可否认性等安全属性，促进信息化健康发展，保障业务应用服务。

由于信息安全体系在企业中的重要性以及投资的需要，因此有必要在信息技术总体规划中对信息安全体系架构进行规划设计，使企业的信息安全工作能够朝着规划科学化、防护体系化、运作规范化、参与全员化的目标深入发展。

4.6.1 信息安全架构设计原则

企业在设计信息安全架构时，可以考虑以下六个原则。

4.6.1.1 信息安全深度防御原则

深度防御的原则是将其应用于企业所有的信息和资源。对于访问所有信息，都要实施多种控制。执行控制的数目和种类需要与信息和资源的安全级别相匹配。

4.6.1.2 边界防御原则

需要识别和定义清晰的安全区域，用来分离企业业务中的数据、系统和职能。在企业的内部网中，将会实施额外的边界控制，从而在逻辑上划分内部网络和基础架构用于在不同安全层级分类储存或处理数据。对于敏感系统应该有一个专用的（隔离的）计算机环境。隔离可以通过物理或逻辑控制来实现。

4.6.1.3 用户验证和授权原则

所有用户都必须通过验证和授权才能接触到所有的计算机或信息资源。验证和授权的机制将与信息和系统的安全分类一致。用户账号不应被赋予除完成工作所需的额外权利。应该清晰定义用户角色，只有经过用户角色识别的用户，才能使用相应的系统。

4.6.1.4 信息安全技术成熟性原则

选定的信息安全解决方案必须基于成熟的标准化的技术，这些技术应当已经经过大型企业的证实并广泛应用。技术解决方案在中国本土有供应商的支持，而且是IT安全专业人士所熟知的。

4.6.1.5 信息安全软件功能性原则

信息安全软件的评估应基于其快速部署和提供核心功能的能力，即短期内安装成功并运行。拥有强大基本运行能力的解决方案优于那些能提供高水平的运行能力却很难实施和运行的解决方案。解决方案必须是易于扩展的，通过集成其他软件，或是增加现有软件的额外功能。

4.6.1.6 等级保护和分级保护遵从原则

为了提高信息安全保障能力和水平，保障和促进信息化建设，国家正在大力推行信息安全等级保护制度和分级保护制度。等级保护和分级保护已经成为一项国家层面的信息安全基本制度。整体信息安全规划必须符合国家等级保护和分级保护规定的要求。

4.6.2 信息安全架构设计内容

信息安全体系包括信息安全策略、信息安全管理、信息安全技术、信息安全服务等多方面，其中信息安全策略是指导、信息安全管理是关键、信息安全技术是基础、信息安全服务是保障。企业的信息安全架构主要包括管理架构、控制架构和技术架构三个方面，如图4-17所示。

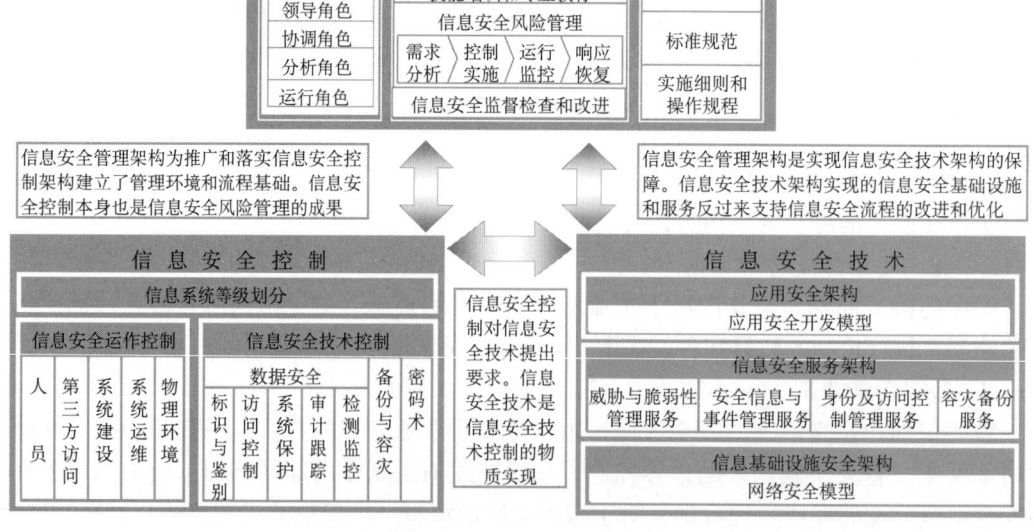

图4-17 信息安全架构的主要内容

管理架构包括信息安全组织、信息安全流程与信息安全制度三部分。信息安全组织包括信息安全专业团队的核心角色及其职责,核心角色包括信息安全领导角色、信息安全分析角色、信息安全运行角色及信息安全协调角色。信息安全流程包括信息安全意识提升、技能培训和专业教育、信息安全风险管理及信息安全监督检查和改进等流程。信息安全制度包括信息安全相关的管理、技术规范的层次结构以及不同层次的信息安全制度涉及的内容和解决的问题。

控制架构包括信息安全等级划分、信息安全运作控制与信息安全技术控制三部分。信息安全等级划分包括信息系统安全等级的划分框架和各安全等级的定义,指导划分信息资产等级、应用系统等级与网络系统等级。信息安全运作控制包括不同安全等级的信息系统和信息的安全保护目标,指导实施人员控制、第三方访问控制、系统建设与维护安全控制、物理环境控制等。信息安全技术控制包括为实现信息系统和信息安全等级保护目标所需的技术服务,实现网络安全控制、主机安全控制、应用安全控制、数据安全控制、备份容灾控制及密码技术控制等。

技术架构包括应用安全架构、信息安全服务架构及信息技术基础设施安全架构三部分。应用安全架构包括信息系统功能性与非功能性安全保护体系。信息安全服务架构包括信息安全服务以及各服务之间的关系,含身份及访问控制管理、威胁与脆弱性管理、安全信息与事件管理、容灾备份等技术服务体系的建设。信息技术基础设施安全架构包括以网络安全架构为主体,将信息网络划分为外部网络、非工作区域、受控外联区域、办公网络区域、信息系统服务器区域、生产控制系统区域、核心网络区域及网络与系统管理区域等安全区域,并建立相应的网络安全技术体系。

4.7 IT 治理架构规划设计

中国多数大型企业经过多年的信息化建设实践,已经引进了 ERP 等基本应用系统,完成了企业基础业务数据处理的信息化,信息系统建设初具规模。现在,对于这些大型企业来说,进一步需要解决的问题是如何提高 IT 的决策、提升 IT 投资价值和增强 IT 内部控制。因此,IT 治理越来越受到企业的重视。美国《CIO Insight》杂志甚至将"IT 治理"列入了 2007 年世界信息技术 10 大重要趋势之一。

关于 IT 治理,中外学者给出了很多的定义,美国 IT 治理协会的定义是:"IT 治理是一个由各种关系和流程所构成的体制,用于指导和控制企业,通过平衡信息技术及其流程中的风险和收益,增加价值来确保实现企业的目标。"

业内对 IT 治理涵盖的范围并没有统一的定义,本书从广义上将涉及组织、流程、服务、管理、IT 价值的内容都归纳到 IT 治理的范畴,比如 IT 管理、项目管理、组织管理、服务管理、知识管理、IT 培训、IT 绩效、IT 内部控制等。下面重点介绍 IT 治理架构中信息化组织的设计和 IT 服务管理的设计。

4.7.1 信息化组织设计

如果一个企业还没有设立健全的 IT 组织,那么信息化组织的设计是信息技术总体规划中要考虑的一项重要内容,是企业信息化工作能够顺利进行的组织保证。

信息化组织主要负责信息、技术、信息化人力资源的管理,主要采用"集中式"管控模式,即IT资源主要集中在信息部门,有IT部门统一管控和发起所有IT项目的投资、建设和维护。随着业务与信息技术的融合越来越深入,管控模式呈现出联邦式管控模式的发展趋势,即一部分技术和信息人员分散到业务部门,由业务部门承担一部分IT职责,信息部门将工作重点集中在信息技术总体规划和标准的制定上。有少数企业是分散式的IT管控模式,由业务部门负责IT项目的投资、建设和运行,IT部门人员很少,甚至没有设置专门的IT部门。这种分散管控模式不利于信息化建设的统一规划和统一部署。上述三种IT组织管控模式如图4-18所示。

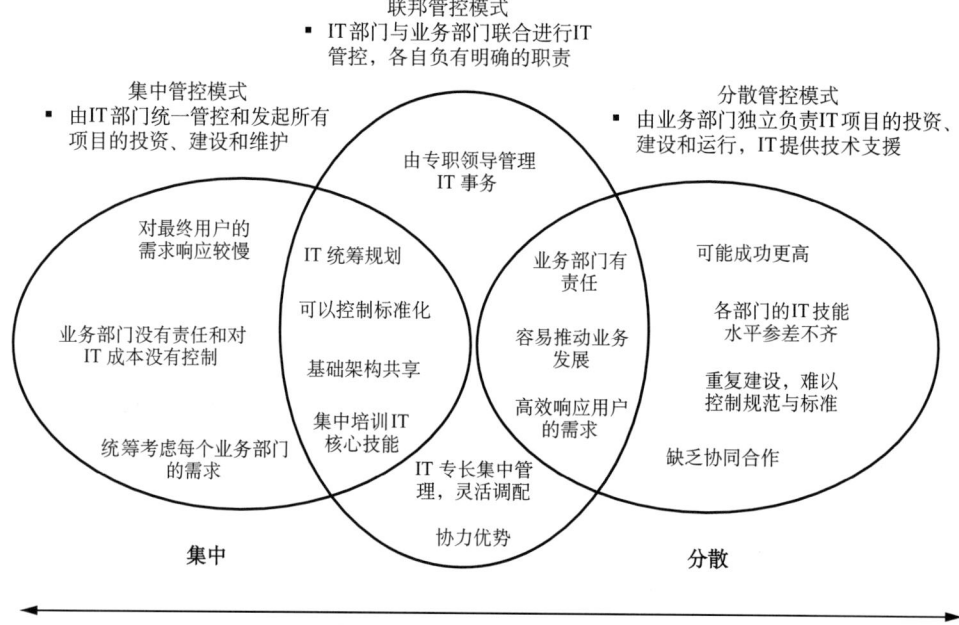

图4-18 IT组织的三种管控模式

在进行信息化组织设计时,首先要确定合理的组织功能结构,通常信息化组织功能结构分为战略指导层、管理运作层、基础支持层三个层次。然后需要考虑组织要素及其主要职能,设计符合企业信息化发展的组织架构。表4-5给出了信息化组织要素和主要职能的参考。

表4-5 信息化组织要素和主要职能

信息化组织要素	地位/组成成员	主要职能
首席信息主管(CIO)	首席信息主管是企业的核心领导层成员,属于企业决策层人员。担任首席信息主管的人选必须具备技术、管理等多方面的技能,具有较高素质和协调沟通能力,具有优异的管理技巧	(1)参与机构或企业高层决策,是信息化战略委员会的重要领导核心; (2)关注信息化战略与业务发展的关系,支持制定、修订机构或企业信息化全面规划; (3)协调业务发展部门与IT部门之间的关系; (4)从总体上负责企业信息管理政策、信息标准的制定,并对信息资源进行管理和控制; (5)领导制定机构与企业长远的IT投资规划; (6)直接领导、支持IT部门进行企业信息化项目的开发实施、基础设施建设和资源的管理; (7)决定信息化工作的组织制定,包括组织设置、授权及汇报制度等

续表

信息化组织要素	地位/组成成员	主要职能
IT 部门经理	IT 部门不是单纯的技术服务部门，而是在首席信息主管直接领导下对企业整体信息化工作进行管理的部门	(1) 负责企业信息化工作日常管理和项目实施； (2) 协助首席信息主管进行信息技术总体规划； (3) 负责与业务部门沟通与交流，了解业务需求； (4) 负责信息化工作的计划、管理、协调和推动； (5) 负责安排资金使用计划和具体落实； (6) 监督、检查、指导信息技术应用成果的验收、鉴定、上报与推广； (7) 组织参与各类应用软件与应用系统的实施和开发，以及数据库的建立与管理； (8) 负责企业内部和外部的信息交流与技术交流； (9) 组织参与企业基础设施的建设、维护和信息服务工作； (10) 负责组织企业信息化学习、培训、宣传、交流活动等
IT 协作经理	是联邦式 IT 组织结构要素，作为业务部门参与 IT 活动的代表。了解相应领域业务需求，并具备良好的 IT 技能和沟通技巧	(1) 负责反映相应领域业务发展对信息化的需求，体现业务驱动的原则； (2) 可参与信息化整体规划和 IT 投入安排的工作； (3) 负责信息部门与其所在的业务部门之间的良好沟通； (4) 定期向其所在的业务部门领导汇报本领域 IT 进展情况和需求； (5) 组织安排人员参与 IT 应用实施开发和资源管理； (6) 负责参与 IT 应用系统在本部门的推广工作； (7) 参与本部门信息化相关培训安排和具体实施
项目管理部门	由 IT 项目经理组成。作为项目经理的能力中心，为企业提供优秀的项目管理人才，并进行相关 IT 项目管理	(1) 负责制定 IT 项目管理流程、管理规范和标准，推进 IT 项目管理规范在全企业范围内的具体执行工作； (2) 负责 IT 项目的运作与管理，包括：IT 项目的资源分配、项目计划的制订与具体执行、项目过程跟踪与管理、项目阶段性评估和分析、项目汇报等
能力中心/IT 研究中心	某一领域的专家或相关人员组成的一个团体，致力于该领域最佳理论与实践的研究，并与企业实际相结合，不断探索新的应用途径。组成人员包括中心经理和技术专家	能力中心/IT 研究中心是企业的人才库和资源池，企业需要时就可以从中选择专门人才组成项目小组进行运作，负责前瞻性理论与技术的研究，致力于某业务领域信息技术应用实践的研究
基础设施/IT 技术支持部门	由 IT 技术专家组成	(1) 负责 IT 基础设施的管理，包括网络、服务器、客户端、数据库、数据中心等基础设施的维护和管理，确保其正确运行； (2) 负责技术标准、安全机制的建立与管理； (3) 负责信息资源的管理； (4) 提供技术支持和信息服务
呼叫中心/客服热线支持部门	由 IT 技术专家和 IT 技术服务人员组成	直接面向用户，提供优质的技术支持和信息服务。后台是技术支持部门

4.7.2 IT服务管理设计

在分析IT服务质量水平和可用性的过程中,研究者发现:对企业业务起到关键作用的IT系统,有80%的宕机时间是由于该系统有关的人员和流程引起的;企业信息系统故障的首要因素是人为因素;一半以上的数据库错误是由人为失误引起的。可见,人员和流程是IT组织需要改善的首要因素。企业只有规范其IT服务提供流程,才能有效降低IT故障发生率,使IT技术更好地支持企业业务活动,提高业务效率。

目前学术界和产业界并没有形成关于IT服务管理的统一定义。狭义上,人们将IT服务管理理解成IT服务提供和服务支持。ITIL即IT基础架构库标准(Information Technology Infrastructure Library)。将IT服务管理定义为:"管理IT服务,满足客户的需求"。这里提到的服务是指"客户所体验的IT服务组织提供的交付物",不仅指"使IT资源为客户所用",还包括提供持续优质的IT服务。IT权威研究机构Gartner将IT服务管理定义为"一系列通过服务级别协议来确保IT服务质量的互相协作的流程,它涉及系统管理、网络管理、开发管理等管理活动,并融合了包括变更管理、资产管理、问题管理等众多流程在内的管理理论和实践"。总之,IT服务管理的核心在于:向客户提供满足其要求的IT系统及服务,从流程、人员和技术三个方面提升IT服务质量和效率。某企业参照ITIL服务管理标准,对其运维服务体系进行了规划设计,如图4-19所示。

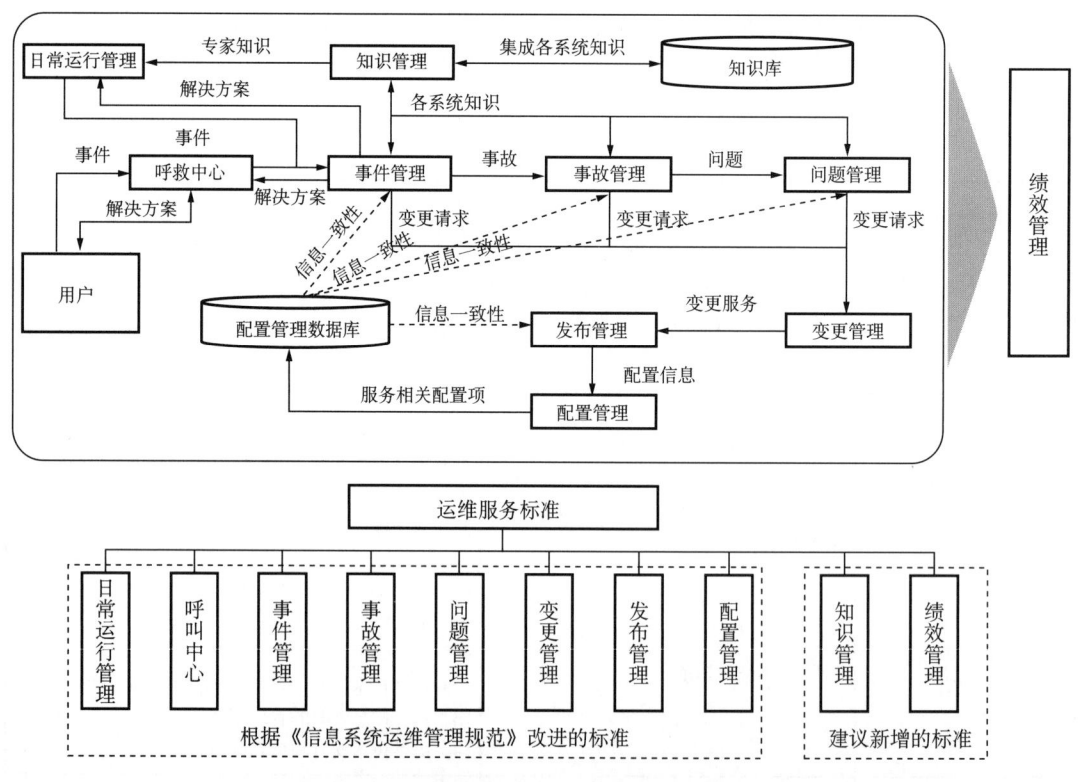

图4-19 某企业的信息化运维服务体系

该运维服务体系包括:日常运行管理、呼叫中心、事件管理、事故管理、问题管理、发布管理、配置管理、变更管理、知识管理,并设计相应的规范和标准。同时对运维服务体系的主要内容、建设目标进行了说明,着重说明了流程控制、流程维护和可持续流程改善的重要性以及保障条件等。

4.8 信息化建设重点和愿景蓝图

在愿景展望阶段，大量的工作都集中在总体架构设计上。总体架构是从信息技术和专业的角度来描述未来的信息化状况，让高层领导和业务部门从架构上来理解未来的信息化建设有一定难度，因此需要对总体架构进行高度提炼和概括。从对信息化愿景和战略目标支持程度最大的角度，从业务和管理领域的信息系统建设、基础设施的建设和信息化管理等各个方面提炼总结出信息化建设的重点。这些信息化建设重点是信息部门与业务部门进行沟通和研讨的主要内容，也是需要取得高层领导认可的主要内容，便于各方达成共识，取得各方对未来信息化建设内容的认同。对各项信息化建设重点进行归类汇总，形成信息化愿景蓝图，如图4-20所示。

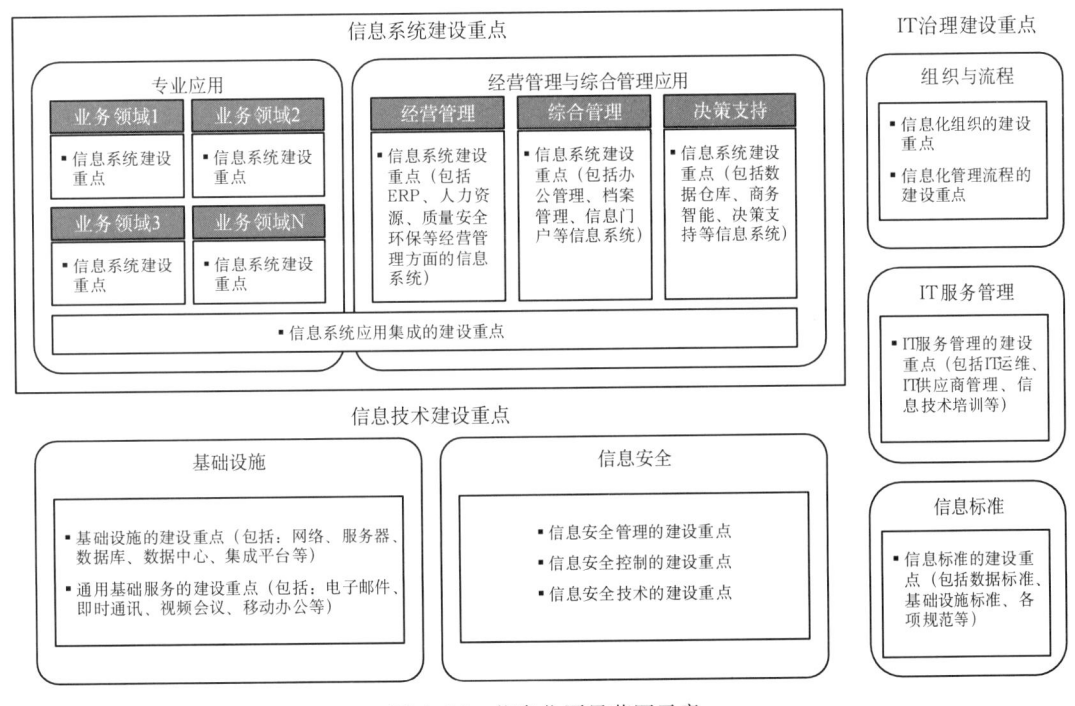

图4-20 信息化愿景蓝图示意

愿景蓝图体现信息化建设的重点内容。可将信息化建设重点归纳为三大类：信息系统、信息技术和IT治理。这样的分类方法既符合总体架构的分类构成，又贴近通常对信息化建设包含信息系统、基础设施和组织管理的基本认识。

通过研讨会的形式，信息部门与业务部门针对信息化建设重点和各业务领域的应用系统设计取得一致意见后，编写完成本阶段的工作成果《信息化愿景展望报告》。

4.9 愿景展望报告

下面概要介绍《信息化愿景展望报告》的章节内容。

- 第一章 总体战略分析

分析企业总体战略和各业务领域的业务战略，提出信息化战略定位和信息化建设的总体目标。

- 第二章 信息技术展望综述

描述技术展望方法、设计原则和设计方法。

- 第三章 应用架构

首先描述应用架构的总体设计，然后描述各业务领域的应用架构设计，最后描述集团经营管理和综合管理的应用架构设计。

- 第四章 数据架构

分别描述各业务领域的数据架构设计，包括概念数据模型和数据分布的设计。

- 第五章 技术架构

描述技术架构的总体设计，结合新技术对技术基础设施新的内容进行详细设计。

- 第六章 IT治理架构

描述信息技术组织的改进建议，并对IT服务体系的设计内容进行描述。

- 第七章 信息安全架构

分析信息安全技术趋势和解决方案，描述信息安全架构的功能设计。

- 第八章 信息系统集成架构

分析各业务领域的应用集成，设计集成的架构、技术和功能。

- 第九章 信息技术蓝图展望

描述总体的信息化建设重点和蓝图展望。

4.10 小结

本章首先从阶段和层次上阐述了信息化愿景展望的定位，论述了愿景展望阶段输入输出的逻辑关系以及信息化愿景、总体架构、信息化建设重点三者的关系；详细描述了信息化愿景的含义和关键确定因素，并通过若干实例说明信息化愿景主要包含的内容；通过类比的方式说明架构的概念，描述了总体架构的作用和特征，并给出总体架构的规划方法，着重论述了总体架构的组成、架构之间的相互关系，以及架构设计原则的影响因素；展开论述了规划设计应用架构、数据架构、基础架构、信息安全架构和IT治理架构的设计方法和核心内容；提炼总结出信息化建设重点，汇总形成愿景蓝图并进行分类说明。希望读者通过本章内容，能够对信息化愿景展望阶段的工作有一个整体认识，对如何理论结合实际，开展信息化愿景制定、总体架构规划设计和信息化愿景蓝图形成等工作有所启发和借鉴。

5 企业信息化项目规划与实施计划

项目规划与实施计划是信息技术总体规划"三步骤"编制方法的第三个阶段,其目标是制定企业未来信息化能力建设的工程蓝图和行动计划。项目规划与实施计划设计的思路是:通过差距分析,找出改进机会,并设计相应的改进措施;根据改进措施,确定信息化项目,设计实施计划;为更好地实施信息技术总体规划,清晰描述主要假设、问题和风险;给出信息技术总体规划效益分析。信息化项目规划与实施计划设计的最终交付品是规划项目设计报告以及围绕项目报告所产生的项目框架体系、项目类别、项目计划和项目管理等,如图 5-1 所示。

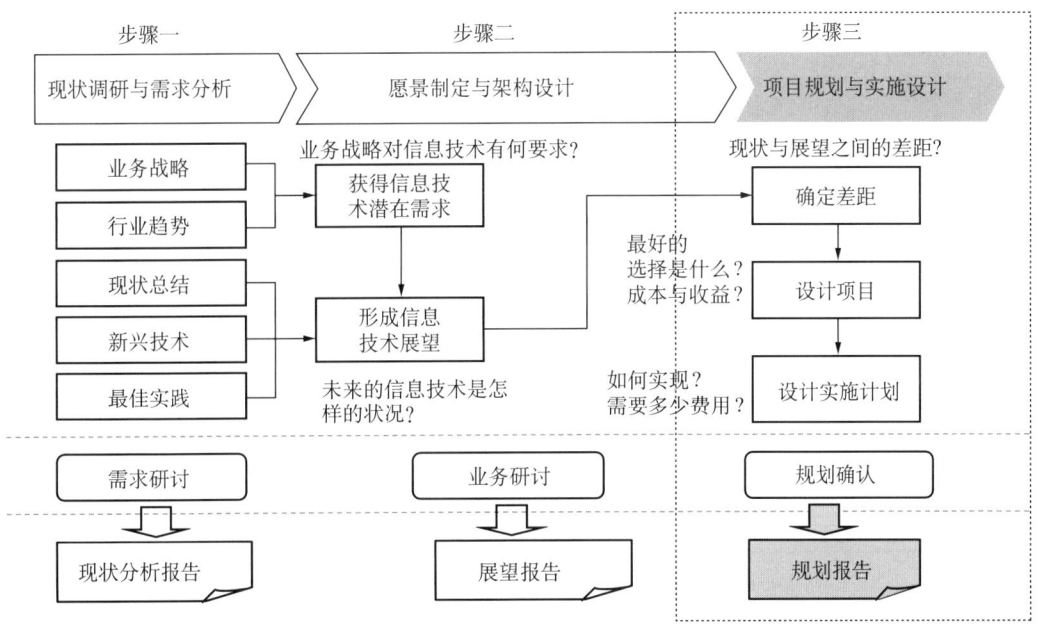

图 5-1 信息技术总体规划编制的第三个阶段

5.1 信息化项目规划与实施计划的定位

企业信息化是企业达成其整体战略目标必不可少的手段之一。企业的信息化战略与信息化愿景的实现,落到实处是一个个具体的项目。信息化项目实施是企业利用信息技术实现业务价值的重要方式。从企业 IT 治理的落实,到企业基础设施的建设,甚至包括开发和实施 ERP 这样的大型应用系统,都需要通过项目的方式来完成。从企业发展来说,企业需要信息化项目来强化其信息技术能力,从而支持核心业务的运营。通过信息化项目,企业可以充分挖掘信息资源,整合企业的信息流、物流和资金流,保证企业的核心竞争力,获得发展的机会。如图 5-2 所示,信息化项目实施是企业达成其信息化远景目标的途径,是

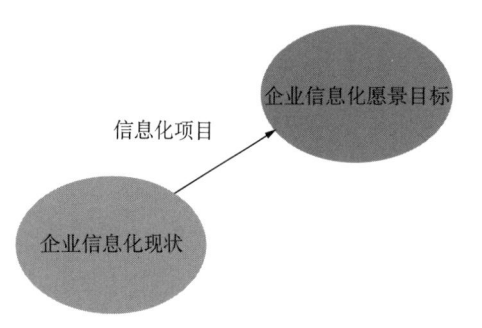

图 5-2　信息化项目是达成企业信息化愿景的主要方式

实现其信息化战略的主要方式。

信息化项目规划与实施计划制定主要是通过比较企业信息化现状和未来信息化愿景与总体架构,按照信息化能力框架的分类,对应分析主要差距,找出改进机会,设计改进措施,形成信息化能力需求框架。根据信息化能力需求框架设计信息化项目框架,并逐一规划设计项目框架中每个具体的信息化项目;提出信息化项目框架的实施计划,包括提出规划的资金预算,设计项目的优先级,提出各项目实施的优先次序、实施路线图和实施策略;完成规划实施的潜在风险分析,提出规避措施等。这些工作的过程和中间结果,都要经过专家研讨和业务部门多次讨论。最后完成《信息化项目规划和实施设计报告》的编写,作为本阶段的项目成果,提交信息管理部门审查。这些内容如图 5-3 所示,而企业信息化现状调研与愿景展望两个阶段的设计结果是项目规划与实施计划的重要输入,这些内容将会在相应的章节中进行介绍。

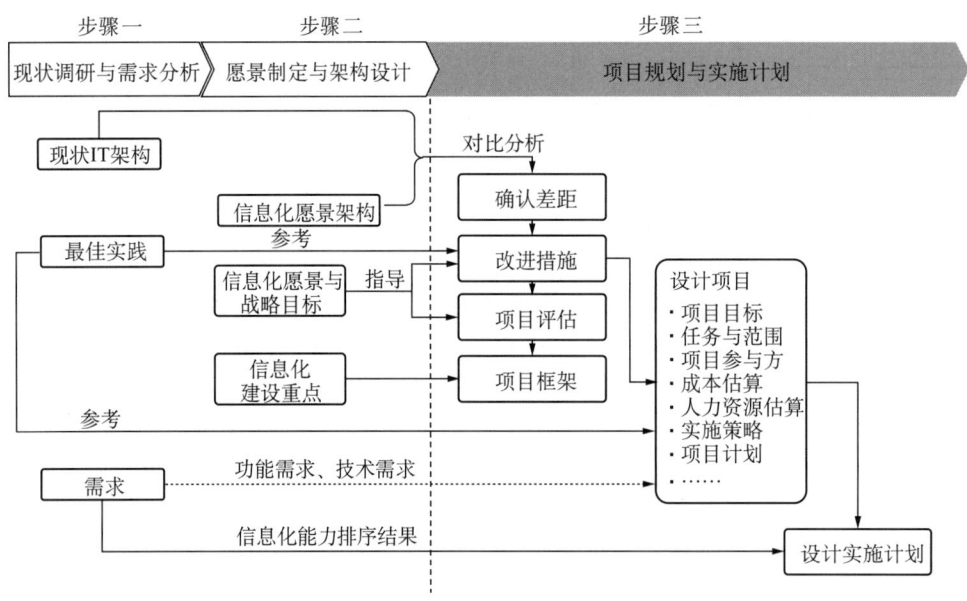

图 5-3　企业信息化项目规划与实施计划阶段主要工作内容及与前两个阶段的关系

《信息化项目规划和实施设计报告》是信息技术总体规划编制项目的第三份、也是项目的主要成果报告。这个报告与《信息化现状与需求分析报告》、《信息化愿景与架构设计报告》等规划成果一起,共同构成《信息技术总体规划报告》。

5.2　信息化项目的形成

通过上一章的愿景展望,企业已经明晰了未来信息化要达成的建设蓝图,提出了要达成的信息化目标,本节先阐述信息化项目的形成过程,主要是通过对照愿景蓝图分析当前信息化能力存在的差距，然后设计改进措施来弥补这些差距，再通过项目设计原则合并为一般的备选项目，最后通过项目评估形成项目体系框架。

5.2.1 差距分析

制定实施计划的第一步是找出企业目前的信息技术能力与未来信息技术所需能力之间的差距，包括技术和组织能力。通过前面的愿景展望部分，企业已经明晰了未来信息化要达成的建设目标与方向，并且完成了各类架构的设计，而通过现状分析部分我们也已经对企业当前的信息化能力有了准确的了解。差距分析主要是将这两者的架构进行对比，明确企业将来在哪些方面需要进行改善和提升，从而使信息化水平得到不断改进，达到或接近信息化愿景，确保实现信息化战略。

差距分析一般需要在应用系统、基础设施、信息安全、数据架构、IT 管控等领域进行能力分析。

这里建议对每项能力的评估，按照以下五个等级进行划分：

（1）没有能力：表明企业在这方面没有能力。

（2）能力不够：表明没有足够的能力，过去在这方面也不能满足需要。这方面能力薄弱，已经成为制约企业发展的问题。

（3）满足目前需要：表明能力一般，只能够满足企业当前的需要。

（4）满足未来需要：表明能力较强，能够满足企业未来几年预计的需要。

（5）国际水平：表明与国际上同行业先进公司的 IT 能力在同一水平。企业在这一方面与国际先进水平相当。

表 5-1 是 2000 年某石油石化企业在编制信息技术总体规划时，当时的现状与未来之间信息技术能力差距分析的示例，描述了对其战略发展起重要作用的关键信息技术能力差距。

通过上表比较可以非常清晰地了解当时该企业关键 IT 能力的差距。下面进一步重点分析该企业与世界领先水平之间存在的三个档次以上差距的关键 IT 能力。

5.2.1.1 企业资源计划

管理好公司内部的资源是至关重要的。事实上，目前所有世界领先的石油公司都已实施了企业资源计划（ERP）系统。在这方面，该企业目前仍依赖于各种分割的应用软件而非集成的系统，因而大大地落后于国际水平。这一 IT 能力上的差距，将使企业在国际市场的竞争中处于不利地位。

5.2.1.2 广域网

完善的通信基础设施使公司能够迅速地决策和行动，因而是任何公司的关键 IT 能力。该企业具有地域广阔和人员众多的特点，要求其拥有一流的广域网设施。但是，企业目前的广域网仅覆盖 30% 的业务单元，所以无法满足业务的需要。电子商务的出现使得广域网成为更为重要的 IT 能力。尽管该企业已经很快地引入电子商务，但广域网方面的不足将会极大地影响其开展电子商务的进程。因此，必须尽快地弥补这一差距。

5.2.1.3 炼油和化工生产数据库

目前，该企业的炼油与化工业务承受着提高效益的巨大压力。实现这一目标的关键要素之一，就是确保有准确及时的生产信息来为管理层的科学决策服务。炼油和化工生产数据库应该是这类信息的来源，而该企业仍缺乏这一 IT 能力。

表 5-1 信息技术能力差距分析示例表

序号	项目	没有能力	能力不够	满足目前需要	满足未来需要	国际水平
1	IT政策、标准和程序					
	政策、标准和程序	■	■	▒		
	执行标准的运行机制	■	▒			
	组织承诺	■		▒		
2	专业领域的主要应用软件					
	地球科学系统	■	■	■	▒	
	生产数据库	■	■	▒		
	管道生产系统	■		▒		
	地理信息系统	■	■	■	▒	
	炼油与化工实时数据库	■	■	▒		
	炼油与化工生产数据库	■	■	▒		
	加油站系统	■	▒			
	客户服务系统	■	▒			
	计划与调度系统	■	▒			
3	企业应用系统					
	企业资源计划	■	■	▒		
	管理信息系统	■	▒			
	即时数据查询	■	▒			
	KPI系统	■	▒			
4	企业内部系统集成					
	应用软件集成	■		▒		
	企业应用软件架构	■		▒		
	应用软件标准化	■		▒		
5	技术基础设施					
	广域网			■	▒	
	局域网			■	▒	
	电子邮件政策和标准			■	▒	
	互联网连接和服务管理			■	▒	
	微机配置	■	■	■	▒	
	微机服务器配置			■	▒	
	灾难恢复计划		■	▒		
	数据库管理系统			■	▒	
	企业管理系统		■	▒		
6	IT组织、人力资源和流程					
	IT组织职能	■	■	▒		
	专家中心	■	▒			
	共享服务中心	■	■	▒		
	帮助热线	■	■	▒		
	安全政策和标准	■		▒		
7	项目管理					
	项目集中管理	■	▒			
	变革管理	■	▒			

■ 目前能力　　▒ 需要的未来能力

5.2.1.4 集中的IT项目管理

该企业需要迅速、有效实施增强其IT能力的项目。这需要强有力的集中项目管理，以确保这些IT项目能够按时完成，并产生预期的效益。目前，该企业缺乏对IT项目的集中管理。这一差距需要在短期内弥补，否则企业会由于项目的复杂性而失去对其实施状况的控制。

5.2.1.5 变革管理

IT方面的转变将会给该企业的业务带来巨大的变化，企业将因这些变化而承担很大的风险。为了控制风险，该企业需要有世界一流的变革管理。

5.2.1.6 健全的组织机构

与变革管理相联系的是健全的信息技术组织机构，它帮助IT成为整个业务的一个关键部分。组织机构的重要性在于确保公司充分实现IT所能带来的效益和进步。目前，IT的发展在该企业仍处于第一阶段，体现在各部门、各管理层次对IT价值的认识不尽相同，按照自身需要独立建设信息系统。该企业需要尽快地在整个公司统一对IT发展的认识，以确保日后的成功。

5.2.2 改进机会、改进措施与项目形成

通过信息化能力框架中存在的各类差距可以识别相应改进机会（或称改进需求），而针对这些改进机会，设计相应的改进措施，形成备选项目，即是本阶段所需要完成的工作。其设计步骤是：首先根据信息化愿景与战略目标定义改进程度；其次识别直接对应差距分析的改进需求，结合改进程度，设计出必要的可短期见效的改进措施；最后根据项目合并原则将改进措施合并为备选项目，如图5-4所示。

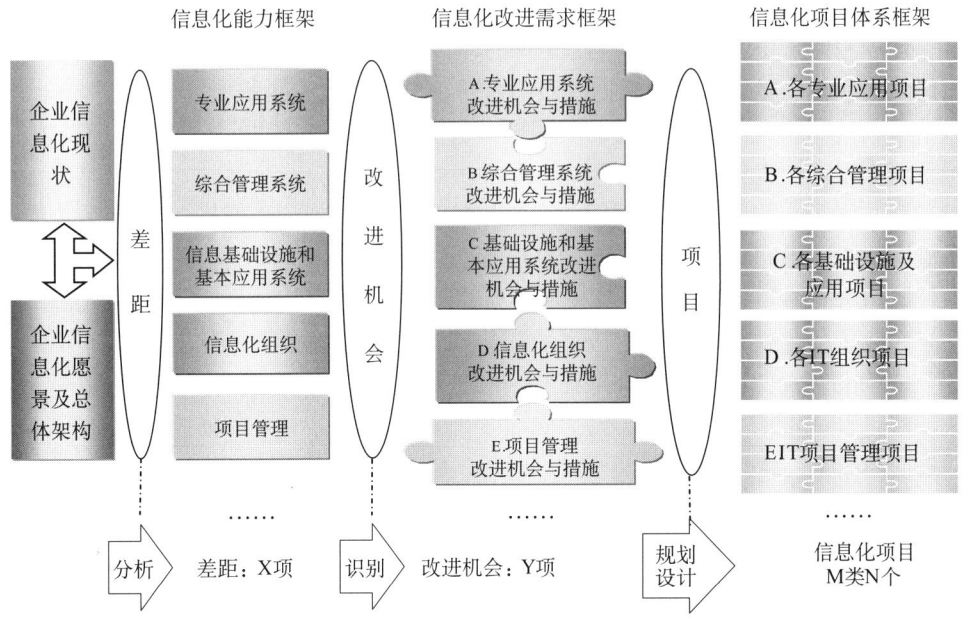

图5-4 信息化项目规划设计思路与过程图

信息化现状与建设愿景之间的差距构成了改进机会，每个改进机会都转化为一系列改进措施，形成信息化能力改进需求框架，并由此规划设计对应的信息化项目，所有信息化

项目形成信息化项目框架体系。

下面重点讨论改进措施的设计。首先，信息化改进机会来自于差距分析，勾画出这些机会即确定了改进需求，也就识别出了弥补差距的主要工作，对差距的弥补措施就是改进措施。一般来说，改进措施设计必须遵循以下原则：

(1) 全面覆盖原则。必须保证改进措施覆盖所有的改进需求，而且所有的改进需求都能够通过一个或者多个改进措施来实现。

(2) 相对独立原则。改进措施之间相对独立，尽可能避免工作范围交叉。例如企业经营管理层面的改进措施不应当与企业生产层面的改进措施进行合并，而信息化治理的改进措施也应当与应用系统实施的改进措施分开阐述。

(3) 同步建设原则。设计某一类改进措施时，同步设计必需的配套措施。

(4) 改进程度对应原则。应当结合差距程度来确定具体的改进措施，即明确各系统在规划的结束点后应该实现到什么程度。

(5) 近远期相结合原则。差距大、实施风险高的改进措施，要与远期建设相结合，设计近期改进措施，从而在短期内将风险控制在可接受的范围内，并缩小差距以降低远期的实施难度。

最后是将改进措施合并为备选项目。企业信息化建设将会是一个复杂、漫长的综合过程，考虑到各个部门的业务特点不同以及各个部门的业务发展的侧重点不同等各种因素，为了合理利用企业有限的资源，降低实施风险，尽快从规划中获取利益，需要恰当地将信息技术总体规划的改进措施，划分成在今后的几年内逐步分阶段实施的建设项目。这样才能明确定义项目目标和实施内容，合理安排计划和资源，在有限资源的制约下，最大程度地通过信息化的手段帮助企业尽快提升信息化服务能力和管理水平，使得本次规划能够落在实处，可以操作执行。

信息化项目形成的基本思路是将改进需求框架中的改进措施，按照明晰范围、合并同类、简化依赖和收效显著等原则来进行归纳合并，设计为可实施的项目：

(1) 明晰范围。在识别项目时，要明确项目实施的对象、功能范围以及应覆盖的组织和地域范围，尽可能避免项目边界模糊的情况。

(2) 合并同类。将功能范畴相近的改进措施尽量归并在一个项目中实施，如将大部分针对基础网络设施改进的措施归并在网络安全域实施项目内。同类合并的优点是项目对相关人力资源需求相对较易满足，项目规模容易控制，项目的利益相关方容易确定。

(3) 简化依赖。在识别项目时应尽量简化项目间的依赖关系，避免出现不同项目各个阶段相互依赖的情况。如果项目间存在复杂的依赖关系，实施过程中项目之间的沟通需求增加、项目管理成本增大，而且容易影响单个项目的进度，增大实施风险，从而引发多个项目的进度与风险问题。

(4) 收效显著。识别出的项目必须能够使信息化能力得到显著的提高和改善，对业务带来明显的、可衡量的效益。那些不能通过项目实施产生明显效益的改进措施可以通过日常工作加以改善，如信息化意识的培养等。

一般来说，形成信息化项目需要对规划的实施内容进行定义，要根据实际情况和最佳实践从不同的方面进行考虑，以最合理的方式来定义一个项目的目的、内容和范围、实施条件和项目资源等各类因素，最后才能以此为单元对所需要进行的工作进行预测，指导企业未来几年内的信息化建设进程。在项目定义的过程中，一般应当考虑以下因素，见表5-2。

表 5-2 项目定义的考虑因素

项目定义考虑因素	具体内容
项目性质	不同性质的项目（如应用类项目、数据类项目或基础设施类项目）建设应当于不同的项目中实施
业务关联性	业务结合比较紧密的系统或者系统模块应当在一个项目中完成
功能相似性	功能较为类似，为了解决同一个业务目的的系统或模块应该划入一个项目中完成
工作量大小	一个项目的工作量不应过少，否则项目成功便缺乏意义，但工作量也不能过多，否则无法按期保质保量完成
项目周期长短	一般来说，项目周期不宜过短或者过长。过长的项目可能导致项目没有结尾，最终导致失败。周期过短的项目造成无法实现项目目标或者完成的项目内容过少，不具有项目成功的意义
依赖关系	以应用类项目为例，对于数据依赖性较强的功能，可能会被定义在同一个项目中
人力资源投入	项目定义应当能够符合企业实际人力资源情况，使得项目能够具有足够的人力资源可以利用。项目使用人力资源较多时，应该被划分为几个项目，或者一个项目分成几个项目周期来完成
资金投入	项目所需要的资金能够被企业所承担且不影响其正常经营，并且能够和投资预算和投资规划相吻合。项目所需要的资金投入较多时，应该被划分为几个项目，或者一个项目分成几个周期来完成
清晰项目边界	项目应该有着明确地项目范围和项目边界，项目规划尤其忌讳项目边界模糊的情况发生
可以规避项目风险	项目的定义应当能够避免常见的项目风险
建立明确的里程碑	定义的项目应当能够很明确地定义项目的成功标准并作为阶段成功检查的依据
最佳实践的启示	项目定义可以参考国内外同行业先进企业的成功项目经验来设计
其他考虑因素	业务改造难度，技术实现难度和技术发展的趋势，项目推广难度，数据准备难度等都可能成为影响项目识别的因素

通过上述原则，改进措施可以被设计成为项目机会，或者说是备选项目。每个备选项目都是帮助企业在某一领域实现改进的一系列具体工作。由于每个备选项目都有助于弥补信息技术能力上的差距，撇开客观因素，企业应考虑实施所有的备选项目。但是，信息化资源投入的有限性决定了企业不能同时开展所有项目，只能以一定的先后次序来逐步实施这些项目机会，甚至不实施其中的部分项目。所以企业要对每个备选项目进行评估，并且考虑各备选项目相互之间千丝万缕的联系。

5.2.3 项目体系框架设计

信息技术总体规划项目体系框架设计目的是通过一种系统性、条理化且简单明了、易于理解的方式，使业务人员和技术人员建立对未来总体信息化建设的共同理解。项目框架是以企业业务架构和信息化架构为蓝本制定的，所以通常企业都会参照自身业务架构和 IT 架构的特点来制定最终的信息技术总体规划项目框架。无论信息化项目分类方法和体系框架展现方式如何不同，项目体系框架本身都必须满足三点要求：一是体系完整，体系框架要全面支撑企业业务战略实施和主营业务发展，不能有重大缺失；二是界面清晰，各项目之间尽量减少业务和功能的交叉与重复；三是名称规范，项目命名要准确定位项目目标、切合业务重组与整合趋势、符合行业通用称谓。

虽然信息化项目体系框架可以有不同的表述方式和展现形式，但一般会选择项目大类加项目的形式来表现。项目大类即一组相互联系的项目，这些项目需要共享组织的资源，需要进行项目之间的资源调配，因此需要将其归类来进行统一组织和协调。项目也称为工作包或项目包，是可以进行项目投资、项目招标和项目管理的最小单位，并且理论上，可以通过一个可行性研究（以下简称"可研"）即可立项的项目单位。

图 5-5 展示了某企业提出的信息技术总体规划项目框架方案，针对弥补差距的主要改进步骤，设计成为 34 个"工作包"。每个工作包是帮助企业在某一领域实现改进的一系列具体工作，每个工作包都有可操作的目标。为便于理解，将工作包归纳为若干"项目大类"，属于同一项目大类的工作包是针对类似的业务领域。为清楚起见，对每个工作包和项目大类都进行了编码。

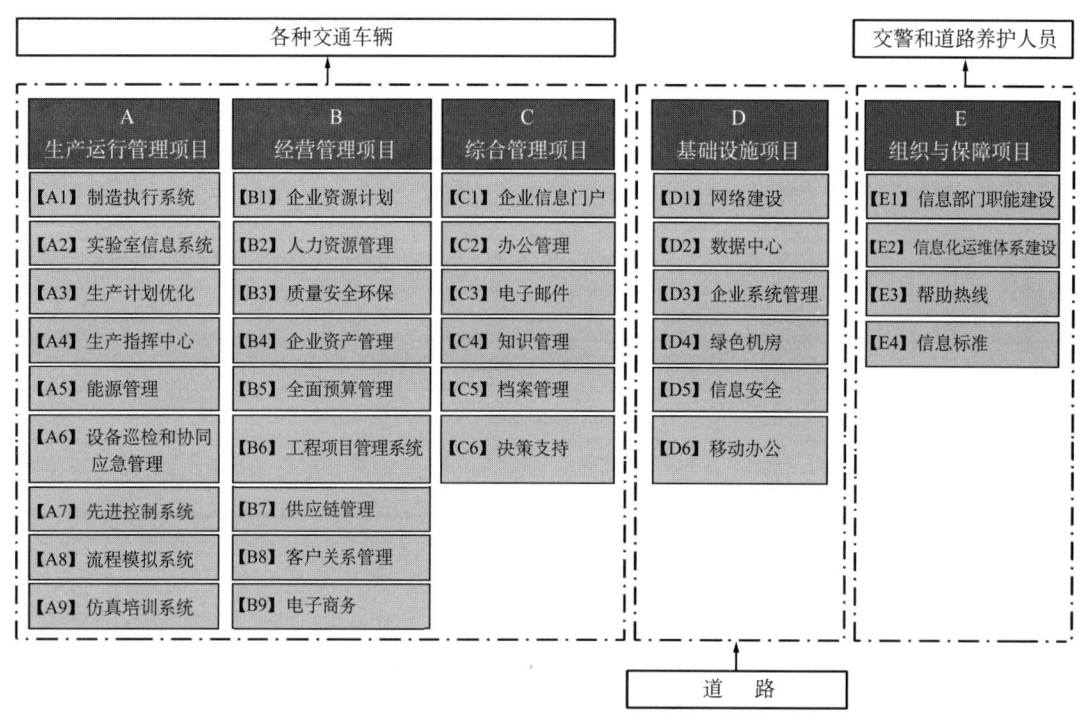

图 5-5　某企业信息技术总体规划项目框架

尽管不同企业的行业归属不同，业务千差万别，情况千变万化，但整体而言，企业信息技术总体规划项目框架的构成具有许多共性，主要项目类型基本都是由生产管理、经营管理、综合管理（包括办公管理和辅助决策）、基础设施和组织保障五大类项目构成。如果将信息技术总体规划比喻为城市的交通，那么应用类项目包括生产管理、经营管理和综合管理类项目就是行驶在路上的各种交通车辆，基础设施类项目就是城市内的道路，组织保障类项目就是维护交通秩序的交警和道路养护人员（图 5-5）。各企业信息化的特殊性主要体现在生产运行管理等专业应用系统的不同，规划中的其他项目基本大同小异，包括经营管理、综合管理、基础设施和组织保障等项目都具有可类比性。

5.2.4 项目大类设计

项目大类即项目群，包括一组相互关联的项目，这些项目通过组合来实现某项业务战略目标,项目管理协会(PMI)基于项目的联系提出:项目大类是一组相互关联并需要进行协调管理的项目。也有一些学者和组织将项目大类的定义与项目组合的定义联系起来,提出项目大类是通过对项目的组合协调管理、改变组织,以获得战略意义。还有学者将项目大类定义为是对现有和将开展的一些项目进行集群的一种组织框架,这些项目基于组织战略建立共同的目标体系,以适应组织内部、外部环境的方式相互关联。

确认项目类别后,应该对每个项目大类进行分别设计。主要从项目大类要达到的目标、项目大类说明、项目大类负责人、项目方法/优先次序和推荐的信息技术项目五个方面进行说明,其设计内容可以参考图5-6。

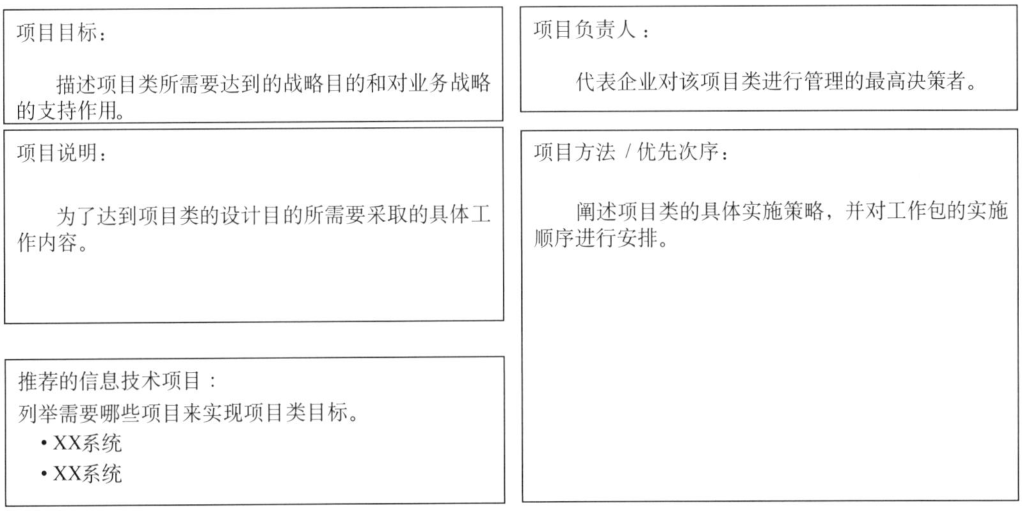

项目目标: 描述项目类所需要达到的战略目的和对业务战略的支持作用。	项目负责人: 代表企业对该项目类进行管理的最高决策者。
项目说明: 为了达到项目类的设计目的所需要采取的具体工作内容。	项目方法/优先次序: 阐述项目类的具体实施策略,并对工作包的实施顺序进行安排。
推荐的信息技术项目: 列举需要哪些项目来实现项目类目标。 • XX系统 • XX系统	

图5-6 项目大类设计内容

下面以某石油石化企业ERP项目大类为例来说明具体需要设计哪些内容。

(1)项目大类目标。

建立公司级ERP系统,以改进流程及数据,为业务流程及公司数据提供一个通用的平台和方法。

(2)项目大类负责人。

专业公司总经理及总部信息化工作主管副总裁(公司总部ERP及ERP集成项目)。

(3)项目大类说明。

企业资源计划(ERP)系统为公司提供业务流程与共享数据的集成。主要功能包括财务管理、人力资源管理、采购、销售与分销、资产维护、材料管理、项目管理、生产管理等。

鉴于不同的专业需要不同的非核心功能及有限的数据网络,ERP系统将在各专业公司及总部实施。ERP系统也将提供核心流程及共享数据的公司标准。

(4)推荐的信息技术项目。

为了实现项目大类的目标,需要实施以下项目:ERP整个公司范围内的商务分析;勘探与生产ERP;天然气与管道ERP;炼油与化工ERP;销售与市场ERP;总部ERP。

(5)项目方法/优先次序。

当前的迫切需要是确定详细的需求、建立标准及商务分析,为整个企业的ERP系统选定软件。在决定实施方案前,首先制定详细的实施计划。

软件选定后，首先在勘探与生产、炼油与化工、销售与市场同时实施 ERP，以支持各板块的 IT/ 业务策略。勘探与生产 ERP 需要与生产系统和资产管理系统集成。销售与市场 ERP 需要与销售和分销、客户服务、加油站系统及先进计划系统（APS）集成。

作为单一的系统，天然气与管道于 2002 年初实施 ERP。

总部在天然气与管道之后实施 ERP，它有双重作用，一方面支持总部业务，另一方面为 ERP 标准及公司业务数据的合并提供基础。

另外，也应确保数据的集成和满足企业审计部门的需要。领先的 ERP 软件都有"审计追踪"的功能，使公司能保持数据的完整性和真实性。

关于项目大类的描述与设计方法以及各项目大类之间的关系，将在第六章规划项目案例解读中为读者详细描述。

5.3 项目定义与项目设计

这里我们回顾一下项目的定义：项目是一组特殊的将被完成的有限任务，它是在一定时间内，满足一系列特定目标的多项相关工作的总称。项目的定义包含三层含义：（1）项目是一项有待完成的任务，且有特定的环境与要求；（2）在一定的组织机构内，利用有限资源（人力、物力、财力等）在规定的时间内完成任务；（3）任务要满足一定性能、质量、数量、技术指标等要求。这三层含义对应项目的三重约束，即时间、费用和性能。项目的目标就是满足客户、管理层和供应商在时间、费用和性能（质量）上的不同要求。

信息化项目是硬件、软件、系统、流程和服务的集合，这里的项目规划设计是概要设计，是项目可行性研究的重要依据。对每一个项目的规划设计，体现在对项目以下各方面规范、清晰、准确的描述。主要包括：项目目标、任务和范围、参与方、实施方法、计划、人力资源需求、成本估算等。图 5-7 是信息化项目图示化描述的示意图。

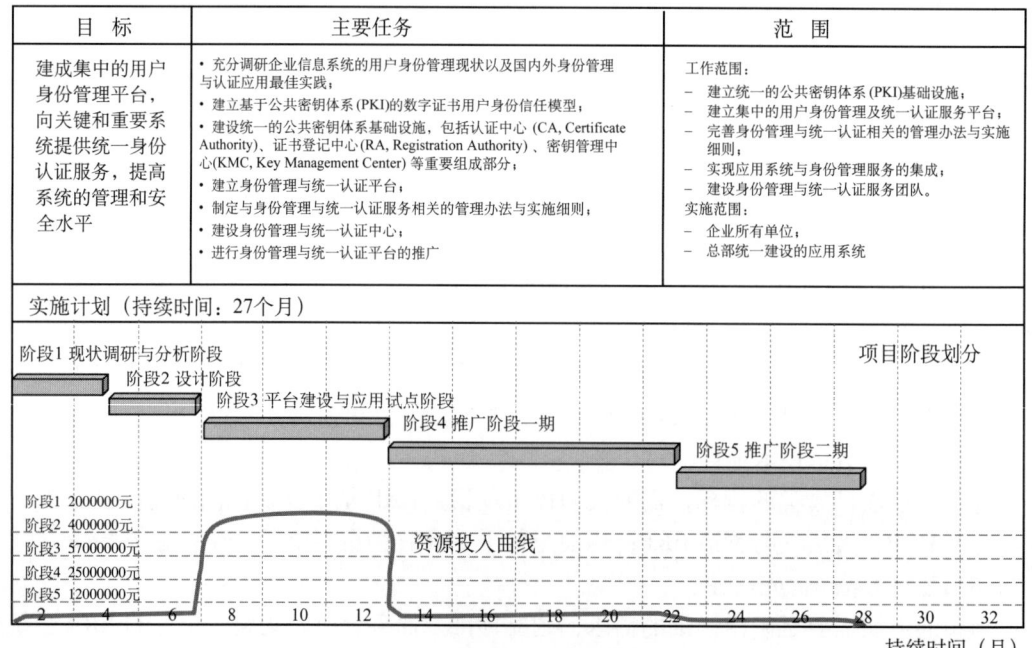

图 5-7　信息化项目描述图示例

随着项目的推进，项目变更和纠错的花费将急剧增长，错误发现得越晚，修正的成本将呈现几何级数增长。所以项目要从其生命周期的规划和概念阶段就对各方面进行设计，并随着项目的进行不断深化和进行总结回顾，尽可能以较小的代价纠正错误，将偏差和错误"扼杀在摇篮里"。

5.3.1 项目目标

项目目标简单地说就是项目所要达到的期望结果，即项目所能交付的成果或服务。项目的进行过程实际就是一种追求预定目标的过程，因此项目目标应该是被清楚定义，并且是可以最终实现的。

项目目标基本表现为三个方面，即时间、成本、技术性能（或质量标准）。对一个项目而言，项目目标往往不是单一的，而是一个多目标系统，希望通过一个项目的实施，实现一系列的目标，满足多方面的需求。但是很多时候不同目标之间存在着冲突，实施项目的过程就是多个目标协调的过程，有同一个层次目标的协调，也有不同层次总项目目标和子目标的协调，项目目标和组织战略的协调等。

项目目标设计可以遵循以下五个原则，包括明确性（Specific）、可衡量性（Measurable）、可实现性（Achievable）、相关性（Relevant）、时限性（Timing）等。

（1）项目目标设计的明确性。

所谓明确性就是要用具体的语言清楚地说明项目要达成的行为目的。明确的目标几乎是所有成功项目的一致特点。很多项目不成功的重要原因之一就因为项目目标定的模棱两可，或没有将目标有效地传达给相关成员。例如对于企业数据标准项目，"提升企业数据标准管理水平"的提法就比较笼统、缺少含义，而"制定信息标准政策，规范数据资源标准体系，建立数据标准平台以保障应用系统安全运行和有效集成"的项目目标就比较明确了。

（2）项目目标设计的可衡量性。

可衡量性就是指项目目标应该是一组具体明确的指标，作为衡量项目是否达到目标的依据。如果制定的目标没有办法衡量，就无法判断是否实现。比方说，"完成企业现有系统的集成"这样的目标就不具备可衡量性，因为"现有系统"和"集成"程度都会出现歧义，可以修改为"完成企业自本项目启动时已上线系统的集成，实现流程集成"，这样就对要集成的系统范围和集成程度都做了规定，使得项目目标变得可以衡量了。

（3）项目目标设计的可实现性。

目标是需要执行者实现、达到的，如果项目目标不切实际或者不可实现，容易造成包括项目延期、成本超支和无法正常结束项目等在内的一系列后果，更会打击业务人员和信息技术人员的工作热情，影响信息部门的形象。所以为了确保项目目标的可实现性，需要坚持业务部门参与、上下左右沟通的原则，使拟定的项目目标在信息化部门和业务部门之间达成一致。既要使项目内容饱满，也要具有可实现性。

（4）项目目标设计的相关性。

项目目标的相关性是指目标的设计不应当偏离项目设立的初衷。如果实现了某个目标，但与项目规划的初衷完全不相关，或者相关度很低，那这个目标即使被达到了，意义也不是很大。例如对于提升产品设计数据管理的信息系统，其项目目标可以是："实现企业的产品研发过程和图纸文档管理、产品结构配置管理、设计审批等业务流程"，其目标也可以包括"与设计软件进行集成"，但是"实现工艺文件编制的数字化和扩展三维设计系统的应用范围"这样的语言不应当包含在该信息系统目标设计中。

(5) 项目目标设计的时限性。

时限性就是指项目总是有时间限制的。除了持续建设的 IT 治理类和系统运维类项目外，项目目标的设计应当保证项目可以在合理的时间范围内完成。例如"完成企业所有业务部门的视频通话系统的实施"这样的项目目标对于大型集团企业就会非常棘手，因为大型集团企业除了拥有多达上百个的直属公司外，还存在着挂靠企业、研究院、合营公司和海外投资企业，并且这些企事业单位还可能会因为收购、重组和资产变卖等原因发生变动，这就会造成项目的时间无限期放大。可以将目标修改为"实现所有分、子公司级业务单元视频通话系统的实施"，由于这些单位数量有限且相对固定，就可以保证项目在可预期的时间范围内顺利交付。

总之，制定项目目标时，需要对项目的整个环境进行有效分析，包括外部环境、上层组织系统、市场情况、相关参与方、社会经济和政治/法律环境等，并对项目目标的具体内容和重要性进行表述，确认清楚，以便于对项目进行整体把握和后续工作的开展。

5.3.2 项目任务和范围

信息化从业者可能都会有这样的经历：在信息项目实施过程中，慢慢就会与其他信息化项目产生边界模糊的情况，而几方项目组要么谁也不愿意牵扯进这个模糊地带的功能实现，相互推诿，造成用户的需求没有真正满足；或者几方项目组都涉足这部分的功能开发，造成资源的浪费，也给用户的使用带来了困惑或不便，导致"重复录入"的现象发生。那么这里就涉及"项目任务和范围"的概念：项目中哪些该做，做到什么程度，哪些不该做，都是由"项目任务和范围"来决定的。我们必须从规划阶段就明确划分项目的边界，因为如果你允许项目边界和范围发生变化，那么它变化的速度将会远远超过你的想象和承受能力。

项目任务和范围是指为了成功达到项目的目标，所必须完成的工作。简单地说，项目任务和范围就是为项目确定一个界限，划定哪些方面是属于项目应该做的，哪些不应该包括在项目之内，从而定义项目的工作边界，细化项目的目标和主要的项目可交付成果。

在项目环境中，"项目任务和范围"（Tasks & Scope）包括两方面的含义，一是项目的任务或最终交付品，即项目结束时所交付的产品或服务应该包含的特征或功能；二是项目范围，即为交付具有规定特征和功能的产品或服务所必须完成的工作。在确定任务和范围时首先要确定项目最终产生的是什么，它具有哪些可清晰界定的特性。另外，要注意这些特性必须要清晰，以明确的形式表达出来，比如文字、图表或某种标准，利于被其他人理解，绝不能含含糊糊、模棱两可。

准确地界定项目任务和范围对下一步的项目可行性研究和项目实施非常重要。如果项目的任务和范围确定得不好，有可能造成项目与已建设项目冲突而无法立项，或者立项后也会使不同各方对最终项目的边界产生分歧，加大项目的不确定性。因为如果项目任务和范围确定的不好就会导致意外的变更，从而打乱项目的进展节奏，造成返工，延长项目完成时间，降低劳动生产率，影响相关人员的积极性。

项目任务和范围设计要以项目目标、项目原始需求、项目制约因素及假设前提为依据，同时充分运用在项目形成阶段完成的项目改进措施为基础来设计。除此之外，还可以依据以下几个方面的内容。

(1) 最佳实践的参考：国内外同行业或其他行业类似项目的建设成功或失败经验，特别是经验教训,也应在确定项目任务和范围时考虑。

(2)供应商的解决方案:可以参考流行的供应商解决方案,因为这些解决方案都有着成功案例可以参考,因此可以规避风险。

(3)相关领域的研究材料:项目所在领域的研究论文和学术成果,因为这些成果代表着该领域未来的发展方向。

项目任务和范围的定义是一个由一般到具体、层层深入的过程。即使一个项目可能是由一个单一交付目标组成的,也可以被逐层分解,因为交付物本身又包含一系列要素,有其各自的组成部分,每个组成部分又有其各自独立的任务和范围。例如,一个帮助热线系统可能包含硬件、软件、培训及安装配置4个组成部分。其中,硬件和软件是具体产品,而培训和安装实施则是服务,具体产品和服务形成了帮助热线系统这一项目交付品的整体。如果项目是为用户开发一个新的帮助热线平台,要定义这个项目的任务和范围,首先要确定这个帮助热线平台应具备哪些功能,定义产品规范,然后具体定义系统平台的各组成部分的功能和服务要求,最后明确项目需要做些什么才能实现这些功能和特征。

5.3.3 项目参与方

项目参与方(Parties)即参与项目的相关单位或部门,是指积极参与项目,或对项目结果有直接或间接影响的组织和团体。大型复杂的项目往往有多方面的人参与,例如建设单位、投资单位、业务管理单位、供应商、实施单位、咨询顾问等。他们一般是通过合同和协议联系在一起,共同参与项目。所以项目参与方往往就是相应的合同当事人。项目不同的参与方对项目有不同的期望和需求,他们关注的目标和重点各有侧重点。例如,业务管理单位也许十分在意项目影响范围和项目建设效果,建设单位往往更注重时间进度、成本费用的控制等,实施单位则更关注合作关系的建立、自身盈利等。

在项目中不同的参与方扮演不同的角色,从不同的角度对项目产生着影响。以下对主要的项目参与方,即业务管理单位、建设单位、实施单位各自对项目的关注予以简要说明。

5.3.3.1 业务管理单位在项目中的角色

业务管理单位是指项目最终成果的接收者和经营者,主要负责项目的协调、监督和控制,对项目的影响主要是在项目启动、项目需求调研、项目设计、项目上线等里程碑项目交付品的确认和验收,并将项目最终成果投入运行和经营。虽然业务管理单位在项目进行过程中属于辅助角色,但业务管理单位为了真正取得期望的收益,会对项目的整个生命期进行全程的监督和控制。

5.3.3.2 建设单位在项目中的角色

建设单位是项目承办者,是项目的主要承包商,负责项目的各阶段工作进展。在项目质量和项目最终验收方面,建设单位负有最大的责任。建设单位的主要职责包括进行项目可行性研究,或审查受委托的咨询公司提交的可行性研究报告;保证项目顺利立项;满足业务管理单位的项目需求;组织项目实施;进行包括进度控制、成本控制和质量控制等项目管理工作;接受和配合业务管理单位对项目实施阶段的监控;进行项目的验收准备、项目汇报和其他收尾工作;与项目的各参与方进行沟通和协调。在必要时,建设单位也可以聘请外部的管理公司作为他的代理人对项目进行管理。

5.3.3.3 实施单位在项目中的角色

实施单位则是项目的具体执行者,他们是建设单位的委托单位,在项目中主要是根据委托内容提供项目人员、项目管理或知识、培训等项目服务内容，或其他相应的管理工作。实施单位可以是企业内部的，也可以是外部的。无论哪种情况，实施者都要接受业务管理单位和建设单位的监督和管理，与建设单位保持紧密的沟通和配合。如果实施单位在企业组织外部，为取得项目实施任务，他还要参与建设单位的采购过程（如投标、谈判等）。

在项目设计阶段，究竟如何识别项目的参与方没有一个可循的公式，一般方法是在充分考虑项目原始需求的来源、组织结构的特点、企业特点、项目的特点和项目所处的环境等因素的条件下，通过与潜在项目相关利益方的不断沟通协调来完成。

识别项目参与方是项目规划的必要的工作，因为项目参与方是未来项目组织结构的主要构成者，是未来对项目有着决定性影响的利益团体，所以要引起特别重视。

5.3.4 项目实施方法

项目实施方法是指在项目开展之前对项目实施的路线、策略的选择。不少企业在信息化建设进程中，逐步摸索并形成了一些科学、有效、成功的实施方法，如：严格按照信息技术总体规划持续推进信息系统建设；采取集中统一的信息系统建设模式；坚持国际合作，引进先进管理思想、理念和方法；做好项目的可行性研究和前期交流；通过招标选择合作伙伴；把握"二八法则"，突出重点；起步要小，扩展要快；选好选准项目试点单位，先试点、后推广；系统尽可能集中部署，标准化实施，采用成熟软件，尽可能减少客户化开发；建立科学完善的信息化组织管理体系，业务部门和信息部门在项目组织中密切合作；用科学的项目管理方法加强信息化项目实施管理；信息化项目实施团队要负责项目建成后的运维和技术支持；高度重视项目实施全过程中的队伍培养、知识转移和技术创新；全员动员，创造良好的信息化建设环境和氛围等。这些策略有效地降低了信息化项目实施风险，加快了实施进度，提高了建设成效。

下面通过一个通用的企业信息化项目实施与管理的方法论来介绍项目实施方法，如图5-8所示的项目实施管理模型，其涵盖的核心思想是：合理的项目阶段划分，严格的关键环节管控，科学的项目组织架构，充分的沟通协调与合作，及时的项目知识转移和用户培训。需要指出的是，不同类型的信息化项目，实施的内容和阶段有所不同，管理也因之有一定的差别。

该项目实施与管理方法模型可以简略概括为：

4类项目，即基础设施建设项目（包括基础应用项目），综合管理系统项目，专业应用项目，总体规划、项目可研、组织保障类项目；

7个项目阶段，即项目准备、项目启动、现状调研与需求分析、系统设计、系统配置与测试、数据准备与用户培训、系统上线等；

5个项目里程碑，即召开项目启动会议，确定系统设计方案，系统集成验收，系统上线仪式举行，项目通过竣工验收等；

4个控制关键点，即项目范围、项目进度、项目质量、项目成本等；

3个紧密结合，即实现信息部门与业务部门、企业总部与所属单位、内部队伍与外部队伍的紧密结合；

3×2层级的项目组织，即项目指导委员会、项目经理部、项目实施组3个层次的项目组织，并根据项目范围等实际需要，在企业和所属实施单位设立两级3个层次的项目组织。

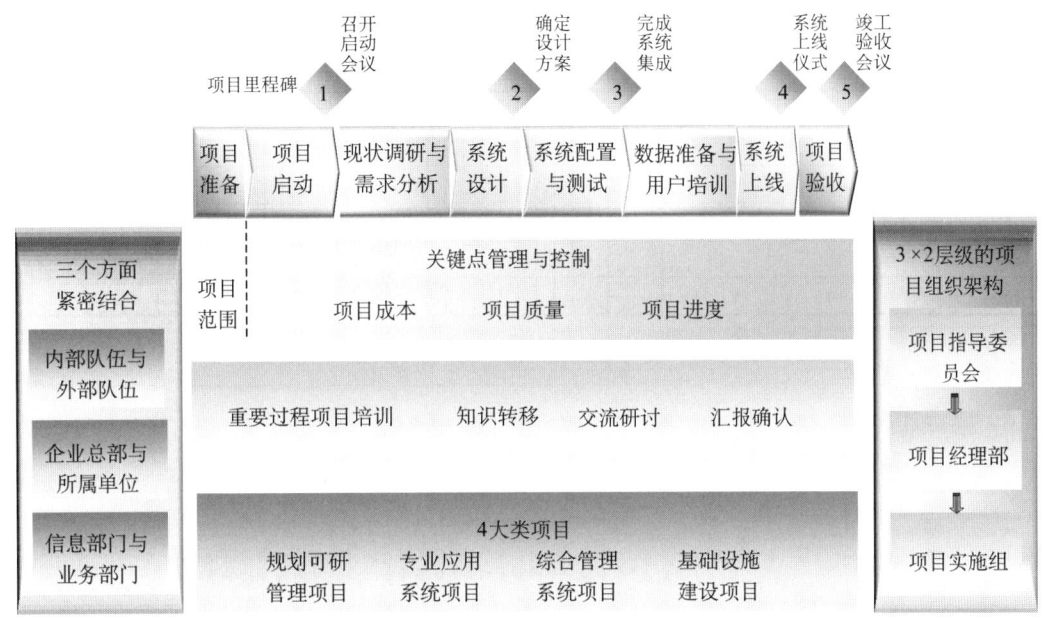

图 5-8 企业信息化项目实施与管理方法模型

另外,对于一些重要项目,项目培训、阶段研讨、知识转移、汇报确认贯穿项目实施全过程。

最后,实施方法无所谓好坏,关键是根据项目技术成熟度、项目特征和项目规模,综合各策略的优势与风险选择恰当的实施方案。

5.3.5 项目计划

编制一个合理的计划是项目成功的前提。项目计划是表达项目中各项工作、工序的开展顺序、开始及完成时间及其相互衔接关系的计划。通过项目进度计划的编制,使项目实施形成一个有机整体。当然,计划的制订本身是一个循序渐进的过程,规划项目计划的编制是项目计划的第一版,在可行性研究和项目实施中还要进行项目计划的不断完善、不断细化和不断调整。

项目进度计划制定指根据项目活动定义、项目活动排序、项目活动工期和所需资源配置,平衡编制项目进度计划的工作。项目进度计划制定的方法有甘特图法、关键路径法(CPM)、图解评审法(GERT)、决策关键路径法(DCPM)等。

下面介绍一个企业的身份管理与认证项目计划编排示例,项目活动分为 5 个,分别是现状调研与分析阶段、设计阶段、平台建设与应用试点阶段、一期推广和二期推广,并对每个阶段的项目任务进行了说明,如图 5-9 所示。由于是规划阶段,所以项目任务还比较简单,会在将来的可行性研究与项目实施阶段中对该计划进行细化。

5.3.6 项目人力资源需求

项目人力资源的形成是通过人力资源规划,确定项目人员来源、组成、人数等,并制定人力资源需求计划。项目人员来源于企业内部和企业外部,而企业内部人员又包括业务人员和信息技术人员等,这些人员来源都需要考虑。

项目及实施阶段	第一年 1 2 3 4 5 6 7 8 9 10 11 12	第二年 1 2 3 4 5 6 7 8 9 10 11 12	第三年 1 2 3 4 5 6 7 8 9 10 11 12
身份管理与认证项目			
阶段1. 现状调研与分析阶段			
阶段2. 设计阶段			
阶段3. 平台建设与应用试点阶段			
阶段4. 一期推广			
阶段5. 二期推广			

1. 现状调研分析	2. 设计	3. 平台建设与试点应用	4. 一期推广	5. 二期推广
• 调研信息系统的用户身份管理与技术现状，主要调研方法包括： 　• 信息安全总体规划的调研问卷分析 　• 风险评估结果分析 　• 与相关部门访谈 　• 审阅制度、标准文档 　• 与相关项目组座谈 • 调研国内外身份管理与认证应用最佳实践 • 确定项目愿景和战略目标	• 分析现状与最佳实践的差距，确定功能需求 • 设计身份信任体系 • 设计身份管理与认证流程，制定规范 • 设计技术架构，包括PKI和身份管理与认证平台 • 进行产品选型 • 进行架构的详细设计以及身份信息的数据设计	• 进行身份管理与认证流程的风险评估 • 身份管理与认证的业务案例 • 进行试点项目的详细规划 • 建立公共密钥体系基础设施 • 建立统一的集中身份管理平台 • 在试点单位分布式部署认证平台 • 选取总部统一建设的5个系统作为试点，实现试点系统与集中身份管理平台、统一认证平台集成 • 开展证书登记中心（RA）的试点运行工作，并发放数字证书	• 选取区域中心作为推广对象，建立区域中心的证书登记中心 • 将平台与总部统推的在建应用系统进行集成 • 提供平台对总部统推在建应用系统的集成支持 • 在信息化建设过程中推广集中身份管理与统一认证服务	• 选取主要地区/专业公司作为推广对象，进行平台与推广单位部署的总部统推应用系统的集成 • 提供对总部统推在建应用系统的集成支持 • 在信息化建设过程中推广集中身份管理与统一认证服务

图 5-9　企业信息化项目进度计划示例

人力资源是项目的主要执行者，也是项目开展所需知识和技能的载体。在制定人力资源需求计划时，需要综合衡量人员的成本、生产效率和利用率。对各种岗位人员的能力要求要针对岗位的需求来制定，人员的要求不要过高，以保证刚好适合岗位的要求为宜，太高的话会提高人力成本，低了又不能满足项目的要求。

由于项目的临时性以及对知识的依赖性，期望企业在项目实施中完全依靠自身信息化部门人员的想法是不现实的，通常会引入外部咨询公司、外部顾问/专家或软硬件供应商的服务部门以提供相应的咨询服务，称之为外部人力或第三方人力。在规划时需要将这部分人力资源需求也纳入项目设计的范畴之内，同时按照项目性质和规模估算需要使用的人力、技能岗位和技能需求。最后，人力资源所需的费用则纳入项目投资需求设计中。表5-3归纳出实施队伍中内外部人力资源不同组成形式的优劣势比较，供读者参考。

表 5-3　外部人力和内部人力资源比较

	实施队伍 1 外部力量为主	实施队伍 2 内部力量为主	实施队伍 3 内外部力量相结合
优势	力量集中于企业核心业务； 能够借鉴先进的实施经验和项目管理经验； 较高的质量； 最节省实施时间	实施自身优势系统时最节省费用； 更容易满足企业自身业务需求	实施复杂系统时节省费用； 更容易满足企业自身业务需求； 能够借鉴先进的实施经验和项目管理经验； 较节省实施时间
劣势	实施力量来自外部，特别是来自国外时，费用通常较昂贵； 满足企业特定业务需求的局限性	缺乏经验，对于复杂系统很难保证效果； 对于复杂系统需要较长的实施时间； 人员培训、保留与发展问题	人员培训、保留与发展问题

在制定人力资源需求计划的时候需要注意相关人员进入项目的时间。在信息化项目的早期，以项目经理和系统分析师为主，进行项目计划、用户接洽和需求分析等前期工作。进入设计阶段后，以系统架构师和系统设计师的工作为主。实施阶段则以设计人员、实施人员和测试人员为主。在系统部署和试运行阶段则以系统工程师和售后工程师工作为主。在整个项目过程中，项目的管理人员是一直持续的，制定人力资源需求时要综合以上各种主要因素对各个项目阶段的人员技能和数量进行估算。

下面给出一个实际的项目人力资源需求列表示例。从表5-4可以看出，来自于业务部门、信息部门和第三方的人力资源需求已经按照项目阶段进行了分析，并且人员岗位也按照项目阶段在备注栏予以明确，因此可以给予后面项目可行性研究非常好的指导意义。

表5-4 项目人力资源需求计划示例

序号	项目阶段	业务用户	信息部门	第三方	总数	备注
1	项目准备	3	4	3	10	
2	项目启动	4	5	4	13	需要两位业务部门领导参加
3	现状调研与需求分析	6	6	5	17	从本阶段开始需要2位固定的业务协调员全程参与项目
4	系统设计	5	8	8	21	需要2位业务专家和5位功能模块的专家
5	系统配置与测试	4	10	10	24	需要4位来自于软件供应商的人提供软件培训
6	数据准备与用户培训	4	8	6	18	
7	系统上线	3	6	4	13	

5.3.7 项目成本

项目成本是因为项目而发生的各种资源耗费的货币体现，有时也被称为项目费用。项目成本包括项目生命周期每一阶段的资源耗费，其基本要素有人力资源费、软件使用许可费、新硬件设备购买费、咨询费、软硬件更新费用、安全费用和其他费用等。项目成本的影响因素有项目的范围、质量、工期、资源数量及其价格、市场水平等。

成本估算是对完成项目各项任务所需资源的成本所进行的近似估算。项目成本估算是根据项目资源计划以及各种资源的价格信息，粗略地估算和确定项目各项活动的成本及其项目总成本的项目管理活动。

下面给出一般信息化项目的成本估算内容，供读者参考。投资编制可以参考行业标准，其编制范围基本可以分为工程费用、其他费用和预备费用等。

（1）工程费用。

工程费用一般分为硬件费用、软件费用、咨询费用和内部支持费用等。

①硬件费用：一般其测算标准为招标入围厂商或合作伙伴厂商同型号同配置的设备报价。硬件费用包括服务器、存储设备、终端设备和网络端口设备等费用的估算。硬件报价根据行业经验，一般基于免费保修服务年限为五年。

②软件投资：范围包括应用软件、数据库软件和需额外购买的系统软件费用的估算。软件报价应包括软件许可证购置费用（包括升级服务和技术支持）。

③咨询服务费：即第三方咨询单位的顾问咨询费，根据顾问人数和单价进行估算。对于咨询服务费用，既可以分顾问级别分别进行估算，也可以按照顾问平均价格进行估算。

④内部支持费用：范围包括内部支持单位人员费用、差旅费用、内部支持技术培训费用、资料费用、上交单位管理费、项目配合费用等。

（2）其他费用。

其他费用分为：会议费、培训费用、可行性研究及评审费等。

①会议费：按照会议规模和会议次数进行估算。同样既可以分会议规模，按照特大型会议（参会人数超过 100 人）、大型会议（参会人数超过 60 人）、中型会议（参会人数超过 40 人）和小型会议（参会人数低于 40 人）级别分别进行估算，也可以按照会议平均费用进行估算。各企业都有自己的会议费用标准。

②培训费：软件培训、内部支持人员培训和关键用户培训所需费用。软件培训按厂商报价测算。

③项目前期研究费用：是指在建设项目前期工作中，项目先期研究报告、可行性研究报告等相关的编制、评审和验收费用。

④其他费用：按照项目的不同产生的特定成本，例如数据中心建设项目可能会包括数据中心所需建筑工程成本、用地成本等，而对于已经完成的信息技术项目，随着企业发生的重组扩张和业务经营发生的转变，则可能产生包括新资产新机构的扩展实施、新增业务建设成本、硬件更新、系统提升、接口范围扩展完善、新技术新应用建设在内的追加投资。对于涉及国家机密的企业，信息安全建设的投资也需要考虑。

（3）预备费用。

预备费用即不可预见费用，或称之为风险成本，一般按工程费用和其他费用两项之和的固定比例得出。

5.3.8 项目设计案例

某大型企业（简称 H 公司）已初步完成了信息安全标准的制定，下一步的重点是根据上市公司总体控制的要求，在保持原有信息安全体系框架下，对技术标准进行必要的修订，并完善信息安全在政策、组织和管理方面的规定。H 公司已经在总体规划中安排了信息安全标准修订项目，并对该项目进行了规划设计。

5.3.8.1 项目目标

根据现有的企业安全标准化情况，H 公司明确了其信息安全标准修订项目主要是三方面的工作，分别是：

（1）分析现有的信息安全标准是否能满足上市公司总体控制的要求，对不满足的地方做必要的调整和修改。

（2）根据总体控制的要求，补充、完善信息安全在政策、组织和管理方面的规定。

（3）制定相关的文档模板，明确相关工作包实施团队、相关部门和人员如何根据信息安全的规定进行管理和控制。

以上三方面工作的目标非常明确，并且规定了项目范围是在现有标准、政策、组织和管理规定以及文档模板方面，对于项目交付条件也指明了是调整、修改、完善和制定等方面的工作，符合项目设计的 SMART 原则。

5.3.8.2 项目内容

信息安全标准修订项目的主要工作内容至少应包括:

(1) 了解企业现有的信息安全标准规范的详细内容。

(2) 了解相关法律法规对上市公司总体控制在信息安全方面的要求和规定。

(3) 深入了解 ISO/IEC 17799 信息安全管理体系的内容和思想。

(4) 分析现有信息安全标准规范在满足上市公司总体控制方面存在的不足,并在 ISO/IEC17799 信息安全管理体系下,对相关内容进行调整和修改。

(5) 根据总体控制的要求,按照 ISO/IEC 17799 信息安全管理体系,补充、完善信息安全在政策、组织和管理方面的规定。

(6) 制定相应的文档模板,明确相关部门和人员如何根据信息安全的规定进行管理和控制,以达到上市公司总体控制的要求。

(7) 组织相应培训,对标准进行宣传和推广。

在项目内容上该设计对项目目标进行了细化,明确了各目标所需要完成的工作,特别是指出了项目涉及的安全标准范围。总体上看,该项目范围明确规定了需要完成的工作,可以作为一个独立的项目进行可行性研究、招标和实施。

5.3.8.3 项目组织范围

由于信息安全标准规范的特殊性,其组织范围将覆盖 H 公司所有业务部门和各信息化项目经理部。

5.3.8.4 项目参与方

项目参与方包括:业务管理单位是信息管理部门,建设单位是信息标准部门,实施单位是第三方咨询公司等。

5.3.8.5 项目实施条件

目前 H 公司为满足上市公司总体控制的要求,需要对相关的规定进行完善和调整。同时,在设计时考虑到 H 公司还需要对"应用系统实施过程"以及"应用系统运行管理"制定规范,以满足总体控制要求。根据以上两个相关项目的结果,进一步确定信息安全标准需要修订和调整的内容,从而尽快启动信息安全标准修订项目。

5.3.8.6 项目计划

类比国外相关项目经验,制定出信息安全标准修订项目的实施预计需要 2 个月,标准编制完成后的试运行与完善时间需 3 个月,初步的时间进度安排见表 5-5。

表 5-5 信息安全标准修订项目时间进度表

阶段	时间(月)							
	1	2	3	4	5	6	7	8
现状调研	■							
分析设计		■						
编制与审核			■					
试运行与完善			■	■	■			

5.3.8.7 项目资源需求

对比国内同类型企业相关项目,在项目人员需求方面,项目团队成员主要包括信息标

准部门人员和技术人员,建议其构成如下:
(1)信息标准部门:是本项目的协调人员,提供标准制定的流程和方法,确保项目实施过程符合这些流程和方法。
(2)信息技术人员:要求熟悉现有信息安全标准、熟悉现有信息安全的相关规定的人员参与,分析这些规定是否符合上市公司总体控制的要求。
(3)第三方资源:可以考虑第三方资源的参与,重点提供 ISO/IEC 17799 信息安全管理体系,并根据该体系,结合上市公司总体控制的要求,对相关标准进行调整和完善。

初步估算的人员需求见表 5-6,项目费用估算见表 5-7。

表 5-6 信息安全标准修订项目人员需求表

阶段	人员需求(人)			
	IT 人员	业务人员	第三方资源	总计
现状调研	5		3	8
分析设计	5		3	8
编制与审核	5		3	8
专家评审	5		3	8
试运行与完善	1*			1

注:* 表示信息标准部门人员对标准的试运行与完善进行支持,可以不必全时投入。

表 5-7 信息安全标准修订项目费用估算表   单位:万元

阶段	持续时间	内部人员	第三方	硬件	软件	合计
标准编制费	—	—	—			
现状调研	1 月	15	45	—	—	60
分析设计	0.5 月	7.5	22.5			30
编制与审核	0.5 月	7.5	22.5			30
专家评审费	—					5
培训费	200 人天	—				16
不可预见费	—	—	—			11
总计						152

5.3.8.8 项目其他说明

项目的重点在于深入研究上市公司总体控制对信息安全的规定和要求,并根据 ISO/IEC 17799 信息安全管理体系对现有标准进行必要的调整和完善,这也是项目的难点。

5.4 信息技术总体规划整体实施计划安排

在项目设计内容中,所有的项目都提出了各自的资源需求,而这些资源是需要共享组织的,因此需要进行项目之间的资源调配,合理安排各项目的实施规划,进行项目的风险分析和投资效益分析,这也称为信息化项目实施计划安排。

信息化项目实施计划安排是指为了实现组织的战略目标和利益,而对所有项目进行的统一协调管理。同单个项目设计相比,实施计划安排与设计更多地强调为实现项目群的战略目标与利益,而对所有项目进行的统一协调管理。

5.4.1 实施计划制定策略

信息技术总体规划项目群将涉及整个企业横向、纵向服务和经营管理的各个方面。在对每一个项目进行单独设计的基础上,如何利用有限的人力、时间、财力资源,合理、有效地在规定的时间内分批分段逐步实施而保证资源能够最大化地利用,且投入的资源能够最快地给企业带来既得的收益,是总体规划需要解决的重要问题之一。

根据企业实际情况,制定科学、合理的实施策略,是信息技术总体规划得以成功实施的重要保证。根据行业项目经验,一般将业务紧迫性与收益、实施难度、系统间的依赖关系和资源需求四个方面作为项目实施计划制定的考虑因素,如图 5-10 和表 5-8 所示。

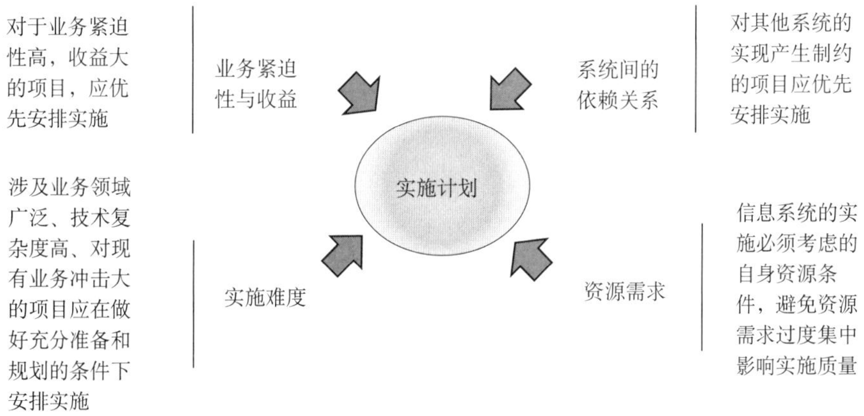

图 5-10 项目群实施计划的考虑因素

表 5-8 项目群实施计划制定的考虑因素说明

实施计划的考虑因素	具体说明
业务紧迫性与收益	对于业务紧迫性高,收益大的项目,应优先安排实施。为了能够将有限的资金和人力资源投入,最快也最大程度地获取所带来的收益,应当优先考虑实施起到支持企业主要业务并且符合企业业务战略发展目标的相关业务信息系统
系统间的依赖关系	信息化实施涉及系统纷繁复杂,各个应用系统之间存在着依赖的关系。项目实施计划受到此系统依赖关系的制约和影响,因此对其他系统的实现产生制约的项目应优先安排实施,在实施的过程中应该考虑可能的过渡方案
实施难度	为了提高项目的实施成功率,在系统实施计划的考虑中,需要充分考虑实施的技术以及业务的准备程度以及系统实施的风险和技术难度等一系列会给项目带来实施难度的因素。对于涉及业务领域广泛、技术复杂度高、对现有业务冲击大的项目应在做好充分准备和规划,取得其他项目实施经验的条件下安排实施。通过由浅入深、以点带面的实施策略,利用切入点的项目实施作为后续项目的积累经验
资源需求	根据业务部门自身的情况不同,系统的实施计划将考虑企业所能提供的人力、物力、时间等资源,避免资源需求过度集中影响实施质量

5.4.1.1 业务紧迫度和重要性

重要性由项目支持的业务在企业的地位和对其他业务作用大小、项目实施后所能获得的 IT 能力决定。紧迫性由项目实施后所能缩小的关键差距、项目被其他项目依赖的程度、项目所解决的业务问题的紧迫程度决定。根据企业信息化现状与建设目标，对规划的信息化项目重要性和紧迫性进行汇总分析，经综合权衡比较，绘制出信息化项目优先级排列矩阵图。如图 5-11 所示，图中的字母和数字为项目的归类和类内编号，项目图例的大小则代表项目的战略意义。

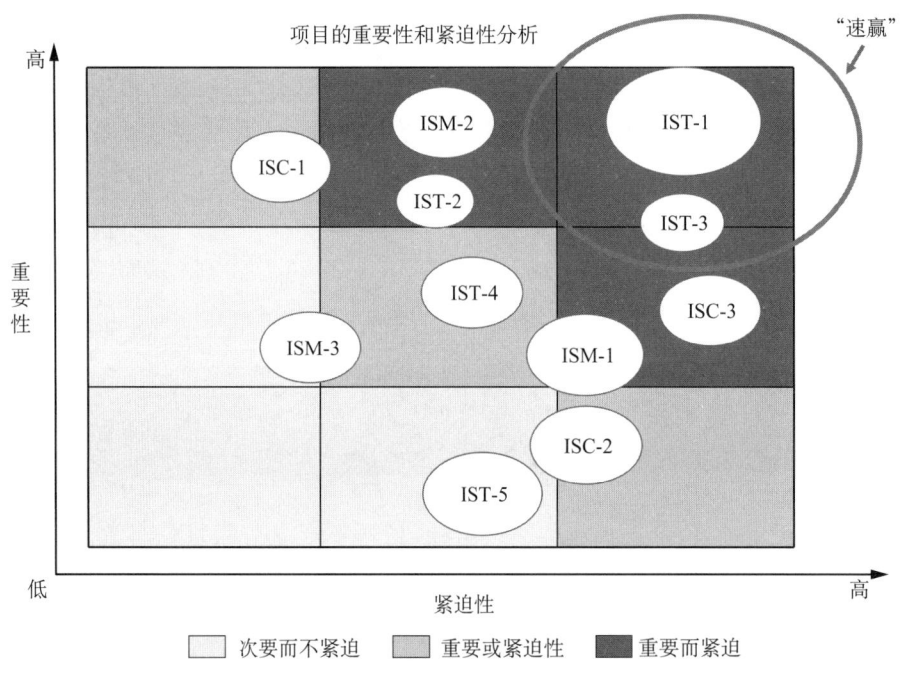

图 5-11 信息化项目业务紧迫度和重要性优先级排列矩阵图

图中右上角区域的项目称为"速赢"项目，即通过实施该部分项目，可以快速提升企业信息化水平，并且可以带来巨大的项目收益，是对实现企业信息化战略的实现有着"加速"效果的项目，因此是优先级比较高的项目。

另外，我们还需要将图 5-11 中的评价体系进行量化，以明确对项目进行排序；量化指标体系可以参考表 5-9。各具体指标权重设置的分配情况如下：

(1) 重要性占 50%，紧迫性占 30%，战略意义占 20%。
(2) 在三个细化指标中，项目对主营业务的支持是最重要的指标，权重为 20%，其次为项目紧迫性的两个指标，各占 15%。

表 5-9 信息化项目业务紧迫度和重要性排序评定体系示例

名 称	内 容	权 重
项目重要性	项目对主营业务的支持	20%
	项目对业务效率的提升和优化	10%
	项目对管控力度和精细化程度的提升	10%
	项目对管理决策的影响	10%

续表

名　称	内　容	权　重
项目的紧迫性	没有相关的应用系统在使用	15%
	应用系统不能满足业务的要求，已经阻碍业务处理和发展	15%
项目战略意义	项目对企业业务战略目标的达成	10%
	项目对企业形象的改善	10%

5.4.1.2 依赖关系

项目依赖关系在项目设计时候已经明确阐述。本部分将各个项目的依赖关系进行汇总，形成表5-10，用于总体分析。对于多个项目都依赖的项目，应在总体计划中考虑将其置于优先的顺序，而对依赖关系不多的项目，在项目计划制定时只需进行微调即可。

表5-10　信息化项目间依赖关系分析汇总

项目类别	项目名称	是否依赖于其他项目	所依赖项目编号	依赖关系分析
管理项目	ISM-1 信息安全组织完善	是	ISM-3、ISC-1 ISC-2、ISC-3 IST-3、IST-4 IST-5	本项目包括了共享信息安全技术服务中心的建设，该中心各信息安全技术服务团队的建设基于风险评估能力建设等7个相关项目的实施，因此本项目依赖于这些相关项目
	ISM-2 信息安全运行能力建设	否	—	—
	ISM-3 风险评估能力建设	否	—	—

项目依赖关系除了通过表5-10的形式，也可通过图5-12所示案例的项目依赖关系综合展示图来表示。该图中项目分为管理应用、专业应用、基础架构、IT管理和其他项目等5个层次的项目来进行展示。从图中可以方便地看出，最下层的自动化改造、基建工程和业务流程梳理与准备等配套设施项目处于最高优先级，因此在项目开展前应该确保这些配套设施建设已经完成。IT管理和基础设施类项目优先级其次。管理应用和专业应用类项目按照从左往右的顺序优先级递减。所以在项目计划制定时，应当优先考虑IT管理类项目和基础设施类项目，其次在管理应用和专业应用方面，应当考虑优先开展ERP项目、MES（生产运行系统）项目和零售管理系统等位于左边的信息系统项目，然后再陆续进行其他项目。

5.4.1.3 实施难度

实施难度主要包括业务改造难度、技术实现难度、推广及数据准备难度等方面，如图5-13所示。要根据规划现状调研的成果，针对企业各部门的信息化现状（包括系统应用范围、应用系统集成、基础设施完备性、IT人员配置、业务支持程度和信息应用水平）、相关案例的研究和专家经验等几方面分析，判断项目可能的实施难度。对于分析结果要给出相应的解释说明，以利于最后的计划统一协调。

表5-11所示是对项目实施难度排序的示例。示例中对于难度分类按照技术实现难度、数据准备难度、推广难度和业务难度4类来进行，分别以高中低来表示。技术实现难度是

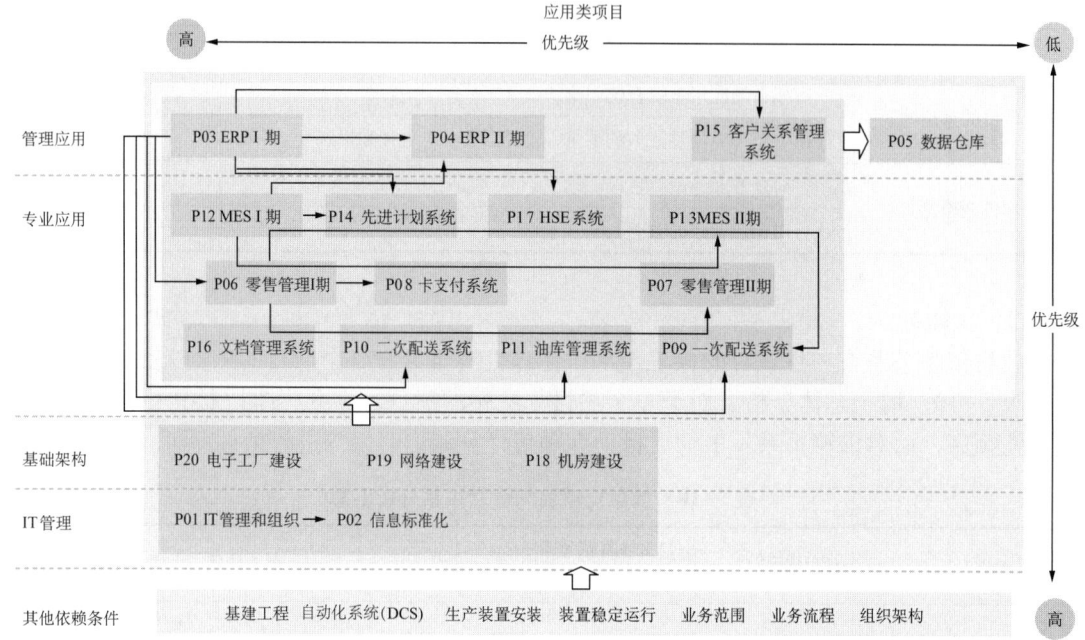

图 5-12 项目依赖关系综合展示

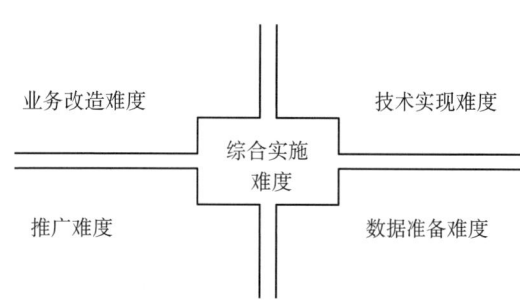

图 5-13 项目实施难度考虑因素

指实现该项目目标的技术难易程度，如果该项目所需要的相关技术较为成熟，相关项目经验的技术人员较多，技术实现难度就不会太高。数据准备难度是指该项目对业务原始数据的要求程度，如果对数据要求较为严格，该项就较难满足。推广难度是指假设系统向其他单位进行推广，不同单位间业务的相似程度越高越容易推广。业务难度是指项目所覆盖业务的复杂程度，业务越复杂，则对实施的要求也越高。最后，对各项难度进行汇总打分，难度高为3分，中为2分，低为1分。

表 5-11 信息化项目实施难度排序示例

子系统	技术实现难度	数据准备难度	推广难度	业务难度	解释说明	实施难度总评
B1 生产制造执行系统	中	中	低	中	制造执行系统国内外应用案例较多，相关知识背景人才也较充裕，但是对相关业务有一定的要求	7
B2 实验室信息管理	中	高	低	中	实验室管理信息涉及的化验品种多、业务审批流程较复杂，涉及的部门很少	8
B3 生产计划优化	高	高	低	中	生产计划优化通过利用数学模型指导企业进行生产计划制定，因此其对技术和数据都有较高的要求	9
B3 生产指挥中心	高	高	低	高	生产指挥中心是对企业多部门、多业务数据的查询和综合分析，其技术、数据、业务上难度都很高	10
B4 能源管理	高	高	中	高	能源管理的平衡计算和优化涉及的技术和业务较复杂，难度高。数据量和推广难度较高	11

表 5-11 中，生产制造执行系统的实施难度最低，应该优先实施，而能源管理技术实现、数据准备和业务难度均比较复杂，因此应该考虑在条件成熟的情况下再开展，所以在项目计划中应考虑将其放在比较靠后的位置上。

5.4.2 实施计划制定

通过上述几方面的讨论，按照如下关键指导原则进行项目排序：

（1）速赢项目优先考虑：速赢项目是指那些建设难度较小同时又能给企业带来明显收益的项目。对这些项目的建设优先考虑，可以带动未来几年的 IT 建设活动，同时也可以使领导层坚定信息化建设的信心。

（2）基础类项目先行：基础类项目指对全盘信息化建设项目起到辅助作用和规范作用的项目。对这类基础项目的先行建设，可以说是为企业的信息化建设铺就坚实的基础。

（3）区分持续型和一次性建设项目：在各种不同的信息化建设项目中，有的是对于系统的一次性建设，而有些是需要持续建设，将这两类项目区分，可以实施不同的建设策略。

（4）着重考虑系统间依赖性：各类系统之间不是彼此独立的，它们彼此或强或弱都有着一些依赖性，在设计建设主计划时需要着重考虑那些依赖性较强的系统。

在制定主计划前需要首先确认项目间的依赖关系和优先级。如某些咨询类流程优化项目，应该在某类支持具体业务流程的系统项目之前进行；或者某类大型软件包系统实施之时，必须要考虑其模块与已有功能类似的单个系统之间替代或者接口关系。有的项目可能并行实施，有的可能需要先实施一个部分，需等到另一项目实施一段时间满足其前提条件后才可继续进行推广等。实施计划可以按照图 5-14 所示进行设计。

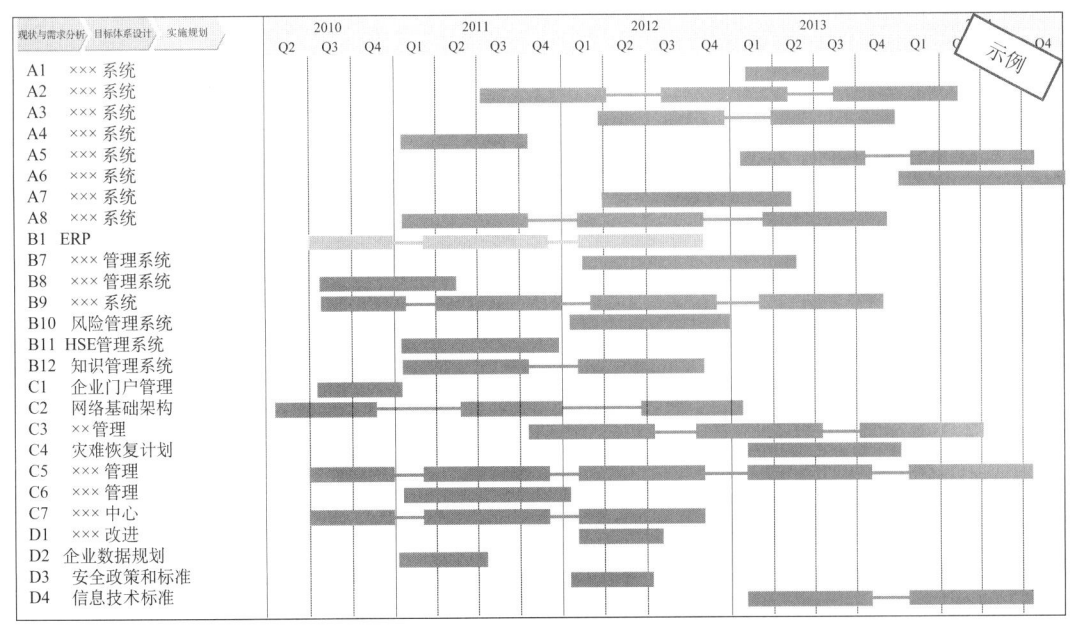

图 5-14 实施计划示例

基于项目实施计划，我们确定出整体信息化演进的路径，如图 5-15 所示。该演进路线在现状与目标之间按照年份划分成 3 个阶段，并将各年份所需要完成的信息化项目安置在恰当的位置，清晰勾勒出了企业通过每年的信息化建设逐步接近并达到信息化建设目标的演进路线和建设步骤，这也是一种较为新颖的规划项目计划展现方式。

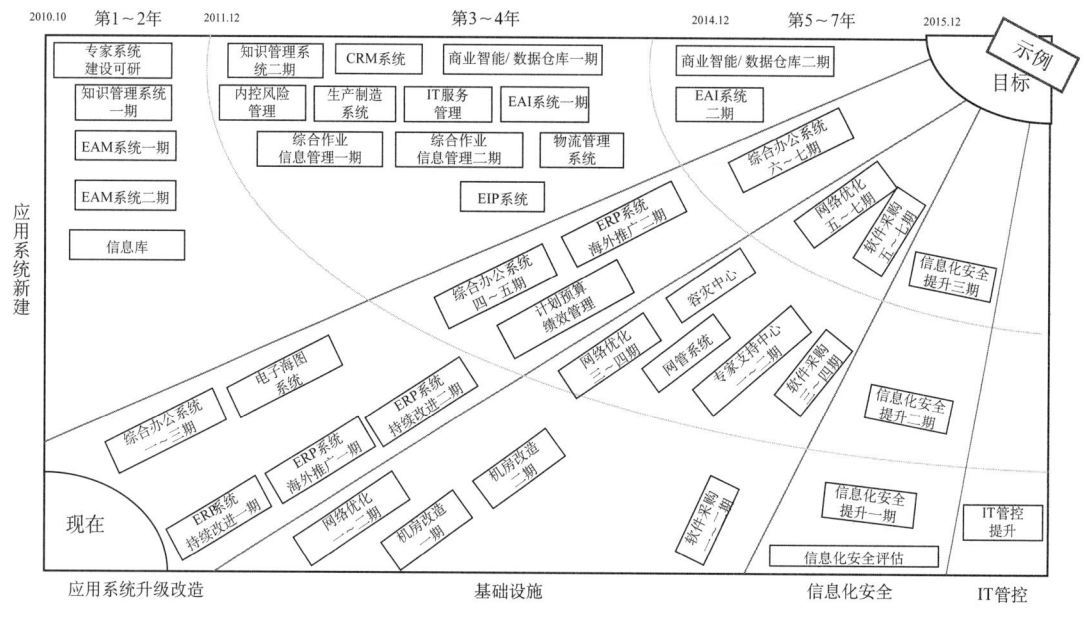

图 5-15　演进路线示例

5.4.3　人力资源需求计划制定

信息化建设投入的人力资源必须经过审慎的计算分配，以求在规划所设计的未来几年内充分保障各项目的顺利进行。一般来说，在制定项目总体人力资源需求计划时，除了汇总各项目人力资源需求并进行平衡来制定信息化项目建设人员需求外，还需要制定信息部门人力资源需求。

5.4.3.1　信息化项目建设人员需求

虽然各项目都进行了人力资源需求估算，但是企业内部信息技术人员和业务人员是有限的，所以需要在汇总时进行平衡。适当调整外部人力资源的比例。在前期考虑多引入外部力量，借鉴先进的实施经验和项目管理经验，在项目过程中通过"传帮带"逐步培养内部技术人员，在后期企业就可以更多依靠内部人员进行项目大规模推广。平衡内部实施队伍和第三方实施力量之间的人员比例则需要统一协调。最后，由于对各项目人力资源进行了总体平衡，所以本节内容可能会导致项目设计部分产生迭代工作，如图 5-16 所示。

5.4.3.2　信息部门人员需求

人力资源需求不仅要制定项目建设人员需求计划，企业的信息部门也需要制定本部门的人力资源需求计划。对于企业信息部门，并不是所有人员都会投入到项目实施当中，还有部分人员会对现有系统进行运维。所以规划时也要考虑企业内部运维人员和实施人员的比例。在项目建设初期，部分运维人员转变为实施人员，而在项目建设完成后，部分项目实施人员转变为运维人员。如图 5-17 所示，该企业信息部门在建设过程中，部门人员总数上保持在 600 人以下。

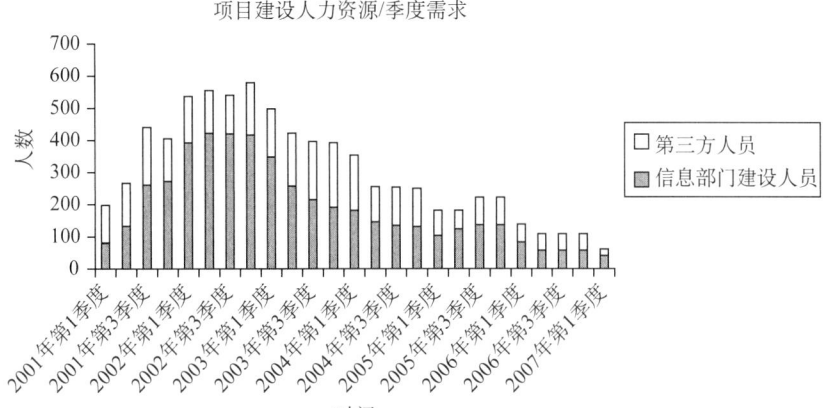

图 5-16 信息化项目建设人力资源需求按季度投入计划示意图

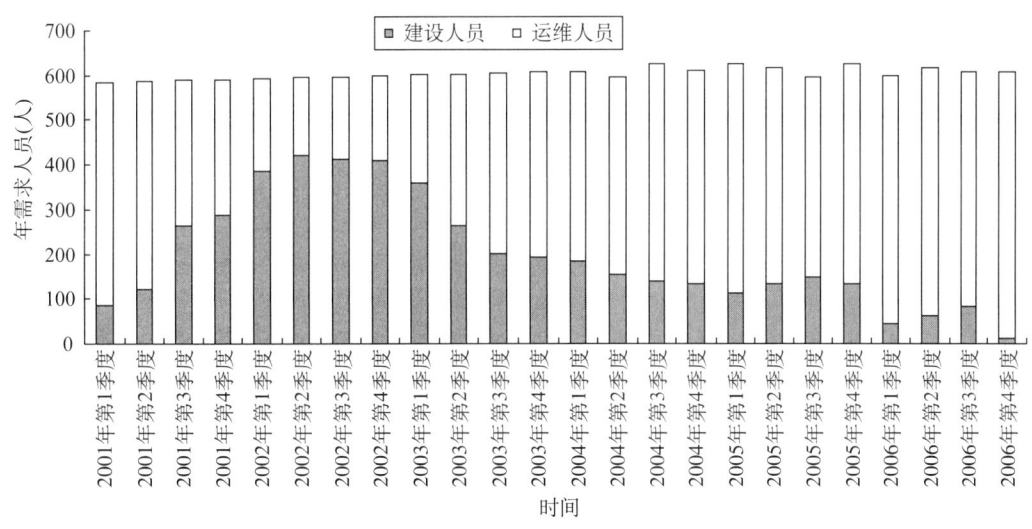

图 5-17 信息化部门人力资源按季度投入计划示意图

5.4.4 投资预算制定

本节需要对各项目投资进行汇总、统计和平衡，制定项目总体投资预算，其结果将递交企业财务部门或规划计划部门，作为企业未来的投资行动计划。同人力资源需求一样，总体投资预算需要在统计各项目单个预算的基础上，对各项目的投资进行统筹安排，也有可能会导致项目设计部分产生迭代工作。总体投资预算是信息技术总体规划最敏感的设计内容，相关方的利益在总体投资预算中都会有所体现。在资金投入充足的前提下，当然可以按照项目可以达到的最大收益进行预算编制，但通常信息化投资预算是有限的，如何将有限的投资进行合理安排，并获得最大的收益，是规划的核心思想所在，也是规划技巧堪比一门艺术的原因之一。

在制定总体预算平衡时，应该尊重、考虑利益相关方的利益。与利益相关方的沟通及其参与是编制高质量信息技术总体规划的重要保障。沟通的目的就是要使利益相关方充分了解情况，使得各方可以统一认识，为规划的执行铺平道路。

根据已掌握的情况看，无论单个项目投资如何分类，总体投资统计一般集中在软件、硬件、第三方、内部支持四个方面来对每个项目进行投资估算。硬件投资包括计算机硬件、网络硬件和广域网连接，软件包括应用软件的使用许可证费，第三方投资包括所有参与合作实施项目的外部单位人员所需费用，内部支持队伍费用主要是内部实施人员的成本，其他费用则根据其属性归并到这4类投资中。

投资按其性质一般分为统一建设投资，配套建设投资以及上线后系统的运行维护费用。这里请注意自动化投资和信息化投资的区别，并依据企业自身相关规定进行分类。

5.4.4.1 统一建设投资范围

（1）硬件：包括计算机硬件、网络硬件和广域网连接费用、数据中心或机房的土地购置及基建投资。

（2）软件：包括应用软件和软件应用工具的使用许可证费。

（3）咨询商：包括所有与公司合作实施项目的外部单位人员所需支付的费用。外部单位人员包括管理咨询、公司顾问、技术专家等。

（4）内部支持：包括集团公司内部支持队伍的成本和其他费用。

5.4.4.2 配套建设投资范围

（1）自动化采集与控制系统：如数据采集与监控系统（SCADA）、集散控制系统（DCS）、液位仪等系统。

（2）专业软件：如CAD、计算机辅助工程（CAE）、办公软件等软件。

（3）成员企业内部网络接入层及客户端硬件设备。

5.4.4.3 运行维护费用构成

（1）硬件维护成本一般为硬件成本的12%（不含折旧）。

（2）软件维护成本一般为软件成本的15%~20%（不含无形资产摊销）。

（3）基础设施运行维护成本一般为人员费、机房水电费和链路费等。

维护成本的具体数量需要根据采购的硬件、软件金额及具体比例计算得出。

最后按季度编制投入计划，分别示于表5-12和图5-18。

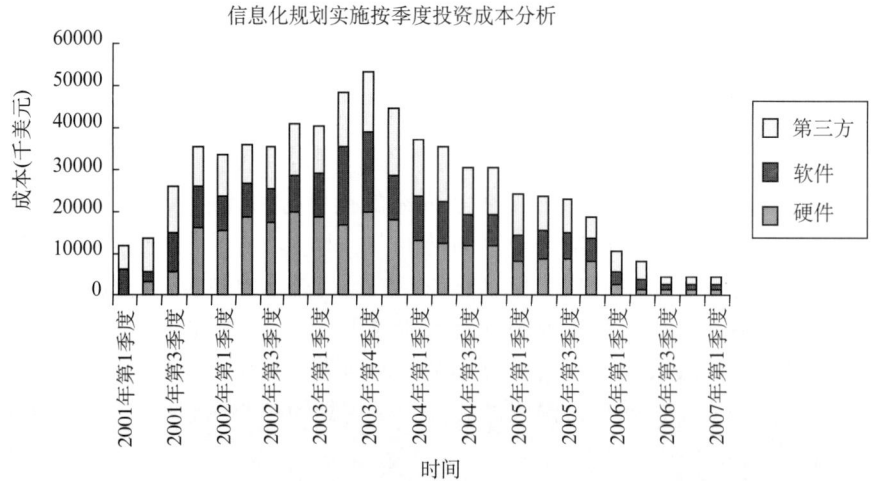

图5-18 信息技术总体规划实施按季度资金投入计划图

企业信息化领导小组负责对信息技术总体预算进行审查，并提交公司批准。

表 5-12 总体投资预算示例

项目名称	项目分期	硬件费用	软件费用	第三方咨询费用	项目管理费用	内部IT人员成本	项目建设费	合计
B01 专家系统建设可研	一期	￥0	￥0	￥6,237,000	￥935,550	￥540,000	￥7,712,550	￥7,712,550
E01 计划预算绩效管理	一期	￥0	￥1,500,000	￥3,675,000	￥776,250	￥225,000	￥6,176,250	￥6,176,250
E02 内控/风险管理系统	一期	￥2,000,000	￥2,000,000	￥5,292,000	￥1,393,800	￥270,000	￥10,955,800	￥10,955,800
E03 商业智能数据仓库	一期	￥2,000,000	￥1,500,000	￥3,150,000	￥472,500	￥135,000	￥3,757,500	￥23,640,500
	二期	￥3,000,000	￥1,500,000	￥6,615,000	￥1,517,250	￥405,000	￥12,037,250	
	三期	￥3,000,000	￥1,500,000	￥2,205,000	￥1,005,750	￥135,000	￥7,845,750	
F01 CRM系统	一期	￥2,000,000	￥3,000,000	￥3,528,000	￥1,279,200	￥360,000	￥10,167,200	￥10,167,200
F02 生产制造系统	一期	￥2,000,000	￥2,500,000	￥5,292,000	￥1,468,800	￥450,000	￥11,710,800	￥11,710,800
F03 电子海图系统	一期	￥0	￥500,000	￥588,000	￥163,200	￥30,000	￥1,281,200	￥1,281,200
F04 海底信息库系统	一期	￥3,000,000	￥1,500,000	￥2,646,000	￥1,071,900	￥180,000	￥8,397,900	￥8,397,900
F05 综合作业信息管理	一期	￥0	￥1,000,000	￥2,646,000	￥396,900	￥180,000	￥3,222,900	￥20,534,500
	二期	￥1,000,000	￥1,000,000	￥10,584,000	￥2,187,600	￥540,000	￥17,311,600	
G01 物流管理系统	一期	￥0	￥0	￥882,000	￥432,300	￥45,000	￥3,359,300	￥3,359,300
G02 ERP系统持续改进	一期	￥0	￥0	￥3,528,000	￥529,200	￥180,000	￥4,237,200	￥12,711,600
	二期	￥0	￥0	￥7,056,000	￥1,058,400	￥360,000	￥8,474,400	
G03 ERP海外推广项目	一期	￥0	￥2,100,000	￥1,820,000	￥588,000	￥90,000	￥4,598,000	￥9,196,000
	二期	￥0	￥2,100,000	￥1,820,000	￥588,000	￥90,000	￥4,598,000	
G04 EAM系统	一期	￥4,000,000	￥6,000,000	￥5,292,000	￥2,293,800	￥270,000	￥17,855,800	￥21,033,700
	二期	￥0	￥0	￥2,646,000	￥396,900	￥135,000	￥3,177,900	
H01 知识管理系统	一期	￥2,000,000	￥1,000,000	￥1,764,000	￥714,600	￥120,000	￥5,598,600	￥14,495,800
	二期	￥3,000,000	￥300,000	￥3,528,000	￥1,129,200	￥240,000	￥8,897,200	
H02 综合办公系统	一期	￥1,000,000	￥300,000	￥1,323,000	￥393,450	￥90,000	￥3,106,450	￥21,745,150
	二期	￥1,000,000	￥300,000	￥1,323,000	￥393,450	￥90,000	￥3,106,450	
	三期	￥1,000,000	￥300,000	￥1,323,000	￥393,450	￥90,000	￥3,106,450	
	四期	￥1,000,000	￥300,000	￥1,323,000	￥393,450	￥90,000	￥3,106,450	
	五期	￥1,000,000	￥300,000	￥1,323,000	￥393,450	￥90,000	￥3,106,450	
	六期	￥1,000,000	￥300,000	￥1,323,000	￥393,450	￥90,000	￥3,106,450	
	七期	￥1,000,000	￥300,000	￥1,323,000	￥393,450	￥90,000	￥3,106,450	
H03 IT服务管理系统	一期	￥1,000,000	￥1,500,000	￥588,000	￥463,200	￥60,000	￥3,611,200	￥3,611,200
H04 EAI系统	一期	￥1,000,000	￥1,500,000	￥3,528,000	￥904,200	￥180,000	￥7,112,200	￥13,649,400
	二期	￥1,000,000	￥1,000,000	￥3,528,000	￥829,200	￥180,000	￥6,537,200	
H05 EIP系统	一期	￥2,000,000	￥2,000,000	￥1,764,000	￥864,600	￥60,000	￥6,688,600	￥6,688,600

5.4.5 风险分析

信息技术总体规划的实施是一项技术性强、涉及面广、周期长、庞大复杂的系统工程，必然存在不少潜在风险。风险管理是项目管理中的基础部分。信息化项目主要风险有：复杂的业务需求会带来技术问题和集成问题；将引起现状巨大改变的大型项目对信息化本身和相关业务的影响；投入不能及时到位，项目工期超时；实施过程中相关的关键决策滞后；既要保证当前的信息系统运行，又要实施新系统，意味着较高的经营风险；项目实施周期长，使系统在实施中可能出现版本更新问题，等等，见表5-13。

表5-13 项目风险基本类型

项目风险基本类型	项目风险理解
技术、性能、质量风险	项目采用的技术与工具是项目风险的重要来源之一。项目中采用新技术或技术创新无疑是提高项目绩效的重要手段，但这样也会带来一些问题，许多新的技术未经证实或并未被充分掌握，则会影响项目的成功
项目管理风险	项目管理风险包括项目过程管理的方方面面，如：项目计划的时间、资源分配（包括人员、设备、材料）、项目质量管理、项目管理技术（流程、规范、工具等）的采用以及外包商的管理等
组织风险	组织风险中的一个重要的风险就是项目决策时所确定的项目范围、时间与费用之间的矛盾。项目范围、时间与费用是项目的三个要素，它们之间相互制约。不合理的匹配必然导致项目执行的困难，从而产生风险。项目资源不足或资源冲突方面的风险同样不容忽视，如人员到岗时间、人员知识与技能不足等。组织中的文化氛围同样会导致一些风险的产生，如团队合作和人员激励不当导致人员离职等
项目外部风险	项目外部风险主要是指项目的政治、经济环境的变化，包括与项目相关的规章或标准的变化，组织中雇佣关系的变化，如公司并购、自然灾害等。这类风险对项目的影响和项目性质的关系较大

信息技术总体规划的实施也是一个渐进明晰的过程，这就意味着项目开始时有很多的不确定性。这种不确定性就是项目的风险所在。风险一旦发生，它的影响是多方面的，会导致项目实施无法满足企业的需要、项目费用超出预算、项目计划拖延或被迫取消、客户不满等。

企业未来几年要实施的项目很多，之间的依赖关系复杂，涉及的行业和部门很广。为确保项目的成功实施，需要有来自管理层的明确而有力的支持与承诺，优秀、尽职的实施团队，持续、有效的交流沟通，对业务需求、行业趋势的准确理解和把握，相关人群积极、开放地参与变革管理，业务与技术的充分互动和合理适度的变更控制管理等。

部分项目风险通过一定手段、措施和方法可以规避，但风险总是存在的。风险管理并无法消除风险，风险分析处理的结果只有接受、减小或转移，见表5-14。

表5-14 风险处理中的角色和责任

风险管理结果	风险管理结果解释
接受	接受就是把风险留给项目管理组织，当风险发生时由自身承担损失
减小	减小分为两层含义：一是通过一定手段、方法和措施来避免风险的发生；二是采取的控制措施虽然无法避免风险的发生，但是减小了风险的影响度

续表

风险管理结果	风险管理结果解释
转移	通过合同或非合同的方式将风险转嫁给另一个人或单位的一种风险处理方式。转移风险并不会减少风险的危害程度。在某些情况下，转移风险也会造成风险的显著增加，这是因为接受风险的一方可能没有清楚地意识到他们所面临的风险。一般说来，风险转移的方式可以分为财务型非保险转移和财务型保险转移： (1) 财务型非保险转移是指通过订立经济合同，将风险以及与风险有关的财务结果转移给别人。在经济生活中，常见的财务型非保险风险转移有租赁、互助保证、基金制度，等等。 (2) 财务型保险转移是指通过订立保险合同，将风险转移给保险公司（保险人）。个体在面临风险的时候，可以向保险人交纳一定的保险费，将风险转移。一旦预期风险发生并且造成了损失，则保险人必须在合同规定的责任范围之内进行经济赔偿

信息技术总体规划实施设计不仅要识别和分析潜在风险，而且要提出规避或降低风险的措施。主要有：企业高层领导必须及时开会专题听取规划汇报，审议信息技术总体规划，并纳入企业规划之中坚持实施；要健全和强化企业信息化工作领导和组织管理体系；鉴于信息化项目规模和其对业务的巨大影响，必须坚持并落实集中统一的原则；使业务板块和信息管理部门共同决策和共担责任；保证信息化投资按时足额到位；业务流程优化必须与信息化项目的实施相配套，各级业务部门要全程介入、大力配合推进；设立健全的项目管理组织体系，实施强有力的项目管理；严格执行变革管理和系统版本控制，等等。

5.4.6 经济评价

经济评价是指对拟议中的项目进行成本效益分析，以确定项目的可行性。在规划制定阶段，对项目成本、效益的估计都是十分粗略的，而方法的选择更多是属于管理决策而非财务上的比较。但是，对于每个单独的项目来说（如分析项目的可行性，或比较不同的项目方案），需要更为详细的估计与分析。

在项目的实施过程中可以进行一些成本效益分析，因为项目目标达到与否可以确定是否进行下个阶段的工作。随着项目的深入，在需要对大额投资进行决策时，对成本效益的分析也日趋详细和全面（如对于可行性研究和测试，可采取较粗略估计）。在投资实施一个项目之前，需要周密细致地分析。

项目有两种效益。一种是可量化的效益，如保持了市场份额等；另一种是不可量化的效益，如提高客户满意程度等。信息化项目的量化效益分析通常是比较困难的。在一些"传统的"单项信息应用系统中，收益往往是可量化的，如薪酬系统。然而，即便在这种情况下，也必须有历史数据做参考，才能真正量化潜在的效益。另一方面，对于公司来说，信息化项目不可量化的效益往往比可量化的效益更重要。一流企业和跨国公司的经验显示，不可量化效益具有"连锁反应"和"冰山效应"，更能为公司带来全局性效益。信息技术总体规划的首要目标是支持业务发展战略，支撑企业的管理和生产经营，其次才是控制信息系统总体拥有成本。在信息技术总体规划阶段提到的项目效益一般都不可量化，因为这些效益都与公司战略紧密相连，项目的实施或者直接使战略得以实现，或者促进战略的实现。

由于信息化项目效益具有多维性和迟滞性，信息系统的效益是随着应用的深入而逐步显现递增的，存在着大量明显但难以度量和量化的信息化效益，也可称之为战略价值和无形价值，或间接经济效益。当前世界对企业绩效评价的最新认识是，可计算的信息化直接经济效益仅占其创造价值的一小部分，业界将其形象地比喻为冰山浮出水面的部分，如图

5-19 所示。

图 5-19 信息化项目显性效益与隐性效益的冰山图

信息化建设的效益，大致可以体现在社会效益、管理效益、经济效益三个方面。

5.4.6.1 社会效益

通过信息技术，加快企业所在的行业建设与发展，确保安全可靠地生产和运营，为社会提供产品供应，从而支持社会经济的发展。

通过信息技术，提高公司对客户响应的速度和客户服务质量，从而提高客户的满意度，树立企业为社会事业服务的良好意识。

通过信息技术，实现公平、公正、公开的物资采购，降低企业运行成本的同时，保护领导干部，规范企业运作，为全社会和行业树立榜样。

5.4.6.2 管理效益

（1）固化管理模式，使管理思想能贯彻到日常业务活动中。

（2）实现业务信息的共享，业务的协同作用，使业务手段更有效。

（3）畅通业务流程，提升业务处理效率。

（4）实时掌握企业经营动态和各项准确的业务数据，为企业管理者提供有效的决策支持。

（5）实现业务运作的透明化，强化企业的内部控制。

（6）实现企业管理层对区域性成员企业的业务实施监控，加强管理的精细化程度。

（7）增强企业内、外部信息交流和流程协作。

5.4.6.3 经济效益

下面通过 ERP 系统、决策支持管理系统、配送管理系统来大体了解信息系统创造的经济效益。

根据国外 ERP 系统的效益分析数据，ERP 可以带来如下效益：

（1）库存下降 30%～50%。使一般用户的库存投资减少 1.4～1.5 倍，库存周转率提高 50%。

（2）延期交货减少 80%。使用 ERP 的企业准时交货率平均提高 55%，误期率平均降低 35%。

（3）平均采购批准时间减少 30%。采购提前期缩短 50%，采购成本降低 20%。采购人员有了及时准确的生产计划信息，就能集中精力进行价值分析，货源选择，研究谈判策略，了解生产问题，缩短了采购时间和节省了采购费用。

（4）制造成本降低 12%。由于库存费用下降，人力的节约，采购费用节省等一系列人、财、物的效应，必然会引起生产成本的降低。

（5）经济效益增长率提高 30%，投资回报率提高 20%。

决策支持管理系统可以带来如下效益：

（1）工作效率和准确率提高 25%。

（2）数据分析和领导决策能力提高 40%。

（3）管理人员减少 10%，办公费用降低 20%，生产能力提高 10%～15%。

配送管理系统可以带来如下效益：

（1）车辆运营效率提高 50%，车辆日运输班次增加 30%，单车效率提高 50%，运输总量提高 30%。

（2）每吨配送费用降低 40%，所需配送人员的数量减少 50%。

（3）库存占压减少 20%，库存油品占压资金降低 30%。

5.4.6.4 综合评价和总结

信息系统非常复杂，一般难以给出一个综合评价。最重要的一个原因在于：用于信息评估的指标数量太多，而且指标类别也很多。在评价指标中包括：投入和产出指标、宏观和微观指标、有形和无形指标、定性和定量指标。广义的信息系统的投资回报可以简单写成：$ROI=$（成本降低 + 收入增长）/ 总成本。企业可以在每个项目开展前，结合可行性研究，分析具体的投资回报。如图 5-19 所示。

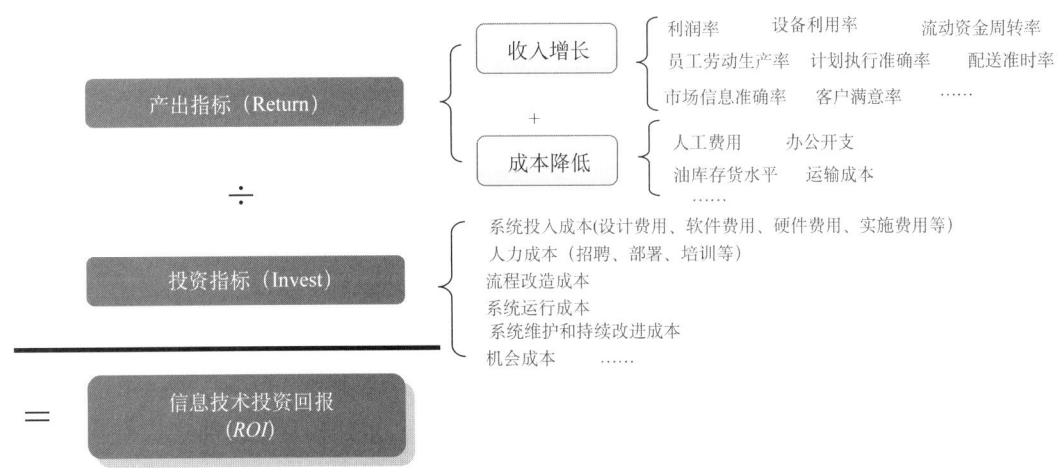

图 5-19 信息技术项目综合评价和总结

5.5 信息技术总体规划报审与分年度实施

信息技术总体规划编制项目交付成果主要是三个阶段的三份成果报告。这三份报告，都要同时制作文稿版（Word 版）和多媒体汇报版（PPT 版），报告中文字内容多的，还要编写报告的摘要版。按照信息化项目管理的要求，对信息技术总体规划编制项目进行规范的项目阶段和最终验收。通过项目验收，只是完成了信息技术总体规划生命周期的前期任务，根据企业规划计划管理流程（图 5-20），还有很多工作要作。信息管理部门将信息技

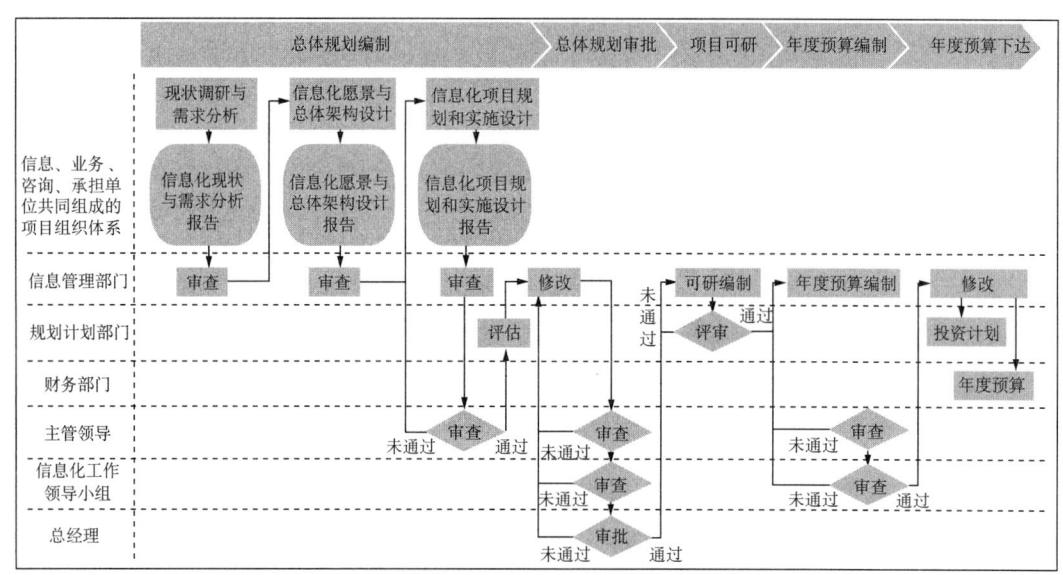

图 5-20 企业信息技术总体规划计划管理流程图

术总体规划报告呈报企业信息化主管领导。根据主管领导意见修改完善后，提交规划计划部门评估。评估通过后，报企业信息化工作管理委员会讨论审批，纳入公司业务发展规划，按项目和分年度组织实施。

信息技术总体规划的实施主要包括信息化项目可行性研究、年度预算编制与下达、规划调整等。企业要把信息技术总体规划纳入公司发展规划，作为信息化建设的总纲，由企业集中投入，统一组织实施。按照信息技术总体规划中各项目之间的逻辑关系和优先级次序，制定信息化年度计划。对信息技术总体规划中的每一个项目都要进行可行性研究，进一步确定项目的实施范围、主要功能、技术方案及实施安排等。每个项目的可行性研究成果，在内部作为该项目立项的依据，对外部作为招标的基础。

5.5.1 规划报告评估

信息技术总体规划完成后，一般由企业信息部门组织专家进行会议评估。专家组由外请专家和内部专家组成。内部专家包括业务专家和信息化专家，邀请各业务部门/业务板块和部分企业的主管领导、专家进行业务方面的评估。规划计划部门、信息管理部门相关人员参加评估会。首先由项目承担单位汇报规划编制的必要性、目标和范围、现状与需求分析、愿景与总体架构设计、项目规划与实施设计等情况。与会专家在听取汇报、查阅文档、质询讨论的基础上，形成评估意见。主要对规划的目标和范围、规划的方法、现状与需求分析、愿景与架构设计、项目与实施设计、投资估算、计划安排、主要措施等提出评价意见。

规划编制项目经理部根据评估中提出的问题和建议对规划进行修改完善，报送信息管理部门。信息管理部门审核后，报公司信息化主管领导，请求召开信息化工作管理委员会会议，专题审定信息技术总体规划。

5.5.2 向企业决策层汇报

由于企业决策层领导和业务部门的主要领导工作繁忙，他们要考虑处理企业改革发展、生产经营、安全稳定等一系列重大问题，一般没有时间和精力参加规划项目过程的阶段会议。因此，由企业决策层（在一些企业，具体体现为企业信息化工作管理委员会）组织召开的信息技术总体规划专题汇报会，既是规划管理的必经流程，也是向企业决策层、向业务部门主要领导集中汇报公司信息化战略、信息化架构、信息化建设项目和实施计划的重要机会，是获得领导层、管理层理解、支持和决策推动信息化的关键会议，直接关系到信息技术总体规划项目本身以及规划实施的成败。要争取召开企业最高级别领导主持的汇报会，这既可以保证各有关部门主要领导都能到会，又能够保证会议的权威性。

规划项目经理部和信息管理部门要认真准备汇报材料，项目文档要规范齐全，便于与会人员翻阅，最好要印发规划的摘要本。多媒体汇报材料要架构合理、思路清晰、重点突出；材料的版面、格式、图表、文字等要尽可能规范和优化，全篇要风格一致，图文并茂，令人赏心悦目，要避免内容表述不清、不易分辨甚至易混淆以及打字错误等情况。汇报材料内容主要包括：

（1）企业外部环境分析：企业所在行业环境与发展趋势分析，主流和新兴信息技术应用与发展趋势，竞争对手信息化主要举措与进展；

（2）企业战略及信息化现状分析：企业总体战略和业务战略对信息化的需求，企业信息化发展基础和面临的主要挑战；

（3）信息化愿景设计：指导思想、方针原则、战略目标和关键措施；

（4）信息化总体架构设计：信息架构、应用架构、基础架构和组织架构；

（5）信息化项目规划：信息化项目体系框架；

（6）信息技术总体规划实施设计：人力和资金投入，项目实施路线图，投入效益分析，实施风险、实施策略和保障措施；

（7）关于规划的建议；

（8）提请会议决定的事项。

汇报主讲人要进行充分准备，并指定项目经理部一名思维敏捷、表达准确的人员作质询主答人，汇报既不要超时（一般两小时为宜），也不要语速过快，最好参照高水平的演讲和政论发言。材料可适当丰富，讲述要尽量简练清晰，要把更多时间留给愿景、架构、项目、实施计划等汇报重点。要把汇报当作对企业高层进行信息化培训的好机会，当作了解领导和业务部门的信息化需求和思路，听取他们意见和建议的好机会，并认真在规划和后续的实施中落实他们的意见和要求，保证规划实施的成功。

汇报会后，要根据会议议定事项和领导的指示，印发会议纪要，项目组对规划进行必要的调整和完善。作为企业发展规划的重要组成部分或专项规划，信息技术总体规划要以企业文件方式印发。

5.5.3 信息化项目年度计划编制与实施

企业信息化年度计划的制定，要在企业整体年度计划指导下进行。由信息管理部门根据信息技术总体规划、合同签订情况、项目进展以及新项目可行性研究报告，编制年度工作计划及经费预算。年度预算在与规划计划部门、财务部门沟通后，报企业信息主管领导审查。通过后报信息化工作管理委员会审批。信息管理部门根据信息化工作管理委员会审批意见修改完善，分别报送规划计划和财务资产部门。规划计划部门将信息化项目年度投资计划列入公司年度投资计划并适时下达；财务资产部门将信息化项目费用预算汇总进入公司年度预算并适时下达；信息管理部门负责年度计划的组织实施。

由于信息技术总体规划投资预算不包括系统维护费用、培训费用及数据采集与监控系统、集散控制系统、液位仪等各类自动控制系统及用户端硬件设备等投资，成员企业需要认真落实配套资金，做好信息化建设的基础配套工作。大型企业集团信息化建设原则上是两级统一投入。集团信息技术总体规划中包括了总部统一投资的信息化项目，对于信息技术总体规划不包括的基础设施和配套部分要由各成员企业/所属单位根据实际需要自行建设。各单位的基础设施和配套设施建设要按照"统一标准、两级投入、网络共用、资源共享、分步实施"的模式进行，着重做好四方面的工作。

一是抓好生产装置监测监控系统及其接口等配套系统建设。由于历史原因，一些企业的基础设施欠账较多，普遍存在生产装置 DCS 等数据采集接口和化验分析仪器接口较少，计量仪表老化、技术落后、计量误差大的问题。这些问题不但直接影响着企业的精细化管理，而且不具备向新建信息系统实时提供数据的能力，严重制约信息系统的建设，限制了信息系统的应用深度和应用效果。相关业务板块要组织各所属单位通过多种渠道解决这些问题，保证信息系统建设和应用的需要。

二是加强网络配套建设。要依托企业广域网和骨干网已有基础，建设、完善本单位的内部网络，将生产控制网与办公网分离，配备必要的网络备份设备，为信息系统建设和应用创造良好的网络运行环境。在具体分工上，企业总部负责网络核心层、汇聚层设备建设；各单位负责接入层链路、网络设备以及其他配套设施的建设。

三是加强数据中心建设。数据中心建设的好坏将影响着信息系统能否稳定、可靠、安全运行。要采取有效措施，逐步整合、完善数据中心场地与供电系统等配套设施，增强信息系统的运行保障能力。要逐步将设备集中放置在区域或总部级数据中心，降低运行维护成本。

四是做好办公计算机等配套建设。各所属单位要结合自身的实际情况，按照信息系统建设进度和应用要求，逐步配置办公计算机，满足应用需求。该配置的岗位，设备性能一定要配置到位。

5.6 规划跟踪管理

5.6.1 规划跟踪管理概述

在规划项目制定完成后，信息管理部门需要按照规划成果组织后续工作的开展。在信息技术与业务结合得越来越紧密的今天，企业信息部门的当务之急，是引用现代项目管理经验，融入行业特性和企业发展需求的应用创新，是让信息技术帮助企业应对变化，提高管理效率、改进业务流程、提升客户关系、降低运营成本、适应业务和市场的变革，这些也是企业开展信息化建设的初衷。让业务与信息技术无缝地结合，高效地支撑企业业务运行是信息化建设的最终目标。国内外企业在经过多年的信息化建设后，虽然已经积累了大量的经验，但依然面临着挑战。主要包括：

（1）各项目之间的协调关系。

项目规划虽然对各项目的资源投入、风险和保障措施等进行了设计，但项目实际实施中仍然会遇到规划设计以外的实际执行问题，例如由于目标的统一性，多个项目可能同时使用同一资源，或同一资源供若干个不同项目调用。这就需要在单个项目资源合理配置的基础上，从项目间管理的角度出发，在不同项目之间合理调配资源，这就对信息管理部门的执行、协调和管理能力提出了新的要求。

(2) 投资部门要求信息管理部门衡量 IT 项目价值。

当信息化建设度过轰轰烈烈的建设阶段,过渡至深入应用阶段后,对 IT 项目价值的发掘与优化已经是下一个热点问题了。虽然信息化项目对企业各方面的贡献是一个润物细无声的过程,不像基建投资那样能为企业带来大刀阔斧的变革与明显的价值,但股东与投资部门依然对信息化项目的价值衡量标准与衡量方法提出了要求。因此价值管理与价值优化势必成为信息管理部门领导需要关注的问题。

(3) 业务环境在变化,规划管理工作应当持续开展。

信息技术规划项目管理应该是一个动态的过程,从信息技术规划生效之后,规划的管理与优化就应当按照规划执行的进度和业务的变化进行动态调整。在规划管理方面如果企业忽视了动态更新的问题,就会出现规划管理工作不系统和不连续的情况。特别要注意在信息化发展过程中,信息管理部门不要将所有精力都放在信息化系统的建设过程中,而应该抽出部分力量进行规划项目的管理、修订与优化工作。

基于以上几点,在这里简要介绍一下项目群管理、价值管理与架构管理三个管理办公室的概念,以便解决规划的项目实施、项目评价和变更问题。其基本架构如图 5-21 所示。

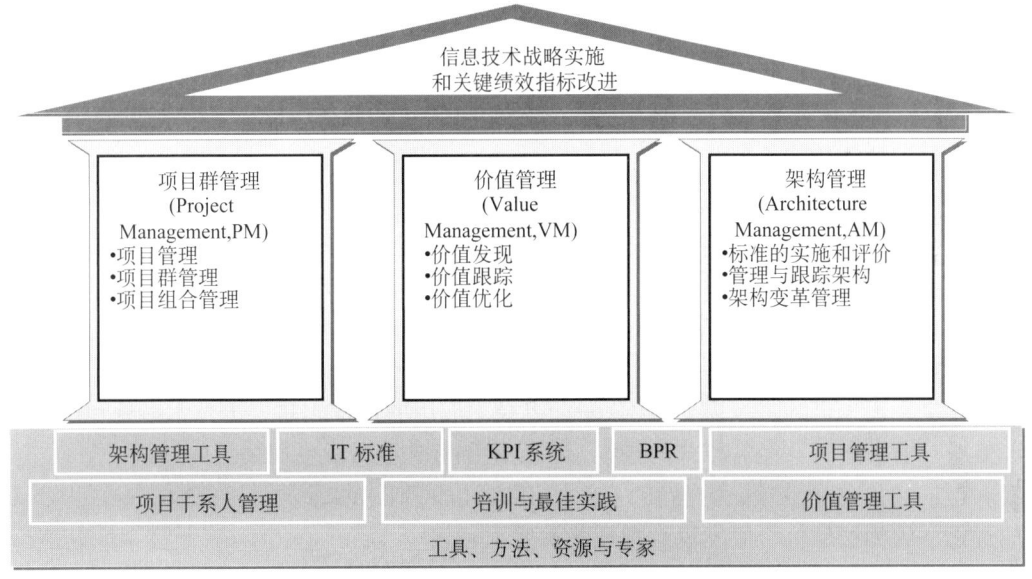

图 5-21 项目群管理、价值管理与架构管理

在图 5-21 所示的规划项目管理架构中,设立三个管理办公室的主要目的是:

①项目群管理关注于企业架构愿景的成功实施;

②价值管理保证了企业架构愿景与 IT 的紧密关联;

③架构管理强调愿景架构的不断完善与改进。

按照信息技术项目规划的建议,企业将会在未来循序渐进地建设多个 IT 实施项目。企业在信息化建设过程中将会面临多种复杂的因素,也面临着多方面的挑战,只有依靠科学的管理方法对诸多的项目进行统筹安排,才能提高项目实施的成功率,切实将规划内容在具体工作中得以落实,真正提高企业的生产运行和经营管理能力。为此,"项目群管理"这一先进管理模式就成为信息化建设实施保驾护航的重要保证。目前,项目群管理在国内企业信息化实施过程中应用已经非常普遍。

5.6.2 价值管理

5.6.2.1 关于信息化价值的理解

关于信息化价值的理解,需要回顾一下信息化价值观在近年来所发生的变化。若干年前,在谈到信息化做的好不好时,大家基本上会说我们按照公司的发展规划制定了信息技术总体规划,我们在按照计划把 ERP 在一个一个单位上线等。如果说这个阶段信息化价值观是做的"对不对""好不好"的话,那么,现在已经进入了全新的阶段,就是要回答信息化"有什么用""怎么更有用"。基于价值观念的转变,当前信息化的价值,是信息增量,是信息化应用作用于企业本身、客户、合作伙伴资产和其他企业资产融合后相互作用、共同形成的价值等不同利益主体,为他们增加的利益和价值,是各利益相关者共同创造的价值,可以用企业核心价值语言,如投资回报率、客户满意度、决策质量、执行力、创新能力等描述。

信息化价值首先应是信息化各利益相关者共同创造的价值,包含自动化效益带来的价值、管理效益带来的价值、变革与创新效益带来的价值等,同时每个价值都应能够明确其获益者,如企业的经营管理层、企业的客户、产业链伙伴、企业员工、社会公众和出资人等。由以上理解出发,对信息化价值的管理,一般要从企业价值中去寻找、识别出价值点,予以跟踪、评价及改进,并重点观察和测算 IT 的客户价值增量。

5.6.2.2 企业信息化价值管理的特征

(1) 信息化价值体现。

从企业资源的角度看,在现代企业中,IT 已经成为企业一种非常宝贵的资源,通过对这种资源的开发利用,能够以较低的投入创造更多的价值,以较少的代价提供更多的业务发展机会。从这个意义上讲,IT 已经成为企业发展和创新的驱动力,信息化价值是对企业价值的实现。

对信息化的理解,包含两个层面,一是"信息技术",二是"化"。"信息技术"是科学技术,首先是代表先进的生产力;"化"是信息技术应用的过程,是先进技术影响和优化企业生产方式、管理方式、经营方式的过程,因此是调整企业微观生产关系的过程。

在大型的集团化企业中,管理能力成为相对显著的制约性因素。相应地,对"生产关系"的优化,成为信息化价值发现与管理的重要领域。

(2) 信息化价值可用"三类效应"予以解析。

信息化是生产力和生产关系的综合体。基于这种认识,可以从"三类效应"着手评价和管理信息化的价值。第一类是自动化效应,这就是由信息技术本身带来的工具的作用,包括一些劳动力的节省、生产力的改进,等等;第二类是管理效应,价值来自于我们能够更好地收集、掌握和处理信息资源,利用信息化手段改善企业生产经营管理,提升管理人员的管理能力,提高管理和决策质量,使管理更加精细、规范、科学;第三类是变革效应,基于信息化在企业内部的深入和应用,企业可以做以前做不了、做不好的事情。信息化已在更高层次和更广的范围内发挥作用,可以带来更加显著的宏观规模效益,是创新的过程。

当前的企业管理者,已经不满足于对信息化价值的模糊描述,比如帮助企业实现了战略目标,为财务改革做出了贡献等。现代企业的管理层和股东,希望能够从价值链的角度,从利益相关者的角度,从企业能力、成本、利润和风险的角度,从转变发展方式、引领业务发展的角度对信息化予以全面的分析,不仅要知道在某个方面信息化有没有价值,而且还要知道有多少价值。IT 能力建设和企业能力建设是同一项任务,IT 价值提升和企业价值提升是同一个目标。

5.6.2.3 评估与管理是获得信息化价值的基础

信息技术应用与企业价值之间有着非常强的相关性,我们需要从企业的业务变化提升中寻找 IT 的价值。

信息化价值管理可以分六步:(1)识别信息化价值要素;(2)跟踪、评估信息化价值;(3)分析并清晰描述"信息化价值"愿景;(4)制定"信息化价值"发展规划;(5)制定"信息化价值管理"行动计划;(6)实现"信息化价值"的持续改进。

在信息化价值管理中,确定两条线非常重要:一是目标线,就是 IT 价值的愿景、目标是什么样的;二是控制基准线,也就是 IT 价值的现状究竟是什么样的。找到了这两条线,就可以对以后 IT 价值增加值进行目标管理。

对于企业而言,信息化价值的评价与管理,都是以企业的需求和发展作为标尺。信息化要真正为解决企业生存、发展中的主要矛盾服务,为企业的战略部署服务,无论从哪一个方面出发,最终一定回归到从企业价值和发展的角度来评价信息化的绩效。

5.6.3 规划滚动管理

企业的改革发展是螺旋式上升的过程,为之服务的信息化也是在不断发展、不断深化。发展的基础和环境在改善,需求在变化,技术在更新,都要求信息技术总体规划及时调整优化,以反映和适应新的发展与变化。任何一个信息技术总体规划都难以准确预测三五年后的情况。如同业务发展滚动规划一样,信息技术总体规划也应该是一个滚动的规划。合理的、可行的信息技术总体规划应该与业务滚动发展规划同步优化,采取"规划五年,每年微调,三年滚动"的规划策略。

信息管理部门每年组织对信息技术总体规划的执行及其对业务支持度进行评估,并根据需要进行调整。调整后的信息技术总体规划经规划计划部门确认,由信息管理部门上报信息化工作管理委员会审批,由信息管理部门组织完善。

信息化三年滚动规划的编制,仍按照三阶段方法论进行。一般按照企业滚动规划编制工作的整体部署,由信息管理部门组织成立专门的规划滚动编制项目经理部,在规划计划部门的统一指导和各业务板块的参与、配合下,按照"业务部门需求主导、信息部门总体协调"的工作方式,首先由各业务板块结合现状和业务需求提出本专业的信息化项目建设框架草案,信息管理部门和各业务板块组织逐一进行草案对接和专家研讨,经过统筹平衡,形成整体信息技术总体规划和项目安排的框架意见,再经反复沟通协调,编制并提交信息技术总体规划草案。主要阶段和里程碑概述如下。

(1)项目启动:信息管理部门组织召开信息技术总体规划滚动编制协调会,落实规划编制项目经理部和各专业组人员,制订工作计划,明确工作职责,正式启动规划编制工作。

(2)现状调研和需求分析:规划项目经理部编写信息技术总体规划滚动编制建议提纲,指导专业组开展规划编制工作;专业组对本专业进行现状调研、信息化需求分析及项目框架设计,初步形成本专业信息技术总体规划滚动框架草案。

(3)草案对接:信息管理部门组织各业务板块分别召开规划框架草案对接会,各专业组与规划项目经理部研讨规划框架草案,形成各专业规划草案初稿。规划项目经理部对专业规划草案进行汇总、统筹,形成信息技术总体规划草案。

（4）专家研讨：各业务板块分别与信息管理部门共同组织规划草案专家研讨会,业务板块及规划计划部门主管领导和相关负责人、信息管理部门主要领导和主管领导参加会议,听取专业组专业规划草案汇报和项目经理部信息化项目总体情况汇报,形成规划草案修订稿。

（5）内部评审：信息管理部门组织召开规划草案内部评审会,规划计划部门、各业务板块主管领导及特邀专家参加,形成信息技术总体规划草案评审意见。规划项目经理部根据评审意见对规划草案进一步修改完善,形成信息技术总体规划送审稿,并报信息化主管领导审阅后,由信息化工作管理委员会开会专题听取汇报,审定后印发并部署实施。

滚动规划报告分三部分。

第一部分,现状与需求分析,包括：信息化建设进展（信息技术总体规划的实施概况,专业应用系统、管理应用系统、基础设施项目的实施进度和实施效果,投资完成情况,信息化组织与人员状况）；从信息管理、应用系统、基础设施、组织队伍四个方面对信息化现状进行评估；信息化发展趋势；对标公司案例；从业务战略出发的各业务信息化需求分析。

第二部分,愿景规划与架构设计,包括：总体目标与指导思想、各业务信息化建设目标、信息与应用架构、基础设施与信息安全架构、信息化组织队伍架构等。

第三部分,项目规划与实施设计,包括：差距分析、信息化能力改进需求框架、信息化项目框架说明、规划的实施计划、投资安排、预期效果、保障措施,以及各项目的具体描述。

5.7 规划报告

下面简要介绍《信息技术总体规划报告》的章节内容。

第一章　引言

引言对信息技术总体规划报告进行说明,主要包括目标、文档结构和目标读者。

在目标部分,要指明总体规划报告的编写目的,概述编写范围和编写意义,特别是要阐明信息技术总体规划报告的意义和作用。

在文档结构部分,要对每章的主要内容进行说明,使读者可以从本节迅速了解到文档要说明的内容和相应的章节位置。

目标读者部分,对本文档的适用范围和读者群进行定义。

第二章　差距分析

分析企业信息化现状与远景目标之间的差距。主要包括差距分析和改进措施等。

差距分析过程是通过现状（架构）与蓝图（目标架构）之间的比较,从而得出全面、客观的差距分析的过程。本部分主要描述差距分析的前提、假设和维度等,尤其要对差距原因进行有针对性的说明。

改进措施主要是通过差距得出的改进需求进一步深化,结合最佳实践的引入,设计改进差距的措施。

第三章　建议的信息技术项目

阐述规划时间范围内建议实施的信息技术项目,主要包括信息技术总体项目框架、项目框架说明、项目设计等内容。

总体项目框架主要是展示项目框架图，并围绕该框架图进行解释，着重阐述框架图的设计原则和图中各元素之间的关系。此外，还可以包括项目框架设计时的考虑因素和备注等信息。

项目框架说明主要是描述项目类设计方法和内容，包括项目类所需要达到的战略目的和对业务战略的支持作用；为了达到项目类的设计目的所需要采取的具体工作内容；项目类的负责人和对项目类进行管理的最高决策者；项目类的具体实施策略以及项目类所包含的信息技术项目。

项目设计是对规划的每个信息技术项目包进行设计说明，设计内容包括并不限于：项目目标、项目内容、项目组织范围、项目参与方、项目实施条件、项目计划、项目资源需求、项目其他说明等。

第四章　实施计划

完成各项目包的实施计划制定，并对实施计划进行各维度分析。主要包括实施计划编制原则、总体项目计划、项目安排分析等内容。

实施计划编制原则是对计划编制涉及的各个要素进行说明，包括项目阶段划分、计划编制前提假设和计划编制依据等。

总体项目计划围绕项目计划总体安排来展开，主要是说明项目在未来几年内以什么顺序来开展建设工作，并制定每年的工作部署。

项目安排分析是对项目计划的补充说明，包括项目实施条件分析、项目人力资源需求分析、每年的项目安排以及将人员对应到项目上的负载分析等。

第五章　投资安排

通过参考信息化建设投资，论述规划中的投资依据、范围、总规模和具体投资情况，并对分类投资、各项目投资和投资比例进行分析，以及围绕投资的其他信息。

第六章　预期效果

在前面所论述的项目和投资建议下，预测和论述信息化建设所要达到的效果。包括各应用系统要达到的建设收益、各业务领域信息化可以实现的预期效果，以及信息化总体可以达成的战略目标。

第七章　风险和保障措施

包括信息化建设可能面临的风险分析、问题阐述以及规避这些风险及问题所需要采取的保障措施。

5.8　小结

本章围绕项目的产生、形成、平衡与设计进行主线介绍，论述了差距分析和改进措施，在企业信息化现状与愿景架构之间寻找项目机会；对规划的项目的目标、内容、范围、实施条件、资源需求和项目计划等内容展开设计，并在单项目设计基础上进行项目群的计划、资源的总体平衡和协调；最后对项目风险、项目投资效益以及规划实施和跟踪管理部分进行了深入阐述；希望读者通过本章内容，能够对企业信息技术总体规划与实施设计部分内容有所了解。

6 企业信息技术总体规划实例解读

本书的第 3、4、5 章已经分别就企业信息技术总体规划编制方法中的三大步骤进行了逐步剖析，本章将就一家大型集团企业的信息技术总体规划编制实例进行详细解读，以使读者能够对企业信息技术总体规划有一个更为直观的认识。在解读过程中，将会尽量选取该企业无论业务还是信息化中更具普遍性的部分来介绍，以便于理解和带来更广泛的启迪作用。

6.1 企业背景介绍

A 公司是一家大型集团企业，在 21 世纪初中国工业化建设进入快速发展的同时，A 公司领导层率先意识到信息化与工业化的融合将是推动企业产业转型的强大动力，并把信息化建设作为应对国际市场激烈竞争、加快转变企业发展方式的战略选择，将信息化作为推动工业化发展的手段，以业务发展驱动信息化建设，以信息化建设推动业务发展的企业信息化战略与业务战略关系。图 6-1 是 A 公司提出的信息化战略与业务战略关系示意图。

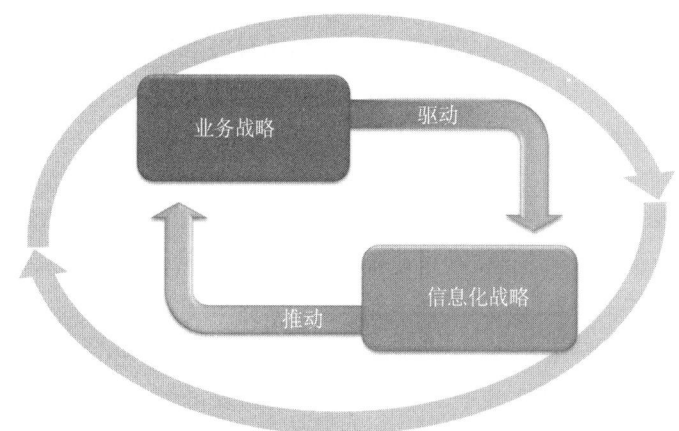

图 6-1 A 公司提出的信息化战略与业务战略关系示意图

A 公司依托信息技术发展实现其差异化竞争优势。通过加强对研发设计的管理与支持，培养创新环境，增强企业自主创新能力；通过信息化建设，改进技术工艺水平、提高企业生产效率和制造能力；通过信息化与自动化相结合，对生产过程进行精益管理，减少资源能源消耗和工业污染排放，改善人员作业环境，实现安全生产，全面提升健康安全环保水平，坚持可持续发展路线；通过新技术的引入和持续深化应用，提升经营管理水平，创新业务模式。

在其信息化建设初期，由于其业务复杂，且相对独立，又跨多个区域运营的特性，造成各个业务板块或部门根据自身业务需求，独立建设了一批信息系统，大量局部信息系统在支撑业务运转的同时也不可避免地造成重复建设、信息孤岛等问题。业务人员在享受信息系统带来的辅助与便利的同时，也不得不面对一些重复录入、多次登录、流程冗余等问题。

针对这些问题，该企业信息化主管部门开始对信息化建设进行全面规划，制定统一的信息技术发展战略和建设方针，按照系统性、全局性的观点来总体规划信息化项目，统一建设全局性的信息系统，并逐步替代独立分散的局部系统。这批统一建设的信息系统迅速形成覆盖集团公司各项业务的统一平台，大幅度降低了总体拥有成本、较好地避免了新的信息孤岛产生。经过一段时期的应用，这批统建系统取得了良好的应用效果，极大地支撑了公司主营业务的运作，深受业务部门认可。

在此基础之上，业务部门对企业的信息化建设寄予更高期望，希望能够依托信息系统建设，进一步提升企业管理水平，提高生产运营的决策水平，实现精益化管理。该企业信息管理部门亦希望能够通过对信息系统进行整合、引入新技术等手段来持续深化应用并进一步提升系统应用效果，发挥协同优势，使信息化成为企业核心竞争力的一部分。

回顾该企业过去10年的信息化发展进程，就是信息化从分散到集中再到集成优化的过程。目前该企业已经完成了从独立分散建设到统一规划，统一建设的转变，通过统一建设信息系统，以精简的、统一的应用系统替代大量独立分散的应用，为下阶段的信息系统整合集成奠定了良好的信息化基础。此时，信息技术总体规划的重点是对现有系统的整合、优化和持续深化应用。

6.2 实例解读

信息技术总体规划需要从业务出发，以企业的业务架构为蓝本，规划企业信息化愿景并最终落实到一系列的信息化项目之上。实例解读将从公司的业务架构出发，逐步向读者介绍其信息技术总体规划成果，包括整体信息技术项目框架，及各主要类型项目解读，并挑选当前信息技术发展中的一些重点、热点领域进行介绍。

6.2.1 业务架构解读

6.2.1.1 组织与管控结构

A公司采用大型集团性公司所常用的组织结构，分为集团公司、专业公司和地区公司三个管控层次。如图6-2所示，在集团公司之下按照业务领域划分多个专业公司，各专业公司相对独立运作，并管辖各自业务领域内的多个地区分公司。专业公司之间存在显著的产成品上下游协作关系或服务供应和消费关系。如图中虚线所示，专业公司A向专业公司B提供其生产加工所需的原材料，专业公司B加工制造出来的产品则交给专业公司N来负责销售，而专业公司C则要向专业公司B和N提供支持服务。

6.2.1.2 业务价值链

A公司在编制信息技术总体规划时，采用价值链方法对自身业务流程和业务活动进行梳理。业务活动梳理的主要信息来源是企业的规章制度、部门职责、内部流程等。首先进行价值链的分析，总结归纳相关业务领域的价值链，然后进行具体业务活动的梳理。通过对现有业务流程的分析以及与业务部门的讨论，将企业各业务领域主要的业务活动对应到相关的价值链环节上，形成业务活动图，如图6-3所示。

6.2.1.3 业务架构

在梳理清企业的组织与管控结构和关键业务价值链之后，可以抽象出A公司的企业业务架构如图6-4所示。集团的领导层负责制定整个集团的战略目标和经营策略，并依据各种不同的情况作出决策。在集团总部的一些相关职能部门，依据企业战略，制定相应的政

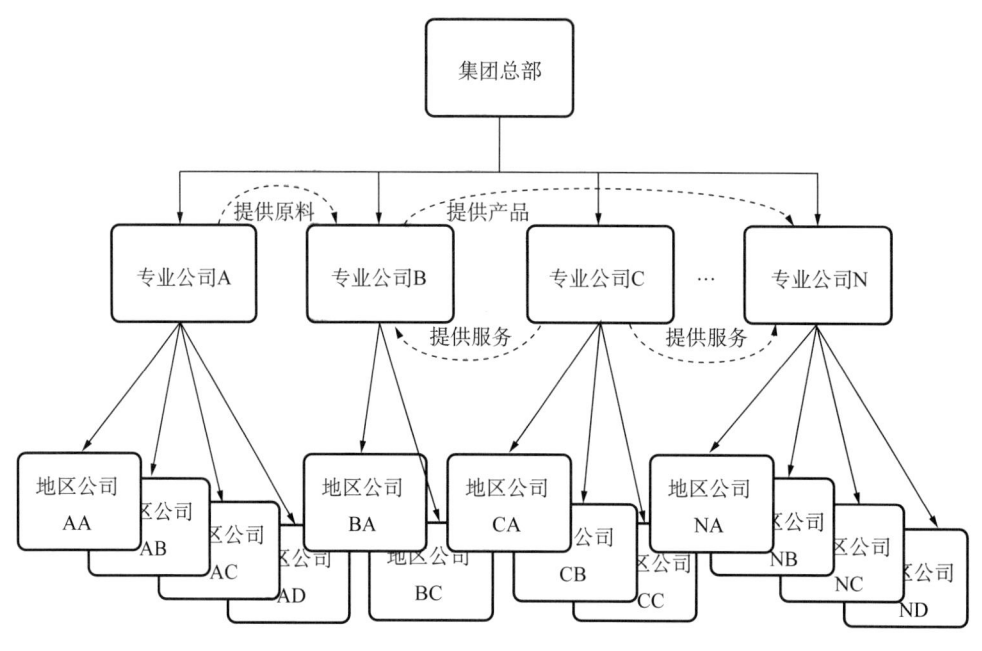

图6-2 A公司组织结构示意图

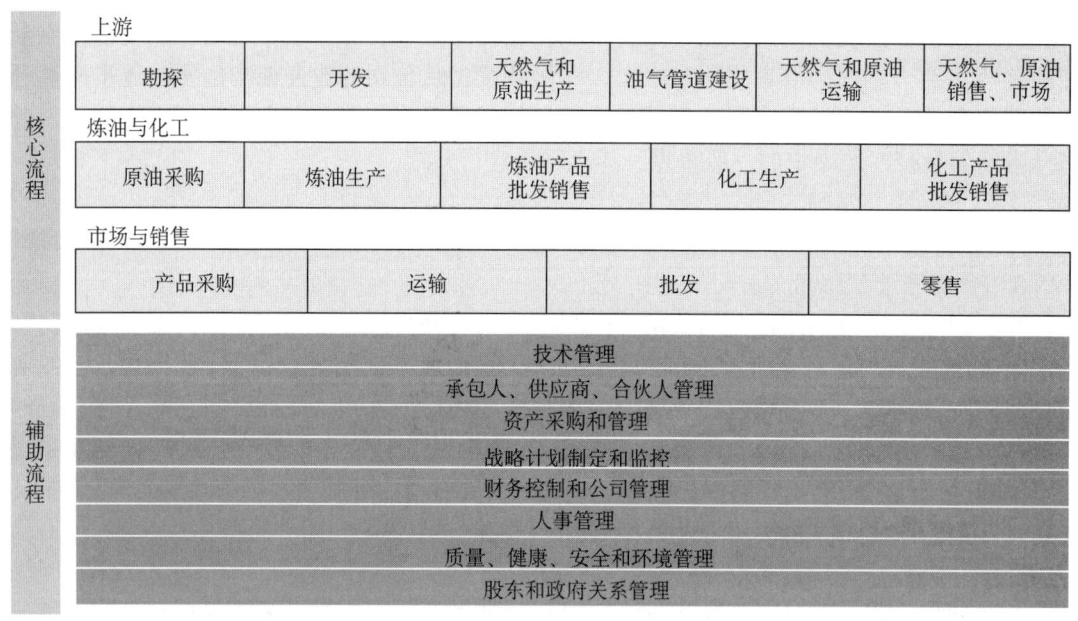

图6-3 A公司业务活动图示例

策制度并实施和监督，对集团整体的经营状况进行管理和控制，协调各个下属企业的工作和资源配置。集团下属的各个专业公司主要负责各自业务领域的专业生产运营活动。所有这些战略决策制定、经营管理和生产运营的活动都需要建立在一些通用业务流程之上，如报告审批、指示下达、公文流转等企业日常办公活动。

6.2.2 信息技术架构解读

以企业的业务架构为蓝本，不难得出该公司的信息技术总体架构，如图6-5所示。其

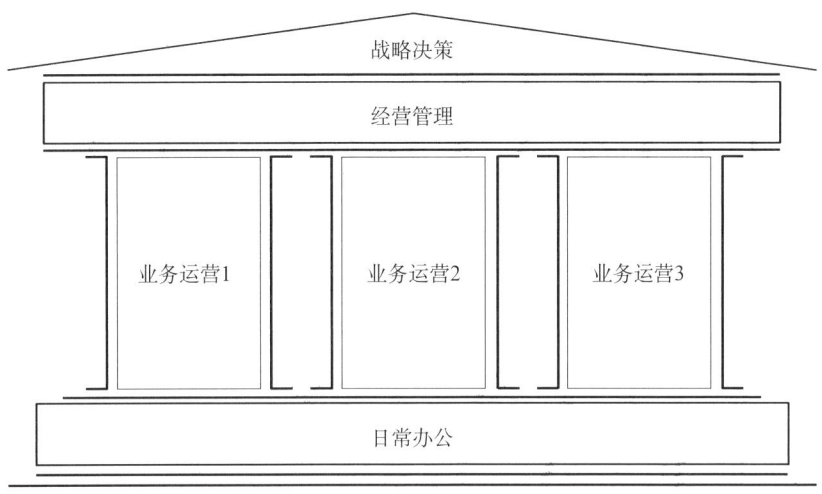

图 6-4 A 公司业务架构示意图

中 IT 治理、信息系统（即应用和数据）以及基础设施是信息技术总体规划项目中必不可少的几大元素。根据业务架构中的四大类主要业务活动可以进一步将信息系统（包括应用和数据）架构细分为经营管理、生产运行、办公管理和辅助决策支持四类。

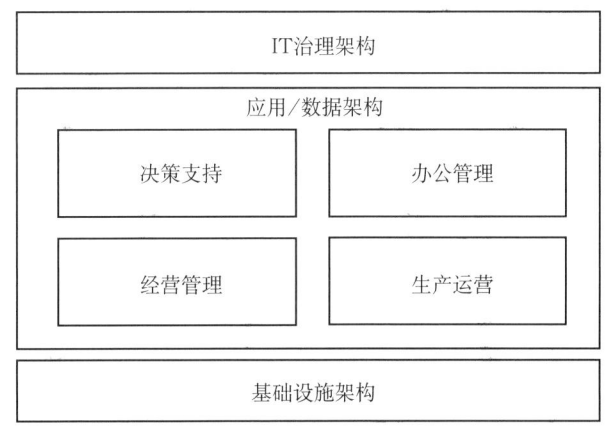

图 6-5 A 公司信息技术架构蓝图

图 6-6 为 A 公司的信息技术应用架构，概括了企业所需的主要应用软件以及它们之间的关系。这些应用软件将被集成起来以提供一个有效的、统一的环境，信息流可以在其中有效地流动，提高企业整体的生产经营效率。

6.2.3 信息技术总体规划项目框架解读

企业未来的架构设计最终将被分解并具体化成为一系列的信息化项目。企业能否以既定的信息化战略实现预期愿景，取决于总体规划中的项目能否被按时按质量地成功实施。信息技术总体规划项目框架的目的就是通过一种系统性、条理化且简单明了，易于理解的方式，使业务人员和技术人员建立对未来总体信息化建设的共同理解。业务部门与信息化部门对总体规划达成共同的理解和目标，是保证他们能够共同努力执行总体规划的前提，也是后续项目能够成功实施的基础。

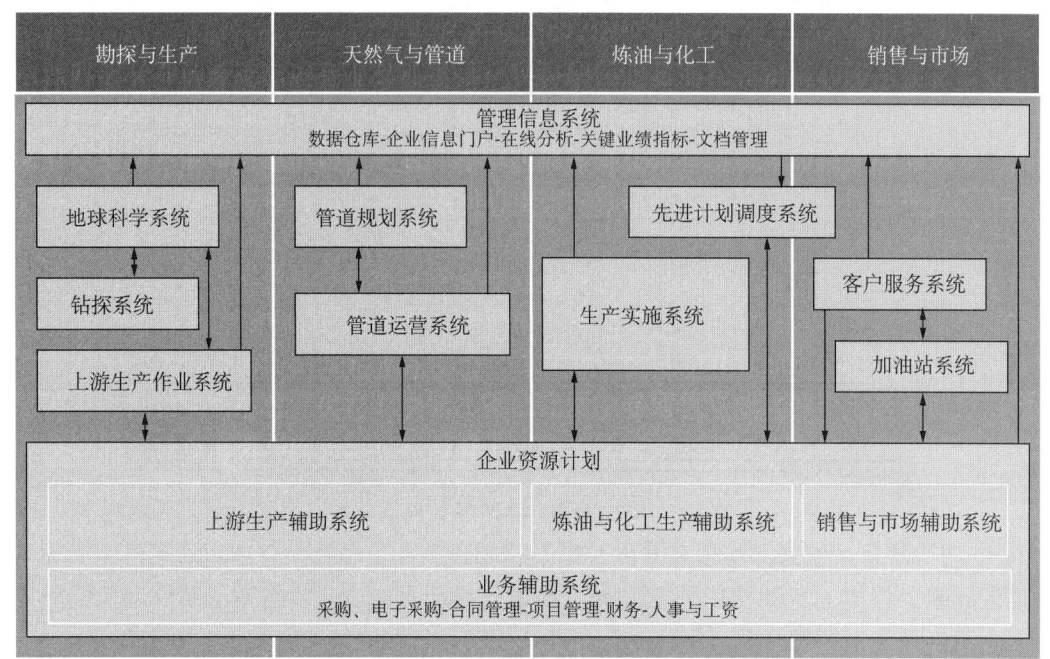

图6-6 A公司信息技术应用架构

由于各个企业的业务千差万别，在信息技术规划时的侧重点和切入点也有所不同，最终的信息技术总体规划所产生的项目框架展现很有可能会有所差别，但总的设计原则和基本元素不会变。图6-7所示为A公司信息技术总体规划项目框架。

信息技术总体规划项目框架图中每一列代表一个大的项目工作包，其下设多个子项目，便于管理和实施。图中A类和B类项目包为按照企业业务线条设定的支持各个业务领域生产运行的项目，专业板块间所应用的生产运行系统可能有所不同；C类和D类是以ERP为核心的经营管理类项目，为各个专业板块和集团整体的经营管理提供支撑，各专业板块应用的ERP系统配置的流程会有所不同；E类综合管理，服务于集团总部和下属各个企业的总部机关，在全集团范围内提供通用的支持，包括企业信息门户、数据仓库系统等；F类为基础设施项目；G类为组织与保障项目。另外还有一个H类项目管理，是企业广泛通用的管理形式，应用于企业的各个方面。

该公司在信息技术总体规划项目框架设计中按照自身业务线条，对生产运行类项目进行了细分。公司下属的各个业务领域可以独立运作，并且都带有很强的专业特点，需要特定的专业系统支持，这样的设计能够使相应的业务用户更加简明地定位到支持自身业务发展的信息化项目，提升业务部门与信息化部门之间的沟通效率。此外，该公司后来在规划中将办公管理和决策支持类项目进行了合并，也是同样考虑到这两大类项目都是服务于集团和下属企业总部机关和各个处室的人员，具备通用性，且面对的是同一类业务客户群体。这样做可以使项目框架更为简化。

针对总体规划项目框架内每一个项目大类都有相应的说明。图6-8是对A公司基础设施改进即F大类项目说明的示例，包括项目大类的目标、内容说明、建议的信息技术项目、负责人、项目方法/优先次序等。

A 上游系统	B 下游系统	C ERP	D 电子商务	E 管理信息系统	F 基础设施改进	G IT组织结构
A1.地球科学与钻井系统	B1.炼油与化工运行系统(MES)	C1.ERP业务分析与实施计划	D1.电子采购	E1.数据仓库	F1.企业广域网改进	G1.建立信息部门职能
A2.上游生产系统	B2.先进计划系统	C2.勘探与生产	D2.电子市场	E2.企业信息门户	F2.制定局域网标准	G2.建立帮助热线
A3.管道生产系统	B3.客户服务系统	C3.天然气与管道			F3.电子邮件服务改进	G3.制定安全政策和标准
A4.地理信息系统	B4.加油站管理系统	C4.炼油与化工			F4.数据中心/应用服务	G4.信息技术能力
		C5.销售与市场			F5.办公自动化	G5.信息技术共享服务中心
		C6.总部			F6.企业系统管理	G6.信息技术专家中心/小组
		C7.质量、健康、安全与环保系统			F7.企业灾难恢复计划	
					F8.因特网接入改进	
H1.项目管理							

图 6-7　A 公司信息技术总体规划项目框架图

项目目标：
信息基础设施项目将提供设施信息技术总体规划所必需的用户信息存取、计算机平台和通信网络。

项目说明：
为了实施标准应用软件包使所有用户都可存取信息，需要扩大信息基础设施，提供共享网络，计算机平台和PC等。

本项目将自底向上建立必须的信息基础设施，以支持其他信息技术项目的实施，提供必须的系统管理和流程。

标准化、合并和研究外协机会将是应用于所有信息基础设施项目的通用手段。另一个手段是强化公司信息技术协调职能，以实施标准和管理信息基础设施项目。

推荐的信息技术项目：
- 企业范围的广域网
- 标准化的局域网
- 改进的电子邮件/因特网服务
- 办公室自动化和数据中心标准化
- 企业系统管理
- 灾难恢复计划

项目负责人：
公司总部信息主管副总裁，代表整个企业集团

项目手段/优先次序：
第一步是开发信息基础设施部件的公司标准，以降低重复投资和优化总体服务水平、可靠性和可管理性。在合适的地方合并信息基础设施的设立并与建立共享的服务中心相结合。此措施将最大程度地利用现有的信息基础设施。

信息基础设施实施项目将包括以下项目，按优先级排序：
- 升级到企业级广域网；
- 制定出公司范围的台式电脑标准；
- 制定出局域网的公司标准；
- 升级电子邮件和因特网服务系统；
- 实施企业管理系统；
- 公司级灾难恢复系统。

在整个项目实施的过程中，将考虑外包基础设施和服务，以使公司集中在更具战略意义的IT问题上。企业正处在外包基础设施和服务的有利位置和时机。

图 6-8　基础设施 F 类项目大类说明示例

6.2.4 具体规划项目框架设计示例

该公司信息技术总体规划的每一个具体项目（工作包）都有框架设计和详细描述。工作包描述包括：目标、范围、需求、负责人、投入的资源、方法、收益、风险以及主要阶段的工作内容、持续时间、人员投入和费用估算等。以下从该公司总体规划大类项目中各选取一个项目工作包描述作为示例。

A公司IT总体规划项目工作包描述示例

A1—地球科学与钻井系统

工作包： A1 地球科学与钻井系统

目标：
- 实现地球科学与钻井系统的标准化
- 改进勘探生产数据的管理
- 优化勘探生产的工作流程
- 缩短勘探周期
- 提高解释油藏特征和动态预测精度的能力
- 提高勘探成功率
- 改进勘探开发项目的管理和流程

范围：
- 地球科学信息系统的标准化
- 应用工具的跨学科集成
- 建立优化的勘探生产工作流程
- 在各油田推广新的标准
- 建立应用的采集平台配置
- 对硬件设备进行升级，满足新标准的要求

需求：

功能要求：
本工作包包括下列应用系统：
- 地震解释
- 地质解释
- 油藏建模、模拟和可视化
- 钻井日报
- 布井和实时钻井信息
- 绘图

注意：大规模的地震数据处理不包括在本工作包的范围内。

IT标准包括：
- 各应用系统标准
- 系统之间的标准接口
- 为优化应用工具的使用所建立的勘探开发工作流程模板

集成需求：
地球科学各学科的信息系统需要在公共数据库的基础上实现集成。
地球科学系统需要与油气生产信息系统实现集成。

负责人：
勘探与生产专业公司总经理

投入的资源：
- 勘探与生产专业公司
- 地质、地球物理、油藏工程、钻井项目经理
- 地质学家、地球物理学家
- 勘探与生产专业公司的IT部门
- 勘探与生产地区公司的IT部门
- 总部的IT部门
- 审计部门

方法：

#	阶段名称	开始(季度)	持续(月)	硬件	软件	第三方	总计
1	现状分析	1	4	0	0	800	800
2	设计	2	6	0	0	1200	1200
3	开发	3	6	500	1000	2400	3900
4	试点	5	9	1000	750	1800	3550
5	完善和制定实施计划	8	3	0	0	600	600
6	推广实施阶段1	9	12	20750	7500	4800	33050
7	推广实施阶段2	13	12	17750	3750	4800	26300
	合计成本 (US$ 000)			40000	13000	16400	69400

方法的注释：
本工作包需要完成的主要工作包括：
- 依据业务需要实现地球科学和钻井系统的合理化和标准化，分析目前各业务单元采用的勘探开发工作流，确认需要改进的方面。
- 选择一个油田做测试，在标准地球科学与钻井系统的基础上设计优化的工作流。

注意：新的工作流也许需要对现有的组织结构作相应调整，依据优先顺序，在各油田推广改进后的工作流，包括实施标准的地球科学与钻井信息系统。

其他背景信息：

地球科学系统用于高效准确地分析地下数据。一个典型的上游石油公司目前每年的数据量都会成倍增加。准确高效的解释会产生巨大的经济效益，有助于避免上百万美元的干井费用。收集、传输、管理和使用地震数据所需的巨大开支促使石油公司倾注精力和资金于勘探与生产数据的管理。

目前，市场上各种先进的地球科学系统在A公司的各油田都有应用。A公司在这一领域的改进机会在于统一和集成现有的应用系统，以进一步提高勘探开发工作的效率和效益。

勘探与生产应用系统的集成首先要求勘探数据在不同专业间实现共享和集成，从地质到钻井到油藏管理再到油田工程。要达到这一点，需要解决下列问题：

- 数据格式和标准
数据标准的重要性在于确保数据的质量，从而使共享数据和集成过程成为可能。

前提条件：
需要高性能的局域网（工作包F2），某些功能，特别是传送钻井日报，需要广域网的支持（工作包F1）。

A 公司 IT 总体规划项目工作包描述示例

A1-地球科学与钻井系统

-数据管理程序
需要有收集、储存、传输和处理数据的明确规定，并形成文档，贯彻执行。

-数据流结构
确保数据只被录入系统一次，并在各个不同的数据库中保持一致。

-数据的确认和转换
所有勘探与生产的历史数据都需要依照公司的数据标准进行确认和转换，数据和有效的数据管理对勘探生产公司来说至关重要，并且构成系统集成的一个前提。

收益：

#	描述	可量化	可重复	补充信息
1	降低软硬件的采购费用	☑	☑	估计总折扣15%
2	降低软硬件的维护费用	☑	☑	估计维护费用节约15%
3	降低培训费用	☑	☑	估计节约25%
4	保证地下数据一致性	☐	☑	
5	提高解释精度	☐	☑	
6	缩短勘探开发周期	☐	☑	
7	完成公司级勘探开发数据的存储	☐	☑	
8	提高数据共享	☐	☑	
9	加强地质学家、工程师的合作	☐	☑	
10	信息系统集成	☐	☑	
11	及时技术支持	☐	☑	

风险：

风险：
政策和程序上的改变会遇到反对意见。
目前，各油田的勘探与生产专业人员有不同的系统使用习惯和偏好，实现系统的标准化将遇到来自各方的较大阻力。

人们的思想观念和公司文化的转变化技术上的改进更为困难。
改善数据管理和实施应用系统集成需要投入大量的人力和物力，而其收益在短期内并不明显。
一些油田在IT人员和硬件方面的欠缺会给项目的成功带来困难。

风险对策：
本项目需要得到来自高层领导的全力支持。
必须使勘探开发的专业人员认识到使A公司成为世界顶尖的石油公司，变革是必须的。
需要所有的相关部门通力协作。

假设：

对硬件的估计不包括所需网络的费用。有关网络的资金需求包括在广域网和局域网工作包的估算中。对本工作包成本的估算包括：由于系统标准化而产生的费用、建立各油田的主数据库的投资、项目所需的对硬件设备的升级费用。维护现有硬件设备的费用不包括在内。
在本项目的"现状分析"和"设计"阶段（项目的第1年），在硬件方面的投资将基本维持现有水平，因而不包括在项目成本的估算中。此后，将对各油田的硬件设备进行升级和更新以满足建立集成系统环境的需要。

估计A公司的地球科学专业人员为2000至5000名，估计目前拥有的系统许可证为300至500个。估计系统许可证的费用平均为7.5万美元/个。估计现有的工作站数量为1500台（基于调查问卷，也许偏高）。

阶段4：包括一套服务器和10个许可证。

阶段6：在中等规模油田开展实施工作所需的项目组人员为IT人员2人、系统用户5人、第三方人员2人。在最大油田的实施工作需要两倍于此的项目人员。在推广实施的第一个阶段中，将组成4个工作组，其中一个组去最大油田，另外3个组在3个中等规模的油田实施项目。假设100个用户许可费用为7.5万美元/个。硬件方面的投资为：12台服务器×100万美元+50台服务器×5万美元+500工作站×2.5万美元=2075万美元。

阶段7：在每个油田的实施工作预计持续4个月时间。每个项目的组成为IT人员2人、系统用户5人、第三方人员2人。假设50个用户许可证，费用为7.5万美元/个。硬件方面的投资为：9台服务器×100万美元+50台服务器×5万美元+500工作站×2.5万美元=1775万美元。

A 公司 IT 总体规划项目工作包描述示例

A1-地球科学与钻井系统

阶段 1　现状分析

开始（季度）	1	持续时间（月）		4
概算成本	硬件	软件	第三方	合计
	0	0	800	800
资源使用	信息部门	用户	第三方	合计
	5	5	5	15
补充信息：				

描述：
对每个油田现有的地球科学信息系统进行现状分析，内容包括：
-应用系统；
-厂商；
-系统版本；
-目前对地球科学系统的投资；
-数据格式；
-系统平台；
-IT支持部门。
确认每个专业主要使用的应用系统。
确认公司总部、专业公司、地区公司和作业单元对勘探开发数据的需求。
确认地区公司的工作流程。

阶段 2　设计

开始（季度）	2	持续时间（月）		6
概算成本	硬件	软件	第三方	合计
	0	0	1200	1200
资源使用	信息部门	用户	第三方	合计
	5	5	5	15
补充信息：				

描述：
设计地球科学与钻井应用系统的概念框架；
确定每个地球科学学科的标准应用系统；
确定标准的地球科学系统平台和系统供应商；
设计概念接口；
设计地区公司的主数据库；
设计公司总部的地球科学数据仓库；
设计公司标准的IT基础设施结构；
制定地球科学数据库管理和质量控制的公司标准和程序；
设计未来的工作流；
制定公司采购系统软件的政策和程序；
进行成本与收益分析。

阶段 3　开发

开始（季度）	3	持续时间（月）		6
概算成本	硬件	软件	第三方	合计
	500	1000	2400	3900
资源使用	信息部门	用户	第三方	合计
	5	3	10	18
补充信息：				

描述：
选择IT供应商和谈判；
开发标准的系统接口；
建立标准的IT基础设施（数据库、操作系统和网络）；
确定进行项目测试点的油田；
建立地区公司的主数据库；
建立地区公司主数据库的数据传输和程序；
建立数据仓库；
建立工作流中各项功能和程序。

阶段 4　试点

开始（季度）	5	持续时间（月）		9
概算成本	硬件	软件	第三方	合计
	1000	750	1800	3550
资源使用	信息部门	用户	第三方	合计
	8	8	5	21
补充信息：				

描述：
历史数据转换；
测试集成的系统环境；
-标准的系统；
-标准的系统平台；
-标准的系统接口；
-标准的数据格式；
发现问题和潜在的风险；
记录测试中的经验和教训。

阶段 5　完善和制定实施计划

开始（季度）	8	持续时间（月）		3
概算成本	硬件	软件	第三方	合计
	0	0	600	600
资源使用	信息部门	用户	第三方	合计
	8	8	5	21
补充信息：				

描述：
分析评估测试结果；
在测试结果的基础上对设计开发的标准和接口进行修改完善；
制定推广实施的模板；
对成本收益分析进行评估；
评估在各油田推广实施的先后次序；
评估和确认实施计划。

A 公司 IT 总体规划项目工作包描述示例

A1-地球科学与钻井系统

阶段	6	6 推广实施阶段1				描述:
开始（季度）	9	持续时间（月）			12	以项目为单位推广实施标准的地球科学系统;
概算成本	硬件	软件	第三方		合计	实现系统平台的标准化;
	20750	7500	4800		33050	实现各系统的集成;
资源使用	信息部门	用户	第三方		合计	将非标准的系统逐渐淘汰;
	10	25	10		45	建立储存所有勘探开发数据的公司层数据仓库;
补充信息:						改进和统一新的一体化的工作流程和方法;
						实现跨学科工作业务的集成。

阶段	7	7 推广实施阶段2				描述:
开始（季度）	13	持续时间（月）			12	本阶段在A公司剩余的9个油田开展实施工作，内容与阶段6相同。
概算成本	硬件	软件	第三方		合计	
	17750	3750	4800		26300	
资源使用	信息部门	用户	第三方		合计	
	10	25	10		45	
补充信息:						

A公司IT总体规划项目工作包描述示例

B2-先进计划系统

| 工作包 | B2 先进计划系统 |

目标:
先进计划与调度系统采用最新的计算机技术，同时计划物料与生产能力，在A公司业务目标指导下，优化这些资源。在炼油企业，先进计划与调度系统的目标是用来提高每桶利润，在化工企业其目的是生产调度与分销。
先进计划与调度系统的主要目标包括：
- 优化库存；
- 确保所有产品在所有地区的供应得到满足；
- 优化物料与产品的配送；
- 减少供应与配送、分销的成本；
- 优化生产流程和提高生产效率。

范围:
供应链计划
需求计划
可供量管理
生产计划与调度
运输计划

需求:

功能要求：
该系统需要根据下游企业的资源、约束条件和流程优化的需求建模。
应考虑石化行业的特定需求，包括：掌握供应链中的运输成本，更好的交易管理，针对多个工厂的资产利用情况进行优化。
在A公司的供应链范围内实施先进计划控制系统可能会较快地为A公司带来利益，在供应采购部门可以较大幅度地降低成本。
先进计划与调度系统对于化工企业更多的是侧重在生产计划与配送的优化。
能通过运行情景分析来预测由于油价变动而产生的各种模型的反应情况。
下游企业通过先进计划与调度系统不仅能集中各工厂、油库的信息，而且能根据需求预测优化补货计划。

应用包括：
- 产能约束优化
- 线性规划优化
- 调和进度安排
- 生产调度
- 运输调度

对于某些特定的业务操作流程的优化与模拟，不包括在先进计划与调度系统中，但这些系统应该在相应的地方使用以作为整个工厂优化的组成部分。

集成需求：
内部集成指需求计划、供应链计划、生产计划的无缝集成。该集成可使数据一次性输入，从而节省时间与资金，降低出错率，同时也意味着数据的一致性。允许模型联机运行，从而更加灵活地响应正在发生的事件。
先进计划与调度系统与ERP系统的集成分两步：
数据集成：
数据集成是最重要的一步，它将ERP的数据传入先进计划与调度系统。ERP通常不具备先进计划与调度系统所需要的所有数据，或者数据格式不一致。通常需要一定量的编程使数据集成透明而无需大规模改动ERP或先进计划与调度系统。
业务功能集成：
业务流程的集成将是一个非常大的挑战。因为ERP系统是围绕计划功能构建的，包括：
- 主生产计划；
- 物料需求计划；
- 生产能力需求计划；
- 车间生产计划。

这表明先进计划与调度系统中计划功能将与整个ERP为基础的计划流程相整合。

负责人:
炼油与销售专业公司总经理
化工与销售专业公司总经理

投入的资源:
炼油与销售专业公司
化工与销售专业公司
计划部门-主管供应
生产运行部门-炼油与化工
销售部门
审计部门

方法:

#	阶段名称	开始(季度)	持续(月)	硬件	软件	第三方	总计
1	分析	1	6	0	0	1440	1440
2	设计	3	4	0	0	1280	1280
3	总部实施	5	6	200	400	960	1560
4	试点单位实施	7	6	200	400	960	1560
5	改进与编制实施计划	9	2	0	0	80	80
6	推广	10	9	1800	3600	9720	15120
7	供应订单执行优化	13	5	400	800	1920	3120
	合计成本 (US$ 000)			2600	5200	16360	24160

方法的注释:
阶段1.分析
阶段2.设计
阶段3.总部实施
阶段4.试点单位实施
阶段5.改进与编制实施计划
阶段6.推广
阶段7.供应订单执行优化

A 公司 IT 总体规划项目工作包描述示例

B2-先进计划系统

其他背景信息：

行业特点：
下游企业进料选择多变而复杂，供应有很长的提前期，同时利润有可能在此期间变化。各炼厂的生产效率不一样，同时油品等级的选择范围也有多有少。每种原油能炼出不同比例的产品，产品的调和选择、交易、管道运输周期、油库、配送分销都使调度流程复杂化。
缺少集成的计划与调度系统将增加企业在许多方面的成本，例如产量效益，交易与购销损失，以及降低在促销方面的潜在利润。
对于化工企业来说化工产品进料的变动不大，在许多情况下甚至是不变的。
在炼油和化工业务中，原油供应的中长期计划是十分重要的。目前有30%的原油供应来自于进口，而这一比例今后也许会进一步提高。但是，APS并不适用于对来自A公司内部的原油供应的管理。
先进计划与调度系统
先进计划与调度系统能给A公司带来巨大的效益，但它依赖于ERP系统、高效通讯网络和业务流程效率。因此先进计划与调度系统在A公司的实施不能一步到位。
建议先进计划与调度系统分阶段实施：
-在总部实施长期供应计划部分；
-对优先的炼厂、化工厂实施采购供应计划与调度；
-与ERP系统集成并推广到所有优先考虑的炼厂、化工厂；
-在部分次要考虑的炼厂、化工厂部分实施。
在A公司实施集成的先进计划与调度系统需要5年时间，但收益是长远的。

前提条件：

该工作包通常是与ERP系统集成的，但也可独立实施作为一个单独使用的系统，然后再与ERP集成。
-ERP与生产数据库；
-局域网、广域网、PC。

收益：

#	描述	可量化	可重复	补充信息
1	降低生产费用	☑	☑	估计每桶费用降低从0.1美元到0.15美元
2	降低计划和调度费用	☑	☑	估计节约计划费用10%～15%
3	提高客户服务水平：快速反应、最短的交货时间	☐	☑	
4	优化物资供应：使调度和运输费用最小化	☑	☑	
5	优化配送体系：降低产品库存	☑	☑	
6	优化生产过程：延长装置的运行周期，缩短检修时间	☑	☑	
7	使用公司级的APS系统，提高整个板块的效率	☑	☑	降低海外原油的采购费用1%
8	在A公司内实现原油平衡	☐	☑	

风险：

风险：
计划与生产运行部门紧密合作工作是成功的关键因素。
成功的实施需要用户全方位的理解与接受。
先进计划与调度系统与其他系统之间的双向数据交换很少能达到。因此许多生产厂指出找出数据并传入先进计划与调度系统不困难，但从先进计划与调度系统将数据传回到原系统通常会有一定的困难。
先进计划与调度系统目前没有在整个供应链实现优化，因此应根据软件功能与其行业适用性来选择软件。
许多生产厂仍然使用ERP来做物料计划而不是先进计划与调度系统。
用户应该注意软件供应商使用的模板的深度、广度以及成熟性。
影响：
计划与调度的业务流程需重新设计与提高。
在培训与变更管理上没有大量的投资将会导致实施失败。
在某些情况下，生产厂应围绕先进计划与调度系统提供的强大的功能改进计划流程。例如，许多软件提供了可供量功能，能将新订单转入生产调度。在许多公司要做到这一步，需要将客户服务、生产计划流程集成起来。

假设：

假设先进计划与调度系统最终将是一个集中安装的解决方案，但实施将是分步进行。
成本估算按照10个综合的炼厂、化工厂实施，推广计划按：1、3、3、3的次序分4个阶段进行。
所有的APS系统需要1个中等服务器，每台20万美元每个实施的软件成本为40万美元。
推广阶段为9个地区公司，每个实施需要2个IT人员，2个用户，3个第三方人员。
将通过3批实施，每批3个点，每个点将持续3个月。3个点同时进行。
在中央的订单处理中心实施第7阶段：炼油和化工各有一个订单处理中心。每个实施需要2个IT人员，4个用户，3个第三方人员。

A 公司 IT 总体规划项目工作包描述示例

B2-先进计划系统

阶段 1：分析
- 开始（季度）：1
- 持续时间（月）：6
- 概算成本：硬件 0，软件 0，第三方 1440，合计 1440
- 资源使用：信息部门 6，用户 6，第三方 6，合计 18
- 补充信息：
- 描述：
  - 分析目前下游企业的长期、中期、短期计划的实际运作；
  - 分析能通过实施先进计划与调度系统可提高的机会；
  - 进行成本效益分析；
  - 取得管理层的批准。

阶段 2：设计
- 开始（季度）：3
- 持续时间（月）：4
- 概算成本：硬件 0，软件 0，第三方 1280，合计 1280
- 资源使用：信息部门 2，用户 6，第三方 8，合计 16
- 补充信息：
- 描述：
  - 设计先进计划与调度系统详细的结构和数据流模型；
  - 设计系统接口（ERP，MES）；
  - 设计实施步骤；
  - 起草招标书；
  - 评估与选择供应商；
  - 编制实施计划。

阶段 3：总部实施
- 开始（季度）：5
- 持续时间（月）：6
- 概算成本：硬件 200，软件 400，第三方 960，合计 1560
- 资源使用：信息部门 4，用户 8，第三方 4，合计 16
- 补充信息：
  - 长期计划
  - 1个服务器=20万美元；
  - 软件成本=40万美元。
- 描述：
  - 在本阶段的实施包括2个部分：
  - 1-需求计划（时间3～12个月）
  - 需求计划包括如促销以及外部事件产生的需求。需求预测是通过统计及时间序列数学方法从销售历史来分析预测将来的需求。
  - 2-供应链计划（时间在3～12个月）
  - 供应链计划通过汇总各级资源以及重要物资来设计带有约束条件的生产计划。供应链计划通常覆盖多个生产厂与配送、销售点，能在某种程度上提供整个供应链的同步计划。

阶段 4：试点单位实施
- 开始（季度）：7
- 持续时间（月）：6
- 概算成本：硬件 200，软件 400，第三方 960，合计 1560
- 资源使用：信息部门 3，用户 3，第三方 4，合计 10
- 补充信息：
- 描述：
  - 本阶段包括上阶段的2个部分以及第3个部分：
  - 3-可供量（时间1～60天）
  - 通过当前的库存量和生产情况来确定在未来的时期内客户的需求量能否得到满足。在目前的先进计划与调度系统产品中，可供量的功能有的是有单独的模块，也有的是在情景分析模块中支持该功能。

阶段 5：改进与编制实施计划
- 开始（季度）：9
- 持续时间（月）：2
- 概算成本：硬件 0，软件 0，第三方 80，合计 80
- 资源使用：信息部门 1，用户 2，第三方 1，合计 4
- 补充信息：
- 描述：
  - 评估试点单位实施结果；
  - 找出可以提高的地方；
  - 修改必须改动的设计部分；
  - 编制详细的实施计划。

阶段 6：推广
- 开始（季度）：10
- 持续时间（月）：9
- 概算成本：硬件 1800，软件 3600，第三方 9720，合计 15120
- 资源使用：信息部门 18，用户 18，第三方 27，合计 63
- 补充信息：
- 描述：
  - 将试点的系统配置推广到其他工厂。

阶段 7：供应订单执行优化
- 开始（季度）：13
- 持续时间（月）：6
- 概算成本：硬件 400，软件 800，第三方 1920，合计 3120
- 资源使用：信息部门 4，用户 20，第三方 8，合计 32
- 补充信息：
- 描述：
  - 本阶段包括以上的3个部分以及第4和第5个部分。
  - 4-生产计划（时间1～30天）
  - 编制主生产计划，考虑到一些约束条件如物料的获取、生产能力以及其他的业务目标。
  - 5-运输计划（时间1～7天）
  - 通过考虑发运计划以及每个相应的订单，优化装运过程。装运工具等。

A 公司 IT 总体规划项目工作包描述示例

工作包	C5　ERP-销售与市场（包括天然气销售）

目标：
建立一套完整的、规范的、集成的、开放的业务管理体系覆盖A公司的销售与市场业务。集成加油站管理系统、客户服务中心管理系统以及海运系统。
掌握及时、准确的库存信息，减少意外损失。
集成先进计划与高度系统，优化运输计划和销售计划。
及时统计分析销售信息，使之成为销售预测和决策支持的依据。
建立客户关系管理系统，加强销售管理和预测。

范围：
采购管理
运输管理
库存管理
销售管理
财务管理

需求：

功能需求：
面对竞争日益激烈的市场，没有及时、准确、充分的信息支持就无法加强内部管理和控制。所以，建立高效的管理信息系统对销售公司的管理是至关重要的。

-采购与运输管理
采购合同，运输计划，供应商管理，应付款管理；
-库存管理
库存计量，采购入库，销售出库，库存盘点，库存统计；
-销售管理
加油站网络管理，销售合同，客户管理，销售信息统计，销售策略与定价下达；
-财务管理
应收账管理，应付账管理，总账管理，现金管理，报表合并，固定资产管理。

集成需求：
-IC卡清算；
-加油站管理系统；
-客户服务中心；
-先进计划与调度系统；
-海运系统；
-FMIS系统；
-与天然气管道、炼油与化工的ERP的接口。

在市场与销售公司，企业资源计划系统将着重考虑销售公司的进、销、存业务，使信息能够实时地在整个公司范围内共享，并集成IC卡业务、运输计划与调度系统和加油站管理系统的信息，形成一个完整的销售管理信息系统。

-IC卡清算
IC卡是A公司在成品油零售方面未来的发展方向，所以加快建立IC卡加油系统是炼油与销售公司非常迫切的需求，而如何从加油站的IC卡机中收集IC卡加油信息，通过何种途径传输至银行的IC卡结算中心，是在设计信息系统技术架构时要考虑的问题。

IC卡的销售信息需要进入销售管理信息系统，以进行企业内部的结算和统计分析，如何将IC卡的销售信息输入销售管理信息系统是实现IC卡与管理信息系统集成的关键。

IC卡上记录了每个客户的每次加油信息，结合从发卡单位获得的客户信息，就可以对各类客户的消费方式和消费习惯进行统计分析，以作出更准确的市场预测和发展策略。内部采购属于内部交易活动，将市场与销售ERP与其他ERP在某种程度集成可以使整个供应链更好地得到优化。

-客户服务中心
　-成品油
根据销售总公司的发展方向，将建立客户服务中心，由客户通过电话进入客户服务中心的电话订货系统，直接进行查询和订货活动。所以需要销售管理信息系统能够与客户服务中心系统进行信息交换，提高服务水平。

客户服务中心服务的对象有销售客户（电厂、军队、宾馆、其他系统加油站等大客户）以及A公司系统内的加油站，所以对收集的信息需要进行分别处理，对销售客户的订货，要由销售管理信息系统直接生成销售订单和成品油发货计划；对内部加油站的订货，要由信息系统对油库发出发货指令，并作库存转移处理。

负责人：
公司总部信息主管副总裁

投入的资源：
炼油与销售专业公司
化工与销售专业公司
天然气与管道专业公司
相关业务部门
地区公司（试点和实施）
IT部门
审计部门
供应商
变革管理（外部）
炼油与销售行业专家（外部）
炼油与销售技术专家（外部）
第三方人员（外部）

A公司IT总体规划项目工作包描述示例

C5-ERP-销售与市场（包括天然气销售）

-化工产品

这一系统同样可以支持大宗化工产品的销售。这需要与新成立的化工销售公司讨论。

-天然气

将来天然气与管道公司在加气站的零售业务也可通过本系统实现。

海运公司：

海运公司负责将成品油从东北经海路运往南方各个港口城市，海运公司的管理信息系统负责船只、库存、运输计划的管理。销售总公司需要集成海运系统，以统一考虑销售计划、运输计划以及库存计划。

方法：

#	阶段名称	开始（季度）	持续（月）	硬件	软件	第三方	总计
1	分析	1	1	0	0	60	60
2	设计与开发	1	5	1000	10000	960	11960
3	试点	3	6	0	0	1152	1152
4	完善设计与实施计划	5	3	0	0	180	180
5	推广	6	18	3000	0	6480	9480
	合计成本（US$ 000）			4000	10000	8832	22832

方法的注释：

实施时间表

由于激烈的市场竞争与内部管理的需求，市场与销售管理系统必须在2~3年内完成。

ERP系统将被用来支持成品油、化工产品和天然气产品销售业务。

将有一个中央订单处理中心，19个成品油销售公司，6个化工产品销售公司，天然气产品销售公司。

见电子市场部分。

其他背景信息：

业务战略：
炼油与销售公司要在两年内将加油站扩充至一万家左右，销售业务在近期会得到迅速的拓展。
化工专业公司已建立了6个销售中心来集中管理其销售业务。
天然气与管道公司将在未来拓展其零售业务。

现状：

采购与运输管理：

目前，所有的采购合同管理和采购合同分析都由手工完成，如果使用先进的工具，系统地、完整地、分门别类地保存采购合同，并能对其信息进行详细的统计和分析，以提高采购管理的水平。

目前，多数销售公司都有运输设备。另外，管线、铁路、海运公司也可以进行运输，而产品的运输需求又是复杂和多变的，所以，如何平衡运力和运输需求之间的能力，是优化运输计划的关键。

库存管理：

目前在各级油库、管线内、加油站、运输设备、仓库、在途过程中，都有产品的库存。而这些库存由于管理手段的落后，不能实时统计库存，造成意外的损失。为严格库存管理，销售公司必须掌握第一手的进、销、存数据。

油库的管理与一般的库存管理不同，油品是储存在大型的油罐中，而油罐测量的液面高度和质量、体积的转换受到液面测量技术手段的制约，所以应该对库存采用专有的管理方法。

目前，对各级油库和加油站的库存管理方法落后，在计量时没有考虑温度等因素对油品库存的影响。不考虑温度的计量方法，会在采购和销售时产生差异。所以，库存管理应该加入相关因素。

各级销售公司、油库和加油站的库存盘点会因时间因素产生差异。由于销售的需要，账面库存经常出现负数库存，而实际库存的盘点时机、盘点流程以及与账面库存的对账流程没有统一、严格、规范的管理。所在需要有系统来支持整个库存的盘点业务。

前提条件：

市场与销售ERP系统的建立和实施在很大程度上依赖于通讯系统，所以这里假设在市场与销售系统实施的各个地方的通讯系统都能够满足实施需要。

销售与市场ERP系统需要与炼厂、化工、管道与天然气的ERP系统实现集成，以传递销售数据。

A公司IT总体规划项目工作包描述示例

C5-ERP-销售与市场（包括天然气销售）

销售管理：

目前，A公司共有6000余家加油站，其中3000余家属于炼油销售总公司，而销售总公司的目标是在二至五年之内发展到10000余家加油站，天然气与管道公司将发展加气站业务，所以对每个加油站、加气站的业务的管理以及其信息的统计汇总，将成为一种挑战。

加油站的管理是一个比较复杂的系统，它包括IC卡的结算、POS机、库存管理、销售管理以及将来要发展的商品零售、汽车服务等管理。所以，销售系统如何收集加油站的管理业务信息，并将加油站所需要的价格、销售策略等信息快速传递到各个加油站是信息系统需要解决的一个重要问题。

目前，成品油市场情况较好，成品油的销售都是"先款后货"。但在市场低迷时，应收账款的分析和客户的信用管理就会成为财务管理的重点。

最近，国际油价波动较大，而国内成品油价格在过去的半年内已经调整了6次，而随着油品市场逐渐开放和市场竞争的日益激烈，这种价格变化会变得更加频繁。没有强大的和有效的信息系统的支持，A公司就无法对这种频繁波动的市场价格作出快速和积极的反应，所以，信息系统应能够就价格因素对市场和业务影响作出详细的、迅速的统计和分析。

财务管理：

目前，销售总公司的各级业务单位的管理业务（采购、销售、库存等）都是由手工系统处理。在财务上，由FMIS系统记账，而FMIS系统是一个会计核算和报表系统，它无法在系统中处理各种管理业务，而管理业务对财务产生的影响只能通过财务凭证记账的形式进入FMIS系统，所以需要有一套功能更加强大的系统来对业务流程和财务管理进行集成。A公司有将近一半的收入是通过销售总公司的成品油销售实现的，而且这一比例还将随着加油站的发展而增高。目前，加油站的收入大部分都是现金，所以信息系统应该加强在加油站销售收入结算/对账方面的管理。

销售公司在业务上覆盖地域广，其各个业务单位之间都存在库存转移、采购、销售等物流和资金流的活动。目前，销售公司采用手工汇报或FMS系统对其进行清算，各地对各种管理业务的结账日期不尽一致，有些内部交易无法自动抵冲（例东北公司对省公司的销售），结账周期较长。所以，需要一套集成系统，统一业务流程，处理相关业务交易。

收益：

#	描述	可量化	可重复	补充信息
1	获得及时、准确的存货信息	☐	☑	
2	获得实时销售信息，提供销售预测和决策支持的基础数据	☐	☑	
3	实时信息共享	☐	☑	
4	决策支持	☐	☑	
5	提高存货监控水平	☐	☑	
6	提高预算准确性（更好的成本控制）和现金流控制	☑	☑	

风险：

在ERP系统设计时，需要对现有的不合理业务流程进行重组，对管理职能进行调整，可能还需要设立新的组织机构或对现有的组织机构进行调整。这些都需要A公司领导层的充分支持。

在ERP系统实施时，需要有大量来自不同专业公司的人员涉及其中，所以需要得到A公司项目小组和各个业务部门的充分支持。

将客户化工作限制在最低限度。

假设：

成本估计是基于标准价格，即不含折扣。

在推广实施阶段，每个单位的实施需要3个月时间。

每个实施小组包括6名IT人员、12名用户和6个第三方人员。

A公司IT总体规划项目工作包描述示例

C5 ERP-销售与市场（包括天然气销售）

阶段:				
阶段	1	分析		
开始（季度）	1	持续时间（月）		1
概算成本	硬件	软件	第三方	合计
	0	0	60	60
资源使用	信息部门	用户	第三方	合计
	5	10	5	20
补充信息：				

描述：

目标：

项目实施的第一阶段是整个项目实施过程中至关重要的一个时期，在这个阶段将确定整个项目的实施原则、实施范围、时间表和系统选型。

特点：

在项目实施准备阶段：

A公司的领导层将大量介入系统的原则制订和实施的方案确定；实施的业务范围和重点的业务流程都将在这里确定。

在本阶段，确定业务流程的范围和主要业务流程。

报告：

项目实施小组组织结构

系统功能需求定义

实施方法

软件评估报告

任务：

成立销售与市场ERP项目指导小组

成立项目组

确认项目范围

确认FMIS将被替代

业务流程分析

分析业务需求

确认系统选型

评估系统安装模板

确认培训需求

设计实施计划，选择试点单位

阶段	2	设计与开发		
开始（季度）	1	持续时间（月）		5
概算成本	硬件	软件	第三方	合计
	1000	10000	960	11960
资源使用	信息部门	用户	第三方	合计
	16	16	16	48
补充信息：				

描述：

目标：

市场与销售所有的业务单位将采用统一的ERP方案和标准的业务流程。所以在项目的第二阶段将对各个业务单位的组织架构、业务流程、系统接口作出详细设计，其中包括业务流程变革方法和详细的实施方案。

特点：

在项目的模板设计阶段：

分为各个不同的小组，分别负责ERP、POS、IC卡、客户服务中心、油库、海运系统；

有大量的A公司业务人员涉及其中，协助制订业务流程的方案；

设立专门的小组负责各个系统的接口设计和系统的技术架构；

对项目小组进行必要的实施培训。

报告：

各个系统的详细设计报告

技术架构报告

详细实施方案

业务流程的再设计

销售与市场的ERP系统安装模板

培训资料

任务：

业务流程重新设计

设计ERP系统安装模板

POS系统接口设计

IC卡机系统集成接口设计

FMIS接口设计

客户服务中心设计

海运系统集成设计

设计标准报告

编写设计文档

对项目组培训

A 公司 IT 总体规划项目工作包描述示例

C5 ERP-销售与市场（包括天然气销售）

阶段	3	试点			
开始（季度）	3	持续时间（月）			6
概算成本	硬件	软件	第三方		合计
	0	0	1152		1152
资源使用	信息部门	用户	第三方		合计
	16	32	16		64
补充信息：					

描述：
目标：
试点单位为中央订单处理中心和一个异地公司。
特点：利用修改后的安装模板制定详细的实施推广计划和方法，培训一批能够推广实施系统的队伍。
报告：
项目实施方法报告
试点单位上线的ERP系统
改进后的业务流程
培训材料
任务：
项目小组培训
实施业务流程改进
ERP系统设置和实施
测试系统模块和接口
模块实施
集成测试
数据转换
系统上线运行
必要时确认FMIS系统的正常运行

阶段	4	完善设计与实施计划			
开始（季度）	5	持续时间（月）			3
概算成本	硬件	软件	第三方		合计
	0	0	180		180
资源使用	信息部门	用户	第三方		合计
	5	10	5		20
补充信息：					

描述：
目标：
修改并最终确认实施模板，制订详细的实施方案。
特点：
本阶段将参考试点实施的结果对模板和实施计划作出修改。
报告：
详细模板设计
详细实施方案
任务：
模板设计、模板定型
确认推广计划和各单位实施的先后次序
确认FMIS的替代方案和时间表
确认推广实施的IT支持结构
建立推广实施小组
推广小组培训

阶段	5	推广			
开始（季度）	6	持续时间（月）			18
概算成本	硬件	软件	第三方		合计
	3000	0	6480		9480
资源使用	信息部门	用户	第三方		合计
	30	60	30		120
补充信息：					

描述：
目标：
在整个A公司销售业务单元推广实施ERP系统。
特点：
推广阶段将包括29个单位，17个成品油销售公司，6个化工销售公司和6个天然气销售公司。由5个实施组完成，每个实施组完成6个单位。
报告：
实施报告
任务：
用户培训
流程改造
配置与系统测试
数据转换
系统上线运行
必要时确保FMIS系统的正常运行

A公司IT总体规划项目工作包描述示例

D1-电子采购

工作包	D1 电子采购

目标：
提高采购流程的效率，短期内降低采购交易成本，较长远的目标是实施全价值采购和供应商联盟。

范围：
最初的采购花费分析将针对低值易耗品，并找出明显的目标，估计潜在的产品和服务的成本将降低10%。

需求：
功能需求：
- 流程改进
- 全价值采购
- 整个供应链流程
- 采购需求
- 目录管理
- 市场划分
- 采购类型

集成需求：
- 基于ERP的系统集成
- 集成的最佳组合
- 分散的功能
- 机构重组
- 全国性的
- 地区性的
- 业务范围

负责人：
A公司总裁

投入的资源：
公司高层领导
IT部门
地区公司的采购部门
A公司采购部门
财务部
审计部门
技术专家（外部）
设计专家（外部）
变更管理专家（外部）
电子商务专家（外部）
第三方人员（外部）

方法：

#	阶段名称	开始（季度）	持续（月）	硬件	软件	第三方	总计
1	战略	1	1	0	0	450	450
2	设计和开发	1	2	0	1000	900	1900
3	实施阶段1	2	3	500	0	1350	1850
4	实施阶段2	3	24	500	500	1440	2440
	合计成本（US$ 000）			1000	1500	4140	6640

方法的注释：
阶段性的实施方法可以取得较早的效益，随后推广。

其他背景信息：
A公司将采购外包给集团公司。整个采购大约有600亿元。

定义
电子采购：通过互联网实现商品和劳务的采购。
电子商务：在互联网上进行商务活动。

前提条件：
ERP
广域网
因特网接入

收益：

#	描述	可量化	可重复	补充信息
1	价值链集成	☑	☑	
2	行业转型	☐	☑	
3	渠道拓展	☑	☑	

风险：
风险：
范围定义：小范围地进行以明确电子采购概念，逐步扩展。
系统的复杂程度有可能被低估。
有技能和经验的员工紧缺。

假设：
对于电子采购实施的成本估计是基于以下假设：
购买网上采购信息系统，在总部和供应商处安装；
开发连接采购、支付和工作流模块的接口；
制定用户审核程序和采购工作规则；

A公司IT总体规划项目工作包描述示例

D1-电子采购

没有全价值采购，有些效益无法实现。 影响： ERP/系统的集成： 电子采购将需要后端的系统集成（ERP、生产和物流）以实现流程的集成。工作流管理将是电子采购的关键。 将需要新的技术能力： 电子商务将不可避免地需要新的技能和能力，即使对渠道拓展来说也是如此。一旦A公司走上电子商务的道路，用户环境将从客户/服务器转向浏览器技术。 组织变化： 电子商务将对许多流程规定共同的方法，从勘探生产到市场与销售，这将需要结构的改变和共享服务来提高效率。	开发相关的内容分类数据库以实现实时的非库存采购； 升级现存Web服务器以处理更大的交易量。 A公司的财务数据： 炼油产品销售1200亿元 非炼油产品销售250亿元 备品备件采购580亿元 资本性采购480亿元 库存180亿元

阶段：

阶段	1	战略				描述：
开始（季度）	1	持续时间（月）			1	目标：
概算成本	硬件	软件	第三方		合计	设计策略指导A公司的价值取向、财务计划、技术解决方案等。
	0	0	450		450	任务：
资源使用	信息部门	用户	第三方		合计	准备电子采购的高层次的业务模式；
	5	10	15		30	了解现有流程、供应商关系和技术需求；
补充信息：						确认电子采购的产品和供应商；

目标：设计策略指导A公司的价值取向、财务计划、技术解决方案等。
任务：
准备电子采购的高层次的业务模式；
了解现有流程、供应商关系和技术需求；
确认电子采购的产品和供应商；
开发高层次的财务预测；
开发高层次的公司、税务和法律框架；
开发高层次的商务计划并上交董事会；
准备网站软件解决方案的招标说明书。
成果：
给董事会提供业务模式和商务分析；
收入模式和收费结构；
3年的财务预算；
电子采购的产品、服务和流程；
技术需求和招标说明书；
税务和法规。

阶段	2	设计与开发				描述：
开始（季度）	1	持续时间（月）			2	目标：
概算成本	硬件	软件	第三方		合计	选择供应商，实施软件，建立网站。
	0	1000	900		1900	任务：
资源使用	信息部门	用户	第三方		合计	设计未来的采购流程；
	5	10	15		30	确认物资供应商；
补充信息：						

确认电子采购商品和供应商；
进行收入分析并制定财务计划；
设计电子采购系统结构（未来的ERP？）；
选择电子采购解决方案。
成果：
商务计划；
网站的组织流程图；
电子采购的商品范围和流程；
A公司的电子采购网站。

阶段	3	实施阶段1				描述：
开始（季度）	2	持续时间（月）			3	目标：
概算成本	硬件	软件	第三方		合计	改进采购流程及技术解决方案，并以全价值采购为目标。
	500	0	1350		1850	
资源使用	信息部门	用户	第三方		合计	
	5	10	15		30	
补充信息：						

A 公司 IT 总体规划项目工作包描述示例

D1-电子采购

任务：
建立与业务伙伴的沟通和目录下载程序；
建立/设置必须的电子采购系统基础设施；
实现A公司电子采购的目录；
实施改进的采购流程（网站）；
获取供应商产品信息；
实施电子采购的试点方案；
实施与供应商和后台系统的集成。

成果：
实施全价值采购的计划。

阶段	4	实施阶段2					
开始（季度）	3	持续时间（月）			24	描述：	
概算成本	硬件	软件	第三方		合计	目标：	
	500	500	1440		2440	全价值采购。	
资源使用	信息部门	用户	第三方		合计		
	5	10	2		17	任务：	
补充信息：						实施与供应商和后台系统的集成。	

A公司IT总体规划项目工作包描述示例

E2-企业信息门户

工作包	E2 企业信息门户

目标：
- 最终目标是为A公司内部的信息使用者提供一个快捷获取数据的工具；
- 为整个A公司的信息发布提供一个共用的渠道；
- 充分利用在数据仓库、ERVBCXP及其他信息系统方面的投资；
- 开发并实施内部站点的共同特征。

范围：
开发一个可扩展的企业信息门户（EIP）构架。
设计并实施标准EIP工具，包括：
- 内容管理；
- 公告板；
- 搜索引擎；
- 个性化工具。

开发内部站点标准。
为法律部和其他总部部门设计和实施简单的文件管理方案。

需求：
网站内容管理
搜索及读取设施
个性化及合作化信息过滤
促进员工与员工之间（E2E）以及公司与员工（B2E）之间的沟通
与主要系统之间的接口
支持合同管理和公文流转管理的文档管理系统

负责人：
总部IT部门总经理

投入的资源：
专业公司及地区公司IT部门

方法：

#	阶段名称	开始（季度）	持续（月）	硬件	软件	第三方	总计
1	现状分析	1	3	0	0	252	252
2	设计和开发	2	3	100	300	252	652
3	试点	3	3	100	500	252	852
4	评估	4	1	0	0	60	60
5	实施	4	6	1000	500	144	1644
	合计成本（US$ 000）			1200	1300	960	3460

方法的注释：
EIP的充分应用需要好几年的时间才能完成，并且最好采用循序渐进的办法实施。该工作包提供了整个演进过程的第一步，奠定了日后进一步完善的灵活基础。

需要奠定的基础包括：
- 公司RIP构架。
- 标准工具的选择，以便各地区公司迅速地实施满足其特定需要的内部站点。
- 便于A公司员工在公司的任何地方充分使用技能及信息的手段。
- 迅速体现这一方案的价值，以获得高层领导的支持。
- 评估和确认对文档管理系统的需求。

需要实施一个单独的子系统来加强对合同的管理。这个项目将成为A公司今后发展完善类似系统的基础。一个完整的文档管理系统非常复杂而昂贵，建议A公司首先在总部实施一个简单的系统，并在评估其价值后考虑在公司的其他机构推广。

其他背景信息：

企业信息门户（EIP）为员工提供了一个虚拟的中心，在这里他们可以得到开展工作所需要的所有信息。EIP将有序与无序的信息集成起来，通过一个中央站点以网络接入的方式提供信息，中央站点可以经过个性化处理满足各个员工的特定需求。

A公司将会从EIP中获益。但是A公司目前缺乏标准的后台系统会是一个主要的挑战。所以，目前能通过EIP发布的有序信息还很少。随着A公司IT规划实施的进展，这一问题会得到逐步解决，EIP所能提供的信息也会大大丰富。

文件管理是EIP的一种相关技术，它包括对纸质文档、数字文档和公文流转的管理。先进的文档管理系统都可实现与因特网和EIP的集成。系统供应商把它们产品定位为EIP产品，而EIP是执行公司信息发布职能的核心工具。文档管理系统是为了管理无序数据，并通过网站界面发布这些信息，但是，仅凭借这一点而确认文档管理系统对A公司的重要性是远远不够的，作为EIP工作包的一部分，A公司应做一个短期的需求分析来确认文件管理系统对A公司的价值。如确认文件管理系统确能为A公司带来潜在利益，则应设立一个单独的项目为A公司建立一套文件管理解决方案，并将其集成到EIP中。

前提条件：
广域网及局域网基础设施

A公司IT总体规划项目工作包描述示例

E2-企业信息门户

收益：

#	描述	可量化	可重复	补充信息
1	从多个内部和外部来源集成和传播业务信息	□	☑	
2	提供信息查询、扩大/自动化管理功能，在具体的业务领域、流程和社区提供信息查询、扩大/自动化管理功能，来满足用户的需求。	□	☑	
3	为信息源和应用系统集成提供可扩展的框架和平台	□	☑	
4	提供友好的用户界面，易于存取的信息	□	☑	

风险：

- 对于通过EIP共享信息这一新做法的接受程度。
- 管理人员和最终用户可能有不太现实的期望。EIP无法解决所有信息内容质量、有效性、现有系统功能差、基础设施瓶颈和差距等问题。
- 技术基础设施的匮乏（尤其是广域网）可能会成为成功实施的重要障碍。

假设：

总部及专业公司领导支持工作，能促进A公司员工在开发内部站点上的合作。

阶段：

阶段	1	现状分析				描述：
开始（季度）	1	持续时间（月）			3	- 成立项目组
概算成本	硬件	软件	第三方		合计	统计公司现有的内部网站，评估其质量。
	0	0	252		252	确认每个地区公司的主要联系人。
资源使用	信息部门	用户	第三方		合计	- 分析业务需求
	10	7	7		24	确认可能的与其他现有系统的接口。
补充信息：						- 进行技术评估
						分析确认功能需求和解决方法。
						- 进行用户分析
						- 评估和选择文档管理系统。

阶段	2	设计和开发				描述：
开始（季度）	2	持续时间（月）			3	设计网站内容管理流程；
概算成本	硬件	软件	第三方		合计	设计和开发标准的网站界面；
	100	300	252		652	设计技术要求；
资源使用	信息部门	用户	第三方		合计	安装和设置EIP软件包；
	10	7	7		24	实施接口；
补充信息：						设计和测试对软件的修改；
						制订公司内部沟通计划；
						制订培训计划；
						制订推广实施策略；
						实施文档管理系统。

阶段	3	试点				描述：
开始（季度）	3	持续时间（月）			3	建立系统管理和运行的基础设施；
概算成本	硬件	软件	第三方		合计	确定实施标准；
	100	500	252		852	对系统进行全面的测试；
资源使用	信息部门	用户	第三方		合计	建立系统环境；
	10	7	7		24	建立对系统的支持；
补充信息：						实施沟通计划；
						收集用户反馈；
						实施文档管理流程。

A 公司 IT 总体规划项目工作包描述示例

E2-企业信息门户

阶段	4	评估				描述：
开始（季度）	4	持续时间（月）			1	确认问题和改进机会；
概算成本	硬件	软件	第三方	合计		完善和实施新的技术标准；
	0	0	60	60		进行系统实施或不实施的评估；
资源使用	信息部门	用户	第三方	合计		监控系统的运行状况；
	10	5	5	20		进行系统能力计划；
补充信息：						进行可行性评估
						进行用户评估
						继续开展沟通计划。

阶段	5	实施				描述：
开始（季度）	4	持续时间（月）			6	对关键的地区公司人员进行培训；
概算成本	硬件	软件	第三方	合计		督促地区公司的实施工作；
	1000	500	144	1644		实现地区公司间的集成；
资源使用	信息部门	用户	第三方	合计		确认进一步拓展EIP的机会和建议。
	10	5	2	17		
补充信息：						

A公司IT总体规划项目工作包描述示例

F3-电子邮件服务改进

工作包	F3 电子邮件服务改进

目标：
改善电子邮件服务的质量，可靠性和性能。

范围：
这个工作包包括标准的建立和实施问题：
- 电子邮件使用政策；
- 电子邮件服务器配置；
- 电子邮件地址和命名规则。

这个工作包不包括电子邮件客户端的安装和配置，这部分内容将在客户桌面标准化工作包（F5）中进行阐述。

需求：
电子邮件服务的需求包括：

- 可靠及准确的电子邮件发送和接收
- 网络的高效利用
- 安全
- 易用
- 在A公司所有的业务地点普及使用
- 能够向INTERNET发送和接收信息，与其紧密集成。

负责人：
总部IT部门总经理

投入的资源：
总部IT部门
专业公司IT部门
地区公司IT部门
作业单元IT支持队伍

方法：

#	阶段名称	开始(季度)	持续(月)	硬件	软件	第三方	总计
1	分析	1	1	0	0	36	36
2	设计和标准制定	1	1	0	0	36	36
3	建立及测试	1	1	15	100	36	151
4	实施	2	7	1000	10000	252	11252
	合计成本 (US$ 000)			1015	10100	360	11475

方法的注释：
关于电子邮件的管理应集中在公司总部IT部门，由其制定严格的政策和标准来管理这些服务的使用和运行。因此，项目实施方法是为电子邮件服务器建立开发电子邮件使用政策和标准，然后分发这些标准在A公司范围内实施。

其他背景信息：
在所有世界领先的公司中，电子邮件已经和电话传真一起成为其通讯设施的一部分，并且已经变成业务应用的关键工具。目前在A公司电子邮件的使用水平较其竞争者低。

在不远的将来，随着A公司完善其IT设施和应用，电子邮件会成为其不可或缺的工具。电子邮件也是任何电子商务活动不可分割的部分。这个工作包可以保证A公司为这些设施建立坚实的基础。

前提条件：
广域网和局域网

收益：

#	描述	可量化	可重复	补充信息
1	提供有效的通讯信道	☐	☑	
2	节约纸张、传真和电话成本	☑	☑	减少管理成本
3	更多商业信息将在因特网上交换，生产率和效率将大幅度提高	☐	☑	
4	降低信息采集的成本	☑	☑	更多可用于决策支持和统计的数据
5	提高报告效率	☐	☑	更多信息可通过电子邮件合并

风险：
随着电子邮件变得越来越重要，对其可靠性和性能的期望会随之增加。技术结构的设计应具有可伸缩性以处理增加的负载。对电子邮件的不当使用可以导致低效率甚至商业风险。

假设：
成本的计算是假设大约有50000台PC。

A公司IT总体规划项目工作包描述示例

F3-电子邮件服务改进

阶段：

阶段	1	1 分析				
开始（季度）	1	持续时间（月）			1	描述：
概算成本	硬件	软件	第三方		合计	目标：
	0	0	36		36	了解现有的电子邮件配置。
资源使用	信息部门	用户	第三方		合计	
	5	1	3		9	任务：
补充信息：						收集数据：

- 现存的电子邮件授权数量；
- 现有的电子邮件服务器配置；
- 现有的投入能力；
- 现有的命名规划；
- 电子邮件管理员名单；
- 电子邮件使用模式；
- 目前设施。

确定改进的机会：
估计所需电子邮件授权的数量；
发现改进NOTES数据库的机会，辨别用户；
分析设施情况。

阶段	2	2 设计和标准制定				
开始（季度）	1	持续时间（月）			1	描述：
概算成本	硬件	软件	第三方		合计	目标：
	0	0	36		36	设计改进电子邮件设施。
资源使用	信息部门	用户	第三方		合计	
	5	1	3		9	任务：
补充信息：						建立电子邮件使用政策；

建立电子邮件标准；
建立公司范围的电子邮件体系结构；
进行成本估计和可行性分析；
获得管理支持；
建立需求；
评估广域网构架需求及广域网改进机会；
建立实施计划。

阶段	3	3 建立及测试				
开始（季度）	1	持续时间（月）			1	描述：
概算成本	硬件	软件	第三方		合计	目标：
	15	100	36		151	实施和测试标准服务器配置。
资源使用	信息部门	用户	第三方		合计	
	5	10	3		18	任务：
补充信息：						评估和选择供应商；

在测试系统中实施标准服务器配置；
在测试服务器上进行负载测试。

阶段	4	4 实施				
开始（季度）	2	持续时间（月）			7	描述：
概算成本	硬件	软件	第三方		合计	目标：
	1000	10000	252		11252	在A公司范围内推广电子邮件标准。
资源使用	信息部门	用户	第三方		合计	
	65	30	3		98	任务：
补充信息：						对邮件管理员组织培训；

假定60台邮件服务器；
每个项目实施将需要3个月和2个IT人员；
硬件假设每个服务器15000美元，在中心机构还需要100000美元购买附加的；
硬件；
假设有大约50000台PC机。

颁布标准的电子邮件服务器配置；
启动和监控实施。

A公司IT总体规划项目工作包描述示例

G5-信息技术共享服务中心

工作包： G5 信息技术共享服务中心

目标：
依照对IT的总体战略，建立共享服务中心，更有效、低成本地为A公司提供IT服务。

范围：
完成共享服务中心的可行性研究及实施策略
确认共享服务中心流程
实施计划
转型

需求：
A公司的业务计划需要制定一个高效的IT组织结构及支持流程以充分利用IT总体规划中所列明的众多机遇。

建议的新IT结构的一部分便是IT共享服务中心。该项工作包需要进行成本收益分析，建立业绩评估指标与制度，保证共享服务中心符合A公司的要求。

这是一个非常适用和重要的工作包，可以帮助A公司接近国际领先石油公司的先进做法。

负责人：
总部IT部门总经理

投入的资源：
总部IT部门
各专业公司
各专业公司及地区公司的IT部门

方法：

#	阶段名称	开始(季度)	持续(月)	硬件	软件	第三方	总计
1	分析	1	1	0	0	150	150
2	设计	1	2	0	0	600	600
3	试点项目	2	2	500	100	300	900
4	完善与实施计划	2	1	0	0	150	150
5	推广	3	6	2500	400	2160	5060
	合计成本 (US$ 000)			3000	500	3360	6860

方法的注释：
阶段1：分析
阶段2：设计
阶段3：试点项目
阶段4：完善与实施计划
阶段5：推广

其他背景信息：

前提条件：
在实施该工作包之前，需要完成第24个工作包中明确的IT功能及共同展望目标。

收益：

#	描述	可量化	可重复	补充信息
1	降低整个公司IT支持的成本	☑	☑	
2	通过集中化的技术支持，能提供更专业化的服务以提高服务质量	☐	☑	
3	集中在IT问题的解决上	☐	☑	
4	提供灵活的结构，以利于未来的重组（外包？）	☐	☐	

风险：

假设：

A 公司 IT 总体规划项目工作包描述示例

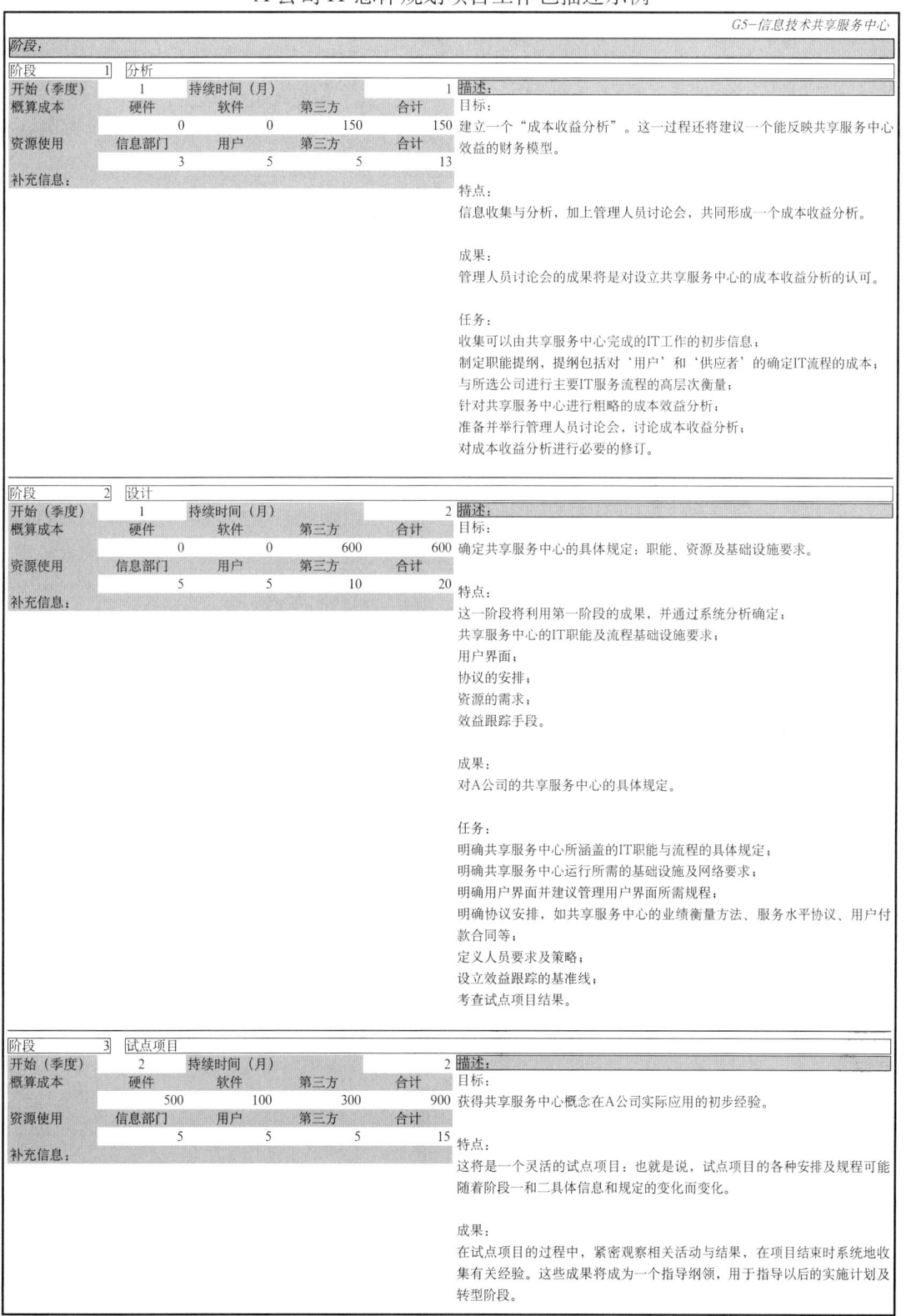

A公司IT总体规划项目工作包描述示例

G5-信息技术共享服务中心

任务：
在A公司的指定部分开展试点项目；
记录所有发生的经验教训；
评估项目记录试点过程中的经验教训；
利用这些经验教训，修改共享服务中心计划及成本收益分析。

阶段	4	完善与实施计划			
开始（季度）	2	持续时间（月）			1
概算成本	硬件	软件	第三方		合计
	0	0	150		150
资源使用	信息部门	用户	第三方		合计
	5	5	5		15
补充信息：					

描述：

目标：
分析影响实施及确定一致认可的计划的各种因素。

特点：
该阶段的工作涉及A公司的许多部门，并需要大量沟通往来，以便了解风险与障碍并设计相应的处理计划。

成果：
具体的实施计划，包括：项目管理办公室、职能、风险管理策略、沟通策略、人员要求及策略、效益跟踪手段，等等。

任务：
建立共享服务中心的实施计划，包括：
-设立IT门户链接；
-从A公司内部（内部调动或提拔计划）或外部（招聘计划）选拔共享服务中心人员；
-了解实施风险及障碍；
-制定处理风险及障碍的策略与计划；
-设立项目管理办公室，管理实施进程；
-定义实施过程中员工的职能与责任，并分派给制定员工；
-确认业绩衡量标准及业绩评估程序。

阶段	5	推广			
开始（季度）	3	持续时间（月）			6
概算成本	硬件	软件	第三方		合计
	2500	400	2160		5060
资源使用	信息部门	用户	第三方		合计
	20	20	12		52
补充信息：					
假设有5个共享服务中心（包括试点项目），每一个项目小组包括5个IT人员、5个用户、3个第三方人员。					

描述：

目标：
依据制定的计划，建立共享服务中心。

特点：
这是该工作包的推广阶段，将包括共享服务中心的引入、初始运行、业绩跟踪、寻求进一步改进的方法。这一阶段实际需要的时间将在实施计划的过程中确定，但我们假设这一阶段需要15～18个月。

成果：
在实施计划中计划并衡量A公司IT服务水平的提高。

任务：
启动项目管理办公室；
启动转型项目；
人员到位；
启动IT门户链接
使用认可的业绩评估流程考查共享服务中心的业绩，跟踪并记录效益，建议共享服务中心未来改进的方法，并建立一个不断追求完善的文化。寻求其他设立共享服务中心的机会。

A公司IT总体规划项目工作包描述示例

H1–项目管理

工作包	H1 项目管理

目标：
保证工作包的实施及效益的实现。

范围：
所有工作包的核心项目管理
工作包间的协调
给高层领导及IT指导委员会的工作汇报
变革管理协调
培训协调
效益实现协调

需求：
需要在公司总部设立一个项目管理办公室。该办公室负责监控所有工作包的进展情况。项目管理办公室向CIO或总部IT部门领导以及IT指导委员会汇报。项目管理办公室还负责促进项目交流（此为变革管理的一部分）。

负责人：
总部IT部门总经理

投入的资源：
A公司指派的各全职项目经理

方法：

#	阶段名称	开始（季度）	持续（月）	硬件	软件	第三方	总计
1	启动	1	1	0	0	150	150
2	实施项目	2	59	0	0	5310	5310
	合计成本（US$ 000）			0	0	5460	5460

方法的注释：
建立一个有足够人员的项目管理办公室，管理项目的实施。开始时，需要第三方人员保证建立正确的工作程序及结构。随后第三方人员的参与将逐渐减少。

在整个实施阶段都会有全职人员。这些人员将在项目的早期接受项目管理的培训。

其他背景信息：
在IT总体规划的实施阶段，A公司将经历一个历时5年涉及数千甚至数万人的复杂的转型过程。不同的工作包之间有复杂的关联，一个工作包的问题可能影响其他的工作包。

中央项目管理办公室的建立是保证所有项目得以科学计划及实施的关键。

前提条件：
该工作包将在其他工作包前率先开展。

收益：

#	描述	可量化	可重复	补充信息
1	在项目小组和职能部门之间能紧密协作	☐	☑	
2	总体控制预算和进度，更好地与高级管理人员沟通	☐	☑	
3	确保项目向正确的方向前进，清除障碍，监督项目之间的关联	☐	☑	

风险：
单个工作包项目经理间的合作情况将会影响整个IT规划实施的有效性。

假设：
变革管理及效益的实现在每个工作包中也有所涉及，所以项目管理办公室的作用主要是协调这些工作项目管理办公室有足够的权限。

阶段：

阶段	1	启动				
开始（季度）	1	持续时间（月）			1	**描述：**
概算成本	硬件	软件	第三方	合计		启动小组；
	0	0	150	150		设立项目管理办公室；
资源使用	信息部门	用户	第三方	合计		建立相关程序；
	5	5	5	15		培训。
补充信息：						

阶段	2	实施项目				
开始（季度）	2	持续时间（月）			59	**描述：**
概算成本	硬件	软件	第三方	合计		
	0	0	5310	5310		
资源使用	信息部门	用户	第三方	合计		
	5	5	3	13		
补充信息：						

6.3 各类型重点项目解读

6.3.1 经营管理

A 公司在梳理自身业务活动时总结出企业经营管理中通用的五大重要资产和四大主要环节。五项资产包括人、财、物、知识和关系，人指的是人力资源，即对员工的技能、培训、职业规划等进行管理；财指财务管理，即对企业的财务如现金、投资、股票、债券、负债、账款等进行管理；物通常指实物资产，包括土地、厂房、设备、物料、产成品、半成品等；对专利、版权或商标等无形资产及知识产权资产管理；在以上传统企业资产之外，现代企业管理还应同时注重对于企业内外部关系，包括客户、供应商、竞争对手、分销商、渠道伙伴等外部关系和企业内部的各种关系，如内部业务单位、管理层等进行管理。而四项通用业务环节覆盖了从产品、工艺的研发、原材料采购、加工生产制造到最终产品的营销销售和售后服务。

对各个企业来说经营管理活动的目的大致相同，都是通过制定各个业务单元的职责、权限及业务目标并对其进行持续监控和约束以实现对企业内人、财、物等重要资源进行集约管理，保证产、供、销等业务环节的平衡发展。

经营管理类系统的主要目的是帮助企业对以上几类资产进行管理，保证经营管理各个环节之间信息流的通畅，从而优化资源配置，提高企业竞争力。从通用角度出发，本节将会介绍该公司经营管理类系统中最具代表性的 ERP 和供应链系统规划和建设经验。

6.3.1.1 ERP 系统

随着经济全球化的进程，企业所面对的竞争从规模、设备、资源、产能的竞争变为成本、效益、市场响应速度和企业资源配置效率的竞争。在此背景之下企业的管理模式已经发生了重大变革：从生产中心向生产经营中心转变。面对激烈的国际市场竞争，企业需要尊重市场规律，提升自身竞争力，并加强经营管理水平，注重经济效益。

公司领导层清晰地认识到信息化将在企业经营管理活动中发挥越来越重要的作用，所以首先将 ERP 作为提升企业经营管理整体水平的一个切入点项目。规划了全集团集中统一的 ERP 系统，覆盖各个业务领域，搭建集团公司统一的经营管理平台，并期望通过 ERP 系统建设及 ERP 最佳实践的研究，引进先进管理理念，促进企业资源整体规划；打破传统的部门条块分割管理，实现业务的协同运行；通过 ERP 可研阶段对相关业务流程进行全面梳理，参照国际最佳实践和企业自身业务特点全面规范业务流程并将其固化到 ERP 系统之中，并通过控制点的设定和固化，强化企业管理内部控制，最终形成一套完整、规范、集成、开放的业务管理体系；统一管理模式，强化内部控制，提升工作效率和管理水平。

之后，该公司按照信息技术总体规划，实施并推广了 ERP 项目，取得了良好的成果，不仅规范了大量业务流程、提高了工作效率，而且通过 ERP 实施和推广过程中对员工的培训和宣贯，使得业务人员对公司的管理要求和业务流程的认识更加全面，增强了利用信息技术完成本职工作的能力，大幅提升了员工素质；利用 ERP 系统中的生产经营管理数据，为企业量化绩效考核提供了支持。可以说 ERP 系统的成功实施和推广，已经推动了该企业管理模式的转变。

在 ERP 项目投入使用之后，A 公司采用价值工程方法对 ERP 系统的应用效果和系统的业务价值进行评估，并以此为依据在新一版的信息技术总体规划中提出对 ERP 系统进行深化应用，进一步提升 ERP 系统收益。深化应用主要从以下几个方向开展：首先在现有 ERP 系统模块功能基础上进行优化，并结合未来技术和业务需求的发展，融入新技术和新模块，增强系统功能；参照系统应用后评价得出的结论进一步规范完善 ERP 系统内的业务流程，提高事务处理效率，提升管理理念；完善 ERP 系统的管理和运维体系，通过管理制度和技术等多种手段，对 ERP 系统进行管理，满足审计要求，健全运维体系，优化系统性能，保障 ERP 系统的安全、可靠、稳定、统一化、规范化和标准化；以 ERP 为核心，进行面向业务的应用集成，建设集中统一的经营管理平台，实现各个业务领域的协同运作。

6.3.1.2 上中下游一体化的供应链管理系统

A 企业的各个业务领域之间相互关联协作，构成了从原材料开采、工艺技术研发、采购、运输、加工生产、产品配送、销售与市场营销及售后服务等多个业务环节的完整供应链，根据企业所属的行业特性，可以将其业务概括为上游原材料开采与贸易，中游产成品加工和下游的销售与市场。由于集团下属各个业务领域的发展时间和程度不同，所以各个成员企业之间虽然有明显的产成品相互关联关系，但却可以独立运作，也就是说，上游开采或采购而来的原材料，除供给负责生产加工的其他成员企业外，还可以出售给外部客户，中、下游公司之间的关系亦然。

所以为了确保各业务领域能够独立运作，该企业供应链上的各个环节被不同的业务部门所管理，每个业务板块制定自己的生产销售计划，管理自身库存。但却偶尔会发生一些意外情况，比如上游受到贸易市场变化或自身产能下降，没有及时通知中下游企业，导致加工制造企业由于原材料短缺而造成的计划外停产。对于流程行业来说，非计划停产给企业带来的经济损失是非常巨大的。又或者因下游对于市场需求变化的预计不足或未能反馈给上游，造成上游原材料在仓库中大量积压。这些"意外"发生的频率虽然不高，但都给企业带来重大损失，因此引起了企业领导层的重视。经过对这些情况的分析，企业发现越靠近供应链的两端，由于信息传递不及时所造成的需求和库存波动就越大，而当上下游信息严重不匹配时，剧烈的供需波动就会造成供应链断裂或需求断裂。

现代企业管理中的一个重要思想就是控制企业整体的合理库存水平并实现供应链各个业务环节之间的协同运作，发挥协同效应，降低企业运营成本和风险。该企业提出建设上中下游一体化的供应链体系，并希望信息系统能够促进企业实现此目标。供应链管理的整体框架由基础专业应用、供应链数据集成、供应链数据可视化、供应链协同优化、采购/贸易管理、第三方物流管理、全球化供应管理等组成，如图 6-9 所示。

供应链基础专业应用专注于各个业务环节应用系统提供的应用，如原材料开采、进料物流，产成品在加工点之间的储运，生产计划与调度排产，销售计划及销售网点规划、产品发货配送和最终的售后服务等。

供应链数据可视化主要是原料和加工制造各环节产成品的库存可视化，包括采购原材料库存、开采原材料库存、各类型产品、半成品生产加工库存、产品批发库存、产品零售库存和客户库存等。

供应链协同优化包括供应链风险管理、供应链绩效管理以及各类优化应用，如库存优化、销售计划优化、需求预测、生产计划优化、销售供应网络优化、产品配置计划优化和运输计划优化等。

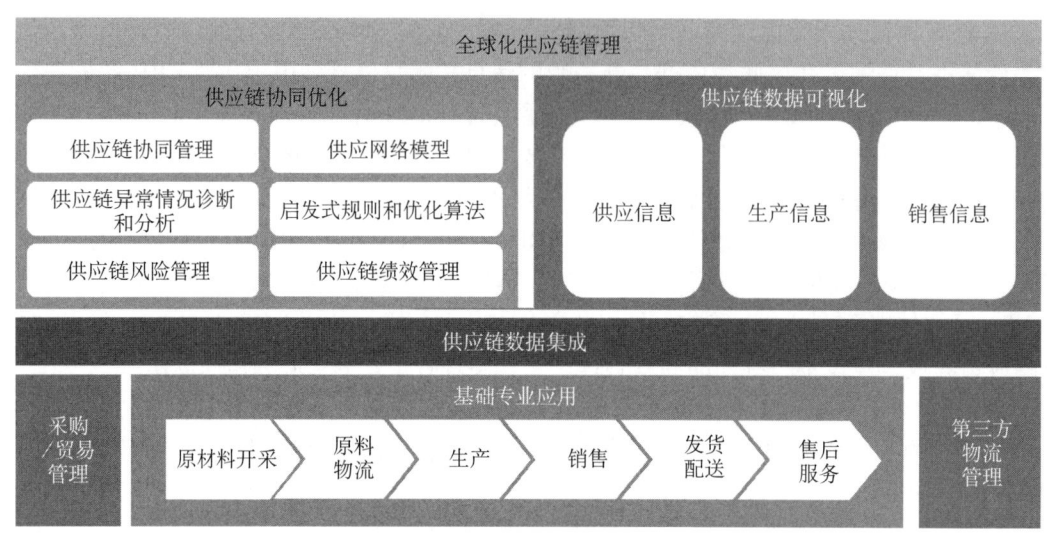

图 6-9　供应链管理整体框架图

纵观全球各大先进公司供应链建设的经验，供应链体系建设可以分成三个阶段。

第一阶段：完善各业务环节的基础专业应用系统建设，首先实现供应链各主要环节的分段管理和优化，并通过系统集成，基本实现供应链全程数据的可视化。

第二阶段：巩固供应链数据集成和可视化，实现需求预测管理和供应链多级协同优化。可以先实现下游物流配送协同优化，在此基础上扩展到生产与配送协同优化，最后扩展到上游，实现供应链整体协同优化。

第三阶段：集成系统采购/贸易管理和第三方物流管理，实现全球化供应管理，推动需求拉动的供应链业务模式转换。

由于各业务领域的发展情况有所不同，且相互间可以独立运作的特性，造成该企业目前供应链管理所需的相关基础专业应用建设情况不一致的现象，在某些领域如原材料和产成品的储运管理已经比较完善，但另一些环节例如客户的库存信息获取和可视化能力比较薄弱。但大体上讲，该企业已经完成了供应链大部分基础专业应用的建设。所以企业明确自身定位，处于一体化供应链建设的第一阶段，将通过集成供应链相关多个基础专业应用系统，实现整体供应链管理和协同优化，可以帮助集团公司实现基于需求驱动的业务集成以及跨板块的供应链多层级协同优化，增强物流配送和库存一体化管理及其信息的共享和可视化，整体优化供应和销售，提高快速响应市场的能力，支持国内和国际两个市场全球化贸易的需求管理，增大供应链柔性以满足不同供应链环节的需求，增加企业效益。

6.3.2 生产运行

每家企业的生产运行活动都会带有显著的行业特点。对于 A 公司这样的大型企业，长期面临着来自企业内外部的多项挑战：一方面，在国内，公司所生产的产品长期依靠进口，主要生产能力不能满足不断增长的市场需求。另一方面，国际竞争能力不强，不能完全适应日趋激烈的市场竞争要求。随着"入世"协议的签署，该产品进口关税的降低和外贸经营权的放开使国内市场进一步开放，拥有世界领先的专利技术和名牌产品的国外大公司正在大举进入中国市场，对中国企业形成竞争压力，并利用知识产权保护的优势，通过制定较严的产品质量、环保标准等技术性壁垒措施，形成技术"包围圈"，不断加强对国内企业发展的制约。

此外，A 公司所处的制造业领域既是一个高危行业：生产流程连续，具有高温高压的生产条件以及易燃易爆、有毒的产品特性，哪怕只有一点疏漏，都有可能造成一场大灾难；又是一个多投入、多产出的过程，生产过程有着多种产品方案可以灵活切换的特点。面对这一系列严峻挑战，建立一个快速反应的生产控制、执行、管理的一体化环境，实现管理技术和手段的升级，进一步提高精细化管理水平是保证产品产量和质量、降低成本、安全平稳生产、提升企业盈利能力和竞争力、应对上述挑战的必要条件。同时作为集团化的大公司，A 公司需要对其下属各工厂进行科学管理、协调监控和统一指挥。企业提出依托信息技术，实现生产全过程的管控一体化。

石化行业连续性生产的特性使得生产线自动化程度较高，DCS、PLC 系统已成为石化企业的主要控制手段，随着企业信息化和自动化的不断发展，A 公司在信息技术规划时注重信息技术与自动化的结合，突破过程控制自动化孤岛模式，实现集控制、优化、调度、管理和经营于一体的综合自动化新模式。

A 公司所规划的 MES 就是这种新模式下的一项重要技术和应用。MES 是介于生产控制系统和企业资源管理系统之间的生产管理系统，可以将数据信息从生产现场取出，由操作控制级送达管理级，它可以实时提供生产状况信息，根据实际变化及时调整生产方案，以提高生产过程的受控性，并通过连续信息流来实现企业信息全集成，如图 6-10 所示。MES 适用于钢铁、家电、汽车、通讯、医药等不同行业。

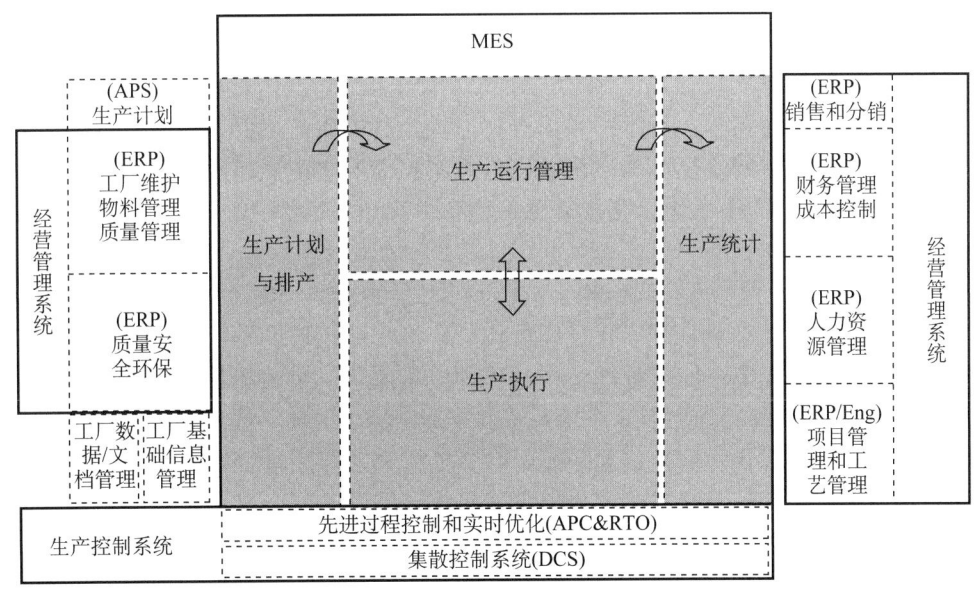

图 6-10 MES 在企业信息化建设中的作用

MES 作为连接控制层与管理层的一个中间纽带，完成从生产命令下达到生产统计的整个生产过程的管理，并实时地将生产过程信息反馈给 ERP 及其他信息系统，从而将生产活动信息与管理活动信息有效集成。因而，在企业信息化系统中，MES 起着承上启下的作用。

在地区成员企业，MES 通过对生产过程和运行数据的采集、整合和利用，实时掌握企业的排产计划、运行管理、生产执行等情况，指导企业及时发现生产过程中存在的问题，优化生产方案，其系统架构如图 6-11 所示。

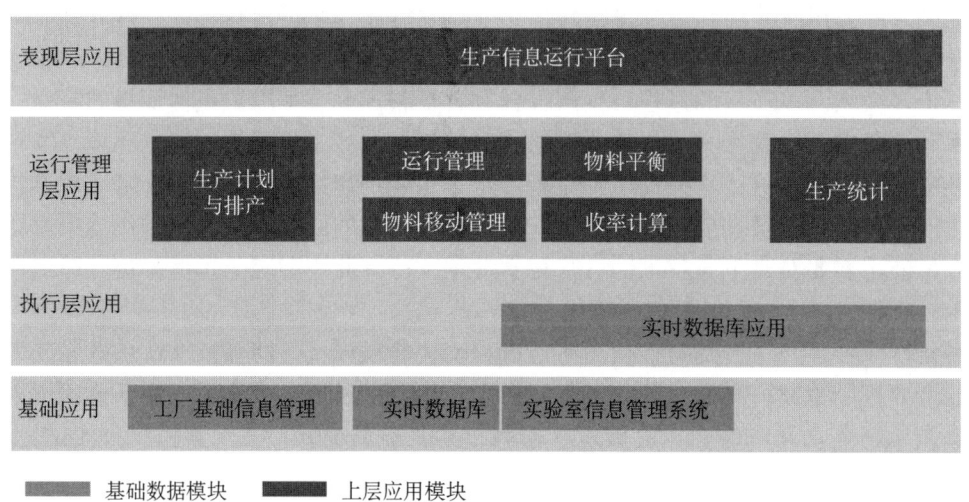

图 6-11　A 公司地区成员企业 MES 系统架构

首先对工厂的基础信息进行统一编码管理，建立统一的工厂参考数据模型，集成所有工厂的过程数据、商业管理数据并支持相关应用，保证工厂的所有部门使用一致的数据，为日后企业其他相关应用集成打下良好基础。

建立统一的实时数据管理平台，集成生产装置、存储设备的所有 DCS 实时数据，对生产实时数据和历史数据进行管理和存储，并以 MES 项目实施为契机，对装置的 DCS 进行相关改造。在实时数据库基础之上建立实时数据库应用，如工艺流程图、过程趋势和统计分析工具、电子工艺台账等，对生产操作进行监控，分析生产条件，对事件进行预警和处理，使用户能够对装置的流程图和质量数据进行实施情况和历史趋势的监控和查询，并实现 DCS 装置工艺台账的电子化，完成装置平稳率计算功能，提高装置运行的平稳可靠性，减少生产事故的发生。

为了达到自动化运行、信息化管理和无纸化办公的目的，建立实验室信息管理系统。主要功能包括样品分析结果管理、化验室操作管理、化验仪器的维护管理、产品认证及报表自动生成等。通过收集、加工处理生产过程的质量信息，实现产品质量的有效监测和分析，并通过实时数据库和其他 MES 应用系统共享分析结果。使一线生产人员和各级管理人员能够及时准确地掌握化验分析结果，及时有效地监控产品质量，对生产起到了重要的指导作用。实验室信息管理系统提高了化验室的工作效率，降低运行成本。公司某成员企业在 MES 系统应用后，化验室错样漏样率基本为零，样品流程时间降低了 50%，合格证审批效率、样品结果发布较原来电话发布提高了 48%，质量数据统计较原来手工整理提高了 30%。

生产计划和排产建立了从原材料进厂之后的原料调度、装置生产、产品调和到产品出厂的全厂调度模型，对模型的静态数据、动态数据及历史生产数据进行管理，预测库存变化趋势，为企业的生产运行提供科学可行的调度方案，提升了生产部门的管理效率和管理水平，为调度人员提供及时准确的生产参考方案。

在完成生产计划和排产之后需要对生产运行的整个过程进行协调和管理，对装置的平稳率等重要工艺参数进行实时操作监控，建立生产指令模板，根据不同生产方案将操作指令下达到各车间具体的操作班组或操作员,并通过操作监控进行目标与实际结果的比较。运行管理实现了班长日志和统一管理,便于平稳地进行交接班,减少可能发生的错误,提高可靠性;工艺参数调整,日常工作任务等调度指令的自动化下达在提升效率,使操作更接近真正的极限,从而提高装置的处理量和收率。同时,由于采用了更精确和一致的上下限设定值,减少了人为事故;对主要绩效指标进行监控和分析,为实施全厂的绩效考核和工艺改进提供依据。在 MES 系统上线后,公司的一位车间管理人员反映:"以往计算装置平稳率费时费力,现在好了,平稳率不到 30 秒就可以轻松算出!"

在生产过程中需要利用数据校正技术,对装置加工量、物料移动量和库存量进行校正和平衡,为生产统计人员、操作人员及管理人员提供实时的、正确的生产信息。收率计算用于计算生产装置的投入产出比。在进行物料平衡过程中,最重要的信息来源之一是在平衡时间段内的物料移动记录,这些移动可以是产品的发运、原材料的接收、移动等操作。物料移动和物料平衡实现了各装置投入产出、损失量、每班组加工量的自动计算,替代了原有的人工录入数据,提高了工作效率,实现了装置质量计算、储量计算、路由移动维护功能。

在实现对生产运行的各个基础数据源进行统一管理之后,生产统计功能为各个工厂日常生产管理提供准确的数据依据,为科学决策和生产指挥提供及时、准确的数据支撑。

A 公司 MES 系统是其信息技术总体规划中的一部分,采用"统一组织、分步实施"的策略在全集团各个生产单元进行部署实施。统一组织的模式降低了项目风险,促进了信息传递的及时性与经验共享;分步实施可以使得后续项目能够充分借鉴试点项目的经验和管理方法,采用统一的实施模板,快速在各个下属企业推进,降低系统实施风险。

在各个地区分公司完成了 MES 系统建设之后,A 公司在总部建立了生产数据集成平台,全面集成了企业的实时数据、生产数据和质量数据,利用综合展示平台,形象直观地展示了生产进度、库存情况、产品出厂等供应链的信息和装置负荷率、平稳率、柴汽比、单耗/收率等各类技术经济指标,为总部生产经营决策提供了有力的支撑。通过对多级指标的监控,逐步量化细化绩效考核指标,全面提高装置操作平稳率,提高产品质量,减少质量浪费。

总部生产运行系统全面改变了生产管理模式:过去总调度室只能通过每天各炼化企业报上来的一份表格,或是打电话来了解各企业生产运行情况。面对几十家企业,调度员们记录数据,接收邮件,电话确认,常常是陷入一片电话铃声中,忙得焦头烂额,得到的却只是有限的几项主要生产运行数据。由于这些数据是靠人工记录上报的,无法避免人为干扰,有时还会发生瞒报、漏报等现象,信息不及时、不准确、不全面、不对称。

在总部生产运行系统投入使用之后一切都变得轻松多了,MES 能自动采集生产实时数据,自动监控工艺指标,自动统计平稳率,自动生成电子工艺台账和生产调度报表。大量的手工工作被系统替代了,工作人员的劳动强度大大降低。

工作变得轻松了,得到的数据却更为准确、全面。在公司的总调度室,工作人员打开大屏幕,就能看到当月的生产计划和完成情况。再轻点鼠标,就可以查到各家企业是否在正点运行,"晚点"的显示为红色。没踏上计划是由于哪套装置出了问题,都能一层一层地"一查到底"。

根据这些信息,管理人员能及时发现问题,快速反应,积极应对各种情况。工作效率和管理水平提高了,工作质量也随之提升。

6.3.3 综合管理

6.3.3.1 决策支持

决策支持类系统主要服务于企业各级领导层，帮助他们对各类型数据加以关联分析，总结事物间的关系和规律，辅助决策管理，提升决策效率和决策水平，帮助企业更快地应对内外部变化。

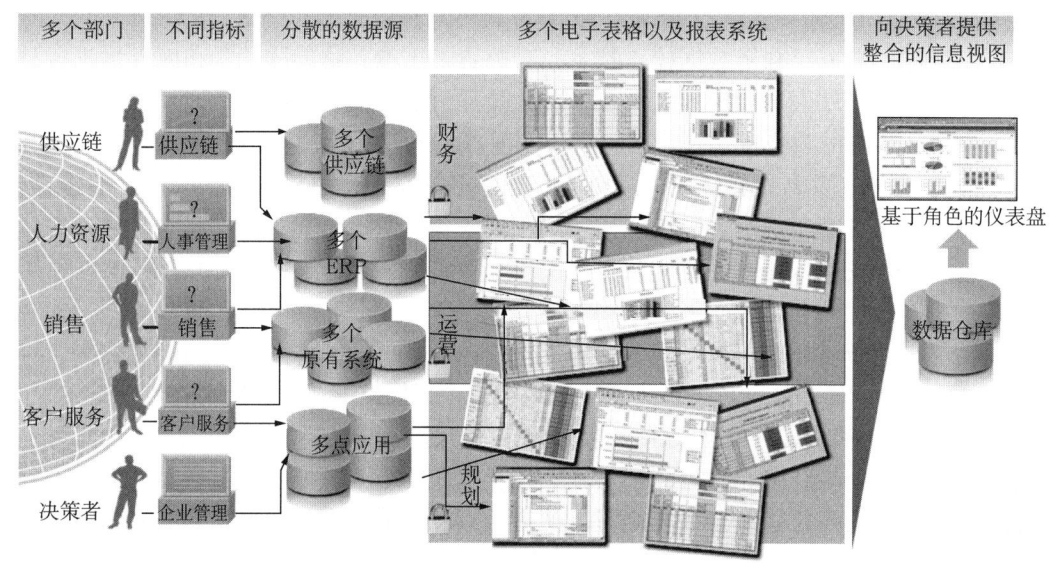

图 6-12 决策支持系统向领导提供整合的信息视图

如图 6-12 所示，在 A 公司，随着大量应用系统建成并投入使用，支撑主营业务发展，为业务人员提供便利，取得了良好的应用效果，并积累了大量宝贵数据的同时，业务人员发现，不同的系统各自提供一些报表和数据，而每个报表的类型和风格各有不同，数据格式、统计口径也存在差异，业务部门亟须完整统一的数据视图来提升决策效率。并且面对繁杂的数据，企业的领导层需要工具来帮他们对数据进行分析，发现其中规律，将这些数据转化为知识，应用到企业管理之中。该企业设计了如图 6-13 所示的决策支持框架，包含运营智能和商务智能两部分，将生产运行和经营管理的重要信息进行综合展现。

传统的商务智能关注于对企业经营管理类的数据进行整合、分析、挖掘以寻找其中规律，将数据转化为知识从而获得必要的洞察力和理解力，更好地辅助决策和指导行动，帮助企业做出明智的长期战略决策和短期战术决策。例如，对于供应链分析，能够最优化供应商货源、供应商绩效和库存水平；对于销售分析，能够提高渠道可见性和预测准确性；对于市场营销分析，实现市场营销活动实施、结果和投资回报率的实时可见性；对于财务分析，实现财务状况的实时视图，发掘成本和收益的驱动因素等。商务智能基于数据仓库技术对数据的收集、管理、分析以及转化。数据的计算和处理有一定延迟性，基于历史数据进行统计分析，向决策者提供前瞻性的管理视图。数据仓库汇总的数据是商务智能应用所关注的销售、财务、人事、市场、供应链以及用于商务绩效分析的顶层生产数据和其他数据。

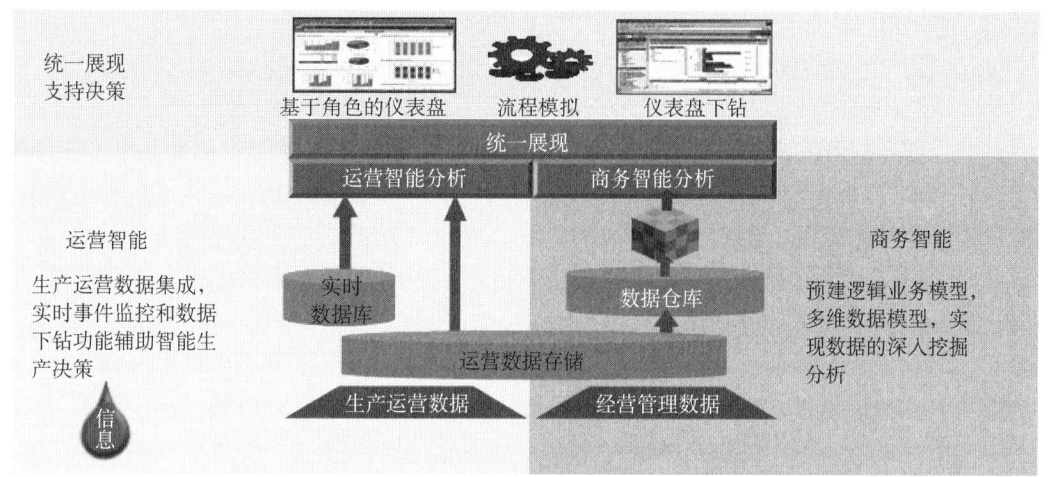

图 6-13 决策支持将覆盖商务智能和运营智能

与商务智能不同，运营智能关注于生产运营领域。流程行业在进行连续生产同时产生大量生产操作数据，其特点是数量大，频度高。如果不及时处理，就会影响到整个公司的绩效。因此在连续生产的过程中及时采取措施的能力至关重要。智能运营对于实时绩效监控、在线资产效率分析、实时利润效益分析以及实时过程数据分析恰好可以满足这一需求。商务智能和智能运营关注于经营管理与生产运营的不同领域，二者定位不同，服务于不同的目标群体。运营智能是以运营数据为基础，采用智能分析方法，为经营管理层提供日常业务管理的智能系统，着重于数据处理的时效性。通过实时管理和监控业务执行绩效，管理者能够及时制定和调整管理决策；通过实时监控、分析和管理生产各环节中的关键设备和资产状态与效率，工作人员能够及时调整和下达业务计划；实时比较实际成本与目标成本的差异，管理人员能够及时发现生产、管理中的问题。

6.3.3.2 办公管理

办公管理系统是企业高效管理的必备工具。当前的办公管理系统已经不仅止于提高个人办公效率，更重要的是实现群体的协同工作，所以当前企业办公管理系统的建设一般都会涵盖以下领域：建立内部的通信平台、建立信息发布的平台、实现工作流程及文档管理的自动化、辅助办公并最终实现分布式办公。办公信息的流转与管理，优化相关的办公流程，实现企业办公的成本节约、效率提升。

A 公司的办公管理类系统基于工作流的概念，使企业内部人员能够更加方便快捷地共享信息，高效地协同工作。改变过去复杂低效的办公方式，使审批、汇报等业务流程更为规范化。办公管理系统为公司总部机关及其所属企事业单位机关的办公管理提供信息化的平台和手段，支持整个集团公司办公管理业务需求，满足机关各业务职能部门日常管理决策需要，规范企业内办公流程，提高办公管理效率，加强信息共享。

A 公司办公管理系统的规划以规范、协同、集成、方便、安全为指导思想，将公司重要的管理流程固化到系统中，流程不可逾越，轨迹可追踪，以达到规范管理、有效控制的目的；实现跨部门、跨机构信息的有效流动，方便工作沟通，便于信息共享；从岗位的角度出发，将与管理人员相关的信息系统集成起来，提高工作效率；提供跨时、跨地、跨域的服务，需要在移动办公的同时符合国家相关的安全要求；作为国家重要的能源企业，关系着国家的安全稳定、国计民生。需要提供足够的安全手段满足不同安全等级信息的要求，同时要方便实用。

规划中的办公管理系统中包含多个子系统如企业门户、档案管理、知识管理、网上报销、电子公文，等等。

其中，企业信息门户旨在完善信息发布、共享平台，提供完整、便捷的信息发布功能、完善的后台信息统计分析功能、高效的信息检索功能，提供规范的子站、专题和栏目建设模板和必要的技术工具，实现共享信息的汇集、展示，并进一步建设成为信息系统应用集成平台，为集团公司信息技术总体规划中已建成的应用信息系统提供集成。包括：通过集成统一身份认证系统实现单点登录；实现与办公管理系统、ERP系统及有关业务系统的界面集成，形成统一的总部管理平台，实现应用系统信息在门户系统中的自动发布。进行软件平台升级、硬件平台升级、建立防抵赖体系、完善防篡改等安全措施，最终完善系统安全保障体系。丰富完善内部检索体系，完善门户系统内部统计分析系统，建立网站信息及页面归档系统，提供高效的编辑工具平台等。

档案管理系统将实现自动收集归档、科学保管和整合利用功能，实现业务系统与档案管理系统的有效集成，进而支持内容管理，逐步建立起集团公司的知识中心和凭证中心，全面提升集团公司档案管理水平，并实现电子文件自动归档、多媒体内容管理、数字化内容管理以及电子文件长期保存和利用。

6.3.4 基础设施

基础设施全面支撑集团各信息系统，提供信息交换和共享服务的软件平台，为专业系统投产和运行搭建稳定、高效、安全的运行平台，保障各业务信息通畅，并满足未来业务发展对基础设施不断增长的需求。通常来说，基础设施包括网络、数据中心、存储和服务器、通用系统和信息安全几个部分。

网络规划设计是对未来所建的网络系统目标、业务功能、技术规范、性能要求等方面进行架构规划的过程。

A公司在网络规划过程中借鉴了国内外网络建设的经验，坚持实用性与先进性、开发性与标准化、可靠性与安全性、经济性与可扩充性的原则进行网络架构的规划设计。将企业涉及在网络上进行传输的基础设施类应用系统和企业业务应用系统进行分类；同时将企业的网络应用平台进行归纳总结并进行分类。通过对网络应用系统进行非功能性分析之后得出网络应用系统的服务需求，这样通过一个服务层将企业网络和企业网络应用系统紧密地联合在一起。图6-14展示了A公司网络架构规划框架。

通过对企业应用层和协作层在网络进行传输的业务应用系统和基础设施应用系统的分析，将非功能性需求成功因素（诸如冗余性、可靠性和安全性等）进行定性和定量的计算，这部分将被放置在服务互动层。这些不同的企业网络应用系统的非功能性关键成功因素分别是应用系统网络可用性因素、应用系统网络适用性因素和应用系统网络延展性因素等。

这些因素和逻辑网络层的不同技术特征具有密切联系。从上图中位于服务层的这些网络应用系统关键因素的分析将服务需求的因素转化为服务支持的技术特性，例如：

（1）网络应用系统的可用性。将影响在网络技术详细设计的网络链路冗余性以及网络链路方式的选取。

（2）网络应用系统的响应性。将对未来的网络运维服务的优化产生重要的指导建议，可以定义不同应用的响应性，并将合适的服务能力与之相匹配。

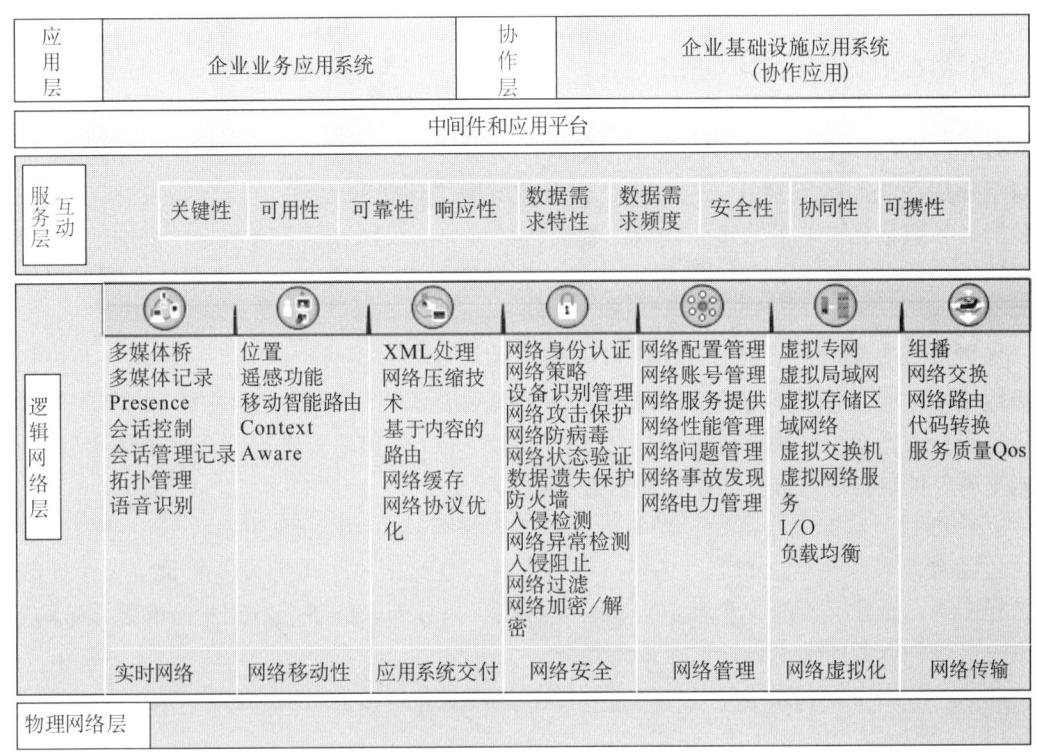

图 6-14 A 公司网络架构规划框架

(3) 网络应用系统的安全性：主要从信息安全的保密性、完成性、可用性来进行考虑，这部分的分析内容将对网络规划的安全设计部分进行关联，也是安全技术规划的输入依据。

通过服务需求和服务支持的关联，最终规划的企业网络才能最大限度地支持企业网络应用系统。从这个角度才可以把企业网络和企业的业务紧密地联系在一起，真正做到网络技术为业务服务的目的。

A 公司规划的网络作为各成员企业单位的数据传输平台，为应用系统的稳定运行提供基本保障。规划中将通过一系列措施对网络进行提升和完善，比如增强同城灾难恢复系统的网络传输性能；通过广域网加速来增加广域网络的有效带宽利用率；简化局域网络结构，提升局域网络性能，拓展网络覆盖面，保证偏远地域的生产现场监控和数据传输；改善广域网核心层的传输性能；以满足集团公司的业务发展需求，保证各应用系统可靠、高速、稳定地传输，实现网络资源共享，完善自上而下的网络维护体系，最终形成一体化的网络服务平台。

数据中心为硬件设备和网络设备提供标准的环境条件，保障设备的稳定运行。随着业务连续性要求的不断提高、对环境保护意识的提高以及数据中心技术的不断发展，企业需要对自身的数据中心建设、改建和管理进行全盘规划，为企业信息化建设提供一个坚实的基础和可靠的保障。

A 公司在数据中心规划中，从以下三个方面进行重点分析和设计：

(1) 数据中心整体分布规划：全面考虑和计划企业全球数据中心的分布、数据中心类型和服务级别。未来数据中心建设和改建项目的立项将以此为依据。

(2) 数据中心建设标准制定：规划各级数据中心建设标准。未来数据中心建设需遵循此标准。

（3）数据中心运维保障体系规划：规划企业数据中心整体的运维保障和服务体系，明确其组织构架、职责、服务流程及管理工具。

首先在数据中心规划中，A 公司根据其业务分布，详细分析企业应用系统的部署情况和对于应用系统服务级别的要求，并结合企业的网络现状和规划，目前的各类机房基础设施状况，各级数据中心的数量、规模、性质、数据中心级别以及各级数据中心的地理分布，兼顾区域地点或组织行政管理的特点，如对于海外公司，需要独立的数据中心提供更便捷的服务。

通过对业务和应用的深入分析可以明确了解目前的各级数据中心，特别是企业级和区域级数据中心是否能够满足各业务板块的业务需要，需要增减哪些数据中心，哪些数据中心应当进行改造提升，哪些地区公司级别的数据中心/机房需要进行整合，防止盲目投资，并能提高总体数据中心服务质量和运营管理效率。

之后再制定数据中心建设标准时，除考虑规模与其可容纳的处理/存储设备的数量之外，还要考虑很多要素，如地点选择、供电方式、冗余级别、冷却设备数量、安全控制的严格程度等。企业应当有一个数据中心建设标准来指导未来的各级数据中心的建设或改造，避免由于各种原因而造成设计失误或不当。

其次，数据中心和灾备中心可以考虑目前在数据中心建设领域的主导方向。

（1）虚拟化。

虚拟化是影响新一代数据中心发展的重要技术之一。虚拟化的优势在于有效地提高了数据中心的利用效率，降低了投资成本，整合、优化了现有服务器的资源和性能，可以灵活、动态地满足业务发展的需要。虚拟化让数据中心所承载的基础设施资源可以像水、像电一样让企业按需取用。

（2）整合。

整合是当前和下一代数据中心建设都需关注的重要管理手段。可以通过重新设置服务器，提高服务器利用效率或者采用新型刀片服务器，提高数据中心单位密度利用效率等多种方式提高数据中心的利用效率。甚至，可以通过采用虚拟化技术以及关闭高能耗、低效率数据中心等手段整合数据中心资源。

（3）模块化。

数据中心采用模块化方式构建将更灵活，更适应未来数据中心发展的需要。按应用、服务类型和资源耗费率将数据中心分成多个功能区域。各个功能区域在不影响其他区域运行的情况下，可以动态升级和维护。比如，按照密度可以分为高密度区和普通密度区，在高密度区，地板承重、冷却系统以及电源供给配置都更高，可以满足更高要求的数据中心服务需求。当然，还有很多其他分类方式，比如按照应用类型，可以将数据中心分为生产中心、测试中心、灾备中心等等独立区域。

（4）灵活性。

灵活性是新一代数据中心的重要指标之一，同时也是企业业务变更过程中的必然需求。企业在扩展、增加业务时，必然要对 IT 资源做出动态调整。业务增加时资源不能及时提供，或者业务减少时资源不能及时收回，都会对企业经营带来不良影响。

（5）绿色环保。

能耗是数据中心主要的运行维护成本，建设节能绿色数据中心，可以达到节省运行维护成本、提高数据中心容量、提高电源系统的可靠性以及可扩展的灵活性等效果。理想状态下，通过虚拟化、刀片服务器、水冷方式等多种节能降耗方式，在满足同等IT设备供电情况下，绿色数据中心可以降低空调能耗20%～45%，同时增加IT设备容量高达75%。

为确保各级数据中心能够提交既定的服务质量，企业应当建立起层次化的全方位的数据中心运行维护保障体系。明确数据中心运行维护组织和职责：制定各级数据中心运行维护组织的职责和能力要求，合理部署资源，整合利用管理和技术能力，以提高数据中心整体的服务质量和管理水平。制定数据中心服务水平协议：针对不同级别的数据中心以及其内部的应用系统要求制定相应的服务水平（如可用性、可靠性、安全性、响应水平等），作为数据中心绩效管理基准。制定统一的数据中心管理流程：提升各级数据中心运行维护管理的规范性，提升应急响应能力、灾难恢复能力、服务管理能力和持续改进能力，并对各级数据中心建设相应的自动化监控和管理系统，以提高服务的及时性、准确性和管理效率。

在此原则之下，A企业计划对其区域数据中心以及区域网络中心建设进行技术指导和方案审核。在区域数据中心服务范围内将地区公司分散的机房整合到区域数据中心；改善数据中心能源效率，实现绿色数据中心，通过使用高效的整体设计和节能新技术，降低电能消耗，达到保障设备的稳定运行、节能减耗的效果。同时，绿色数据中心为应用系统提供高密度、虚拟化、自动化的运行环境，灵活支持和推动业务的发展，为云计算平台提供物理基础设施服务，并充分利用软硬件资源和网络资源，为公司关键业务信息系统能够按预定的流程和技术手段得到最适当级别的保护、完成系统同城备份和异地灾备建设工作。

服务器硬件和服务器操作系统为应用系统提供计算能力和软件运行环境。客户端硬件和操作系统、客户端配置为客户端连接、运行应用系统提供终端运行环境。数据库作为业务数据的集中存储，并提供查询和分析等功能。云技术管理平台采用服务器虚拟化和存储虚拟化等技术将被用于提升技术架构中的服务器操作系统、服务器硬件的使用性能和效率，实现服务器硬件虚拟化、基于虚拟化的云技术管理平台，为业务用户动态分配基础设施和应用平台资源。

在基础应用方面，企业也制定了一系列改进措施，如升级现有的电子邮件系统，搭建更加简化的邮件系统平台，增加邮件服务的功能，扩大用户邮箱的存储空间，降低运行维护的复杂度和支持成本，满足企业对于容灾和邮件归档的需求；建立公司统一的高清视频会议系统，使各地工作人员可以实现"实时、可视、交互"的沟通与协作，提高工作效率，降低企业管理成本，并在已建即时通信系统上增加软视频会议子系统和IP电话子系统，进一步完善即时通信系统与其他应用系统的集成工作，从而实现即时通信平台向统一通信平台的过渡。通过对已建即时通信系统的完善增强企业沟通能力，建立统一的企业内部通信标准。同时，实现移动应用系统，提供通过手机、PDA等各类移动设备接入到内部网络进行办公的功能。

6.3.5 组织保障

6.3.5.1 信息化团队建设

A企业信息化团队的建设将按照"六统一"（统一规划、统一标准、统一设计、统一投入、统一建设、统一管理）的原则，继续完善信息技术组织机构，建立信息化工作管理委员会，加强信息管理部门的职能建设，推进公司信息化建设顺利开展。建立功能和组织架构完善的信息部门，完善信息化运行维护人员，提升信息人员运行维护能力，加强系统运行维护竞争力,并规划成立信息技术研究院,负责新技术研究与培训、对信息化项目建设与应用进行管理,包括信息化项目价值跟踪、优化业务流程并进行业务流程绩效改进对比评估等,并对运行维护体系统一协调管理。

规划建立在线培训应用系统平台,开发在线培训系统、相应课件、在线培训考核体系。通过在线培训系统,可以提高相关人员技能水平。

6.3.5.2 运行维护体系

信息化运行维护服务可以分为:信息设备维护阶段、信息系统维护阶段、运行维护标准化建设阶段和最终的卓越运营阶段四个阶段。

A公司的信息化建设正在不断发展和完善,越来越多的信息系统已经建立起来,其信息化运行维护已经从信息设备维护和信息系统维护过渡到运行维护标准化建设阶段,开始进行统一的运行维护架构和标准的全面建设。

企业将继续完善由现场、呼叫中心、专家组成的三级运行维护体系建设,统一建立帮助热线,向内部用户提供统一的服务接入。实现呼叫中心的统一接入,从根本上降低运行维护体系的复杂度,简化系统架构和运行维护流程,提升运行维护质量,量化运维运行维护工作量,为整体提升和优化运行维护能力打下良好的基础。

6.3.5.3 信息化标准

A企业将继续完善包括通用基础标准、数据层标准、应用层标准、基础设施层标准、安全标准和管理与服务规范在内的信息化标准体系建设,如图6-15所示。

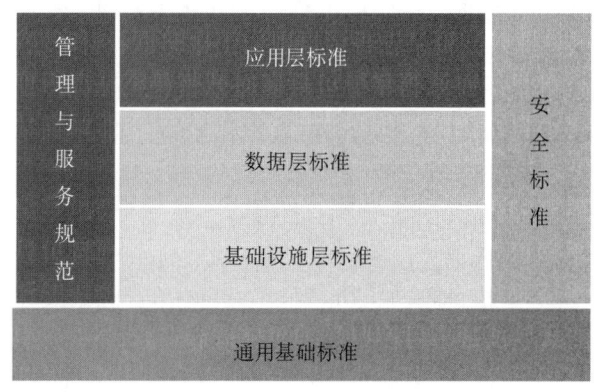

图6-15 信息化标准体系框架

首先需要对标准体系进行维护,与信息系统项目组密切沟通,跟踪新的信息标准需求。持续评估信息标准体系,确保信息化发展中标准体系的完整性、时效性以及与信息技术总体规划中整体信息化建设的配套性。

在信息系统项目的管理层、应用层、建设及执行层等各个层面展开标准宣贯。编写信息标准基础知识一百问、信息标准白皮书、信息标准简报等宣传材料。举办标准相关知识的竞赛、培训等活动。在信息技术标准化委员会门户网站上加强宣贯工作,开发信息技术标准管理系统平台建设,并负责该平台的维护工作。

逐步建立、健全信息技术标准体系和各类信息技术标准的持续改进机制,形成体系和标准循环改进的流程。协调、监控信息系统项目中的标准制定进度及标准执行力度。在信息系统项目建设关键阶段,对信息技术标准完成情况进行检查,促进标准的应用和贯彻。

6.4 小结

本章从一个大型企业集团组织架构和其关键业务价值链开始,展开对这个企业业务架构的介绍,并逐层展开其信息技术总体规划所得出的信息技术架构,对实例中企业的信息技术项目总体框架及各类项目设计进行解读和示例,重点介绍了经营管理、生产运行管理、决策支持和办公管理等主要应用系统规划部署情况。希望通过这一章的介绍能够帮助读者更加直观地了解企业信息技术总体规划的编制成果以及总体规划中主要的应用系统和技术方案情况,对企业成功编制信息技术总体规划有所启发。

7 企业信息技术规划项目可行性研究

信息技术总体规划对每个项目进行了框架设计,这只是对项目最基本的定义。在项目实施前,还需要进行项目可行性研究(Feasibility Study),对相关现状、需求、技术方案、实施方案、投资、运行维护等内容进行较详细的研究分析,形成项目可行性研究报告。信息管理部门根据信息技术总体规划和年度信息化工作计划,组织进行项目可行性研究(简称为"可研")。可研完成后,信息管理部门向规划计划部门提交项目可行性研究报告,提出立项申请。规划计划部门组织对项目可行性研究报告进行评估。评估通过后,下达项目批复。因此,信息化项目可行性研究不仅是项目建设中的重要环节,也是项目管理流程的重要步骤。

7.1 项目可行性研究的意义

项目可行性研究报告的编制是确定建设项目前具有决定性意义的工作,是在投资决策之前,对拟建项目进行全面技术经济分析的科学论证。在投资管理中,可行性研究是指对拟建项目有关的自然、社会、经济、技术等进行调研、分析比较以及预测建成后的社会经济效益。在此基础上,综合论证项目建设的必要性,财务的盈利性,经济上的合理性,技术上的先进性和适应性以及建设条件的可能性和可行性,从而为投资决策提供科学依据。

7.1.1 项目可行性研究定义

项目可行性研究在建设项目投资决策前对有关建设方案、技术方案或生产经营方案进行的技术经济论证。论证的依据是调研报告。可行性研究必须从系统总体出发,对技术、经济、财务、商业以至环境保护、法律等多个方面进行分析和论证,以确定建设项目是否可行,为正确进行投资决策提供科学依据。项目的可行性研究是对多因素、多目标系统进行的不断的分析研究、评价和决策的过程。它需要有各方面知识的专业人才通力合作才能完成。可行性研究不仅应用于建设项目,还可应用于科学技术和工业发展的各个阶段和各个方面。例如,工业发展规划、新技术的开发、产品更新换代、企业技术改造等工作的前期,都可应用可行性研究。可行性研究自 20 世纪 30 年代美国开发田纳西河流域时开始采用以后,已逐步形成一套较为完整的理论、程序和方法。1978 年联合国工业发展组织编制了《工业可行性研究编制手册》。1980 年,该组织与阿拉伯国家工业发展中心共同编辑《工业项目评价手册》。中国从 1982 年开始,已将可行性研究列为基本建设中的一项重要程序。

7.1.2 信息化项目可行性研究的特点

信息化建设项目与传统的工程建设类项目,如交通、建筑、炼油厂等相比,具有非常突出的特点。

一是信息化项目概念新、技术新、更新换代快。信息化建设虽然已经有较多的实践探索与积累,但尚未形成像工业化工程那样的一系列成熟的工程规范和标准,使项目的设计、实施、验收、运维、绩效评价各环节的难度和不确定性大量增加。信息化的新技术、新应用、新理念日新月异，使企业往往面临思想、技术、人才准备不足的挑战，使信息化项目往往遭遇系统选型、系统升级等方面的困扰。不少系统甚至在建设中就面临平台软件的更新、升级问题。

二是信息化项目是创新工程，虚拟性强。信息化项目主要以无形的智力产品为项目目标，传统的建造项目则以有形的建造物为项目目标。前者的实质是"创新和知识转移"，而后者的实质是"资源消耗"。因此，信息化项目管理更加柔性化，以致很多在传统工程类项目中非常经典的项目管理方法在信息化项目中几乎没有用武之地。相比之下，信息化项目还更依赖于已有的管理基础，对项目实施团队的经验要求很高。信息系统的许多问题一般到系统测试、上线时才能暴露，系统的质量也只有在深入广泛的应用中才能充分体现。

三是信息化工程是与"人"打交道的工程。与工业化工程项目在很大程度上是与"物"打交道不同，信息系统处理的是数据、信息和知识，而数据、信息、知识都产生于业务流程和应用过程，都涉及人，而且不仅涉及操作人员、工作人员，更涉及企业管理层和决策层的各级管理人员和领导干部。因此，人的角色、权利与利益的变化和相应的组织行为将关系到项目的成败。由此信息化项目实施引起的矛盾、冲突和阻力要远远大于工业化工程项目。

四是信息化项目实施过程复杂。一个信息化项目，特别是大型复杂的专业应用系统和像 ERP 那样的综合管理系统，除了涉及人们的管理理念、业务模式、工作学习方式、企业文化等非项目本身因素之外，还涉及硬件和软件选型、管理咨询和系统集成服务商的选择，涉及数据、功能、系统架构设计和业务流程梳理优化，涉及系统集成和客户化开发，涉及大量已有数据的整理、规范和迁移，涉及项目各级用户单位和项目实施的各方团队，等等。每个项目都要经历立项、招标、实施、验收、运维和再提升的过程。仅实施就包括：需求分析、流程梳理、数据整理、系统设计、系统配置、测试、用户培训及上线应用等阶段，其间要进行多次反复的沟通、交流、研讨和决策。各项目之间还需要按照逻辑和数据关系，统一标准，有序推进，实现整体集成。信息化工程项目属于当前最复杂的工程项目。特别是一些大型企业集团，业务复杂，产业链长，地域广布，员工众多，信息化项目规模很大，用户数很多，不少系统从业务与功能覆盖范围、用户数量等方面处于国际同行业系统的前列，系统建设周期少则一年，多则数年，参与项目建设的业务和技术人员多达数千人，其复杂性和实施难度可想而知。

五是信息系统建设特别需要沟通协调。应用类信息系统建设需要多个单位、多个部门、多种角色的协同工作，需要业务人员和信息技术人员在项目内紧密合作。对于每个项目，参与角色众多，包括业务部门和关键业务用户、内部信息技术支持队伍、咨询商、集成商、软件供应商、硬件供应商等，需要科学高效的项目管理和强有力的组织协调。

六是信息系统建设项目不是交钥匙工程。信息化项目需要各级业务人员积极参与、联合建设，项目质量的高低，甚至项目的成功与否与相关业务各方的参与程度密切相关。建设单位和业务部门的支持越大，参与项目实施的业务人员越多，对需求的理解越深，知识转移越及时全面，就越有利于项目的成功应用。同时，项目能够给建设单位带来的业务提升也越大。

信息化项目可行性研究具有与其他项目类似的一般特征，但是，有些特征在信息化项目设计中表现更加突出，也具有自己独特的地方。

(1) 系统目标和范围在实施前无法做到非常精确。

作为项目，应该具有明确的目标和系统设计，信息化项目也不该例外。但是，实际的情况却是：大多数的信息化项目的系统设计却很不精确，经常出现任务边界模糊的情况，而且，信息化项目的质量要求主要是由项目团队定义，而不是客户。

信息化管理者最大的困惑之一就是项目的业务需求总是在变化。通常，由于专业知识的限制，业务人员不太了解信息技术，听不懂信息技术人员的技术语言，说不清楚通过信息系统能够为业务做什么；信息技术人员也不了解业务流程，不能很好地帮助业务人员提出和发掘业务需求，对业务人员提出的需求不甚理解，而且普遍的现象是，随着业务人员对信息系统的逐步了解甚至应用，需求会随之变化、增加和提升，处理不好，就会使信息系统的建设疲于应付业务需求的变更，不但很难形成一个相对固定的系统应用版本，而且将引起项目的投资增加和工期延长。在专业应用系统建设中，特别在涉及业务交叉时，边界难以划分清楚，各方难以达成共识，如何规范并确认业务需求成为控制项目进度和质量的关键环节。为此，要非常注重业务人员的全过程参与；将业务需求整理并分类细化，分析优先级关系，形成书面文档请业务代表签字确认；按照书面确认的需求进行系统设计和实施，从而建成系统的 1.0 版本。通过对系统的普遍应用，在规范业务的同时，根据业务的发展进行系统完善和版本升级，把企业的业务逐步迁移到统一的信息系统平台上运行，不断提升企业整体的经营管理水平。

(2) 项目设计的渐进性。

与其他类型项目不同的是，一个信息化产品或服务项目完成之前是不可见的，即使有相关案例可以参考，也只是停留在理论阶段。正是因为项目的产品或服务事先不可见，所以在项目规划设计和可行性研究阶段只能逐步细化项目内容和范围，随着项目的实施才能逐渐完善和精确，这也称为项目的渐进性。随着最终用户对系统的使用和熟悉，在不断进行完善，而在这个逐渐明晰的过程中一定会进行很多修改，产生很多变更。

信息系统项目管理中最重要也是比较困难的就是准确界定项目范围。项目范围不清或变化，常可导致项目人员、资金投入难以控制，项目成本增加甚至项目计划延期，必须尽量避免。通常，在项目启动时，由于信息系统建设的固有特点，对项目范围和目标仅仅有一个笼统的认识，难以清晰界定具体工作内容和成果内涵。随着项目的进行，项目范围和目标逐渐变得清晰、明确和细化。

(3) 需求变化频繁。

信息化项目最重要的目标提升业务效率、促进业务创新，即使企业业务标准化程度相对较高，但是对如何实现信息化的理解通常却是见仁见智，使用习惯更是千差万别。随着信息化项目的进展，客户的需求也会发生变化，从而导致项目进度、项目费用等不断发生变更。尽管项目团队已经做好了系统规划、可行性研究，也有着明确的实施设计方案，然而随着系统分析、系统设计和系统实施的进展，客户的需求不断地被激发，导致程序、界面以及相关文档需要经常修改，而且在修改过程中又可能产生新的问题，这些问题通常在实施前也是预料不到的。

(4) 智力密集型。

信息化项目是智力密集、劳动密集型项目，受人力资源影响最大，项目成员的结构、责任心、能力和稳定性对信息系统项目的质量以及是否成功有决定性的影响。信息化项目工作的技术性很强，需要大量高强度的脑力劳动。尽管近年来信息系统辅助开发工具的应用越来越多,但是项目各阶段还是需要大量的手工劳动。这些劳动十分细致、复杂和容易出错,因而信息系统项目既是智力密集型项目,又是劳动密集型项目。另外,信息系统的实施特别是软件开发渗透了人的因素,带有较强的个人风格。设计与真正的实施理解方面会有合理的差异。

7.1.3 总体规划设计、可行性研究与项目实施设计关系

项目设计贯穿在信息化建设的不同阶段。制定信息技术总体规划、开展信息技术项目可研以及在项目实施过程中都要针对项目做设计,设计内容的详细程度逐步加深。

信息技术总体规划是企业侧重于长远的,对未来的一种设想性行为,一般都要在三年以上,具有方向性、战略性和指导性等属性。规划需要结合实际情况和主要矛盾,给出切实可行的具体安排,即在合理确定目标后,为实现这些战略目标,应该完成哪些主要任务,要分门别类地一条一条地列出来,并将任务明确化,变为可操作的项目列表。最后完成的规划项目设计报告,是项目立项前的一项基础工作,是编制项目可行性研究报告的基础和依据。规划中对项目所做的是框架设计,规划项目设计报告经审查合格后存入项目库,并报上级规划计划部门备案。

可行性研究报告是项目立项的依据,总体规划报告经企业规划计划部门和管理层审查合格后,即可编制项目可行性研究报告。可行性研究报告经评估论证后,方可纳入年度计划。总体规划报告和可行性研究报告都是项目前期工作的重要组成部分。

项目实施设计是项目立项后的项目实施阶段的一项基础工作,是根据经审定的项目可行性研究报告和批复的年度项目计划来编制的项目行动计划,是项目实施的依据。

(1) 从项目管理程序上来看,总体规划报告和可行性研究报告属于项目前期准备阶段,项目实施设计属于项目实施阶段,是项目立项后的一项基础工作。

(2) 从具体内容和要求上来看,总体规划报告和可行性研究报告是项目立项前做的准备,是项目立项必备的基础。内容侧重于项目建设的必要性和可行性,理论性重于实践性。项目实施设计是为项目实施做准备,重点是如何把项目计划落实到具体项目措施上,只有编制了项目实施设计方案,项目计划才有可操作性,是项目实施的基础。

(3) 从工作深度上来说,三者是依次递进的关系,即可研报告比总体规划中的项目设计更有深度,而初步设计或实施方案比可研报告更有深度。

(4) 从管理层次上来说,总体规划报告和可行性研究报告一般由企业总部的规划计划部门统一审批,而项目实施设计由实施项目经理部编写,由信息化主管领导或信息管理部门审核批准。

信息技术总体规划、项目可行性研究、项目实施过程中所做的项目设计之间的对比见表7-1。

表7-1 总体规划、可行性研究与项目实施设计的比较

类 型	设计时间	设计目的	精确度
总体规划项目设计	项目开始前1年以上	细化信息化建设任务,做项目框架设计,明确项目边界	±30%
可行性研究设计	项目开始前1年左右	做项目概要设计,为立项决策提供依据	±15%
项目实施设计	项目开始后	做项目详细设计,项目实施的依据	±5%

企业可以通过进行规范的项目可研，进行项目需求分析和概要设计，明确范围和任务，确认基本功能，保证项目的可行性。但由于可研主要面向业务和管理人员，项目方案设计存在深度限制，需要在项目实施过程中，再次进行现场详细调研和系统需求确认并进行系统详细设计，从而控制项目范围方面的风险，如图7-1所示。

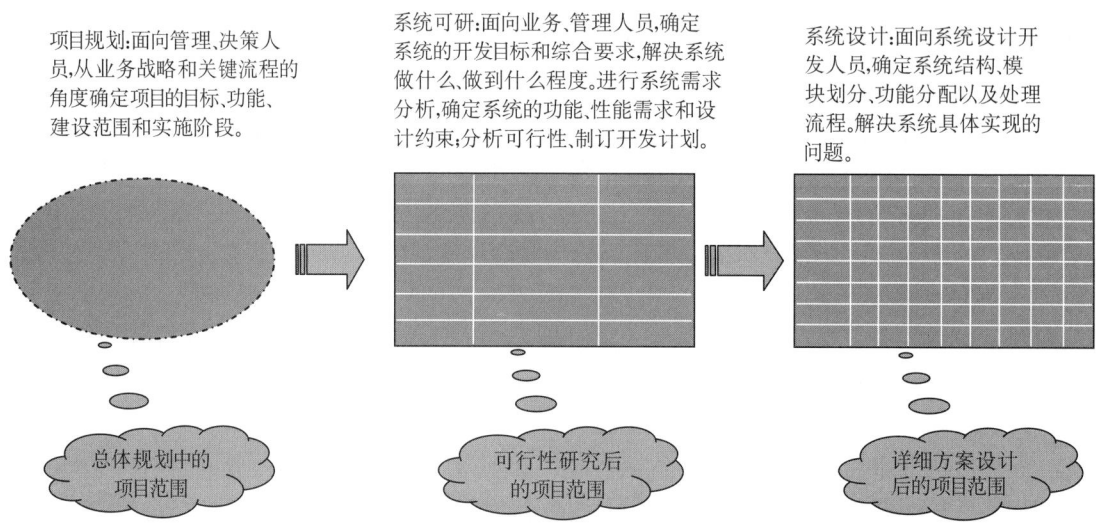

图7-1　对信息化项目范围理解逐步加深和准确的过程

综上所述，信息化项目可行性研究的深度，与基建等传统工程项目可行性研究有着一定的区别：首先是准确的投资估算难度很大。信息技术市场产品更新快，价格变化大，招标可获得的总价折扣很难预料；其次如上面分析的结果，信息化项目在最终用户真正使用前就做到非常完善的设计是不现实的，所以可行性研究乃至信息化项目立项只要做到需求明确，对企业战略有明显的支持作用，项目范围合理，具有显著的经济和社会效益，都可以按照国际上通行的边干边完善（Keep Going and Doing）的信息化建设方法，应先予立项，方案在实施中进一步提升。实践证明，通常都会取得良好的项目收益。

7.2　项目可行性研究的依据和要求

7.2.1　项目可行性研究的依据

在可行性研究中作为依据的法规、文件、资料大致可分为：

（1）项目主管部门关于项目建设所下达的指令性文件；对项目承办单位或可行性研究单位请示报告的批复文件；

（2）信息技术总体规划报告中关于该项目的设计文档；

（3）可行性研究开始前已经形成的工作成果文件，如先期研究或方案研究等；

（4）国家和拟建地区的信息化建设政策、法令和法规；

（5）根据项目需要进行调查和涉及的设计基础资料；

（6）其他有关依据资料等。

7.2.2 项目可行性研究的要求

可行性研究报告应当对拟建项目的一个总体轮廓提出设想，要根据国家、行业关于信息化建设的规划以及国家产业政策，经过调查研究及技术分析，着重就项目建设的必要性作出分析，并初步分析项目建设的可能性。在此基础上必须对拟建项目的用户需求状况、建设条件、工作方式、协作方式、IT 技术、设备、投资、经济效益和社会影响以及风险等问题，进行深入调查研究，充分进行技术经济论证，做出项目是否可行的结论，选择并推荐优化的建设方案，为项目决策单位提供决策依据。

做好信息技术项目可行性研究要注意以下几点：

(1) 资料数据准确可靠。

信息是决策分析与评价的基础和必要条件，全面准确地了解和掌握决策分析与评价有关资料数据是决策分析与评价的最基本要求。实际操作中，要注意新情况的出现，要及时、全面、准确地获取新的信息。对于信息化可研报告编制而言，要充分了解该用户的信息化应用现状与长期规划，要结合目前及今后对信息化建设需求发展情况，着重建设适合用户特点的信息化系统，要在国家和企业的信息化应用发展政策的指导下，以信息化应用目标为导向，严格按照实事求是的要求编制可研报告。

(2) 选择科学合理的方法。

准确、可靠的数据只是报告编制的基本条件。选择合理的方法，才能最终保证决策的准确性。信息化项目可研报告中，需要确定应用范围及投入、基础设施建设规模预测、系统架构、技术路线选择等。

(3) 分析要逻辑化、有说服力。

首先要选择合适的目标，根据明确的质量数量指标，按照实现目标的顺序，确定目标的方向和涉及的幅度，并确定目标实现的时限，客观分析并掌握实现目标所面临的限制条件和不利因素。其次应该定性分析和定量分析相结合，以定量分析为主，力求能够正确反映项目实施中的费用（如投资、日常运维投入费用等）与效益（社会效益与经济效益等），对不能直接进行数量分析比较的，则应实事求是地进行定性分析。第三，应该根据工作阶段和深度要求的不同，采用静态分析与动态分析相结合，以动态分析为主静态分析为辅的决策分析原则。第四，应该进行多方案比选，通过比较，发现各个方案的优、缺点，取长补短，才能得出最优方案。在信息化项目可行性研究中，在选择系统架构或技术路线问题时要充分考虑所有目前的应用现状，并与信息化应用的长期规划进行多方案比选；技术路线选择也要考虑多方案比选，不仅能够有利于项目的建设和运维管理，还要注重其可持续发展需要，尤其要注意该技术路线的生命力。总之，比选是贯穿科研始终的方法。

(4) 符合审批部门的要求。

除了共性论述之外，不同的主管部门对信息化可行性报告的编写一般都有个性化的要求，很多主管部门还提供了可行性报告的编写模板，在编写时要注意这点。内容要贴切，符合相关主管部门要求。

高质量的可行性研究、严格的审批制度、实施过程重视科学的管理是信息化项目建设成功的关键。

7.2.3 项目可行性研究主要结论

可行性研究报告的主要结论包括以下几部分：

(1) 投资必要性。

主要根据市场调查及预测的结果以及有关的产业政策等因素，论证项目投资建设的必要性和技术的可行性。主要从项目实施的技术角度，合理设计技术方案，并进行比选和评价。

(2) 财务可行性。

主要从项目及投资者的角度，设计合理财务方案，从企业理财的角度进行资本预算，评价项目的财务盈利能力，进行投资决策，并从融资主体（企业）的角度评价股东投资收益、现金流量计划及债务清偿能力。

(3) 组织可行性。

制定合理的项目实施进度计划、设计合理的组织机构、选择经验丰富的管理人员、建立良好的协作关系、制定合适的培训计划等，保证项目顺利执行。

(4) 效益可行性。

主要是从资源配置的角度衡量项目的价值，评价项目在实现业务发展目标、有效配置经济资源、改善工作效率等方面的效益。

7.3 项目可行性研究报告的主要内容

项目可行性研究报告的主要内容包括总论、现状分析、需求分析、技术方案、系统概要设计、系统运维组织与定员、项目实施、投资估算、效益分析、风险分析、可行性分析及附件等。

7.3.1 总论

总论对项目和可行性研究报告进行说明，主要包括项目基本情况、编制依据、编制原则、背景、项目必要性、研究目标、研究范围、投资估算、研究结论、存在问题与建议等。

在项目基本情况部分，要列出项目名称，简述项目性质，如新建、扩建（升级、改造、系统集成等）。在编制依据部分简要说明可行性研究报告的编制依据，包括相关文件的名称、起草单位、批准单位、文号和日期，同时应有国家相关规定，公司有关文件、批复报告，合同、委托方提供的基础资料以及其他相关参考文件等。项目推广阶段的可行性研究报告要包括项目前一阶段的总结、评价等内容。

在项目背景部分，要说明项目来源（有关文件、批示等）、概述与项目有关的前期工作与前期论证情况以及决策过程。

在项目建设的必要性部分，应从业务需求等方面说明项目的必要性，简单叙述项目与其他信息技术项目的关系、对其他项目的影响以及项目对企业业务运营发展、技术进步、管理水平和市场竞争力提升等的作用，并就项目实施后对企业的影响进行简要描述。

在研究目标部分，应概述项目的建设总目标、分阶段目标（如试点阶段目标、推广阶段目标等），从项目的可行性、实施范围、实施策略等方面概述项目的可行性研究的目标。在研究范围部分，应说明项目建设的范围、主要任务以及项目可研需要考虑的其他相关因素。

在研究范围部分，应分别简要说明项目所涉及的组织、业务、应用系统和投资范围。其中组织范围包括项目涉及的组织机构的范围和层级，业务范围包括项目所包含的业务领域（包括业务流程），应用系统范围包括对项目大类功能的范围界定，在投资范围部分列出全部投资。对研究范围涉及的具体内容应在后续章节中详细介绍，本部分仅作简单界定。

在编制原则部分，要说明项目可研编制时需遵循的基本原则，一般包括用户要求（包括用户制度、规范、规划的要求以及管理层的要求等）。在投资估算部分，要对项目投资估算进行概述。

在研究结论部分，应概要说明可研的总体结论，包括方案是否可行、经济评价结论、实施的基本策略、实施计划和方案要点、系统覆盖的范围、实施的前提条件以及系统投入应用后的预期效果等。

在存在问题与建议部分，应简要说明实施时应注意的主要问题和风险因素等，并提出应对这些问题和风险因素的主要对策。

7.3.2 现状分析

现状分析主要由企业概况、业务综述、信息化现状分析、相关领域国内外信息化发展趋势和实例介绍构成。

在企业概况部分应简要描述企业情况，列出系统潜在使用单位，完整地描述潜在使用单位的组织机构和管理模式、业务发展规划等。

在业务综述（指与本系统有关的业务）部分要突出三个方面：一是要从业务范围、内容、规模及管理模式等方面描述业务现状。二是重点描述本系统所支持的业务未来变化及发展方向。三是要对业务流程进行分析，说明主要业务流程、信息种类、信息量、数据类型等，并对主要业务流程进行简要描述，分析当前业务流程的优缺点，引出新系统建设需求，并简要论述新系统建设后将对业务流程发挥的作用或影响，要着重对流程的环节控制点进行描述，突出关键业务活动。

在信息化现状分析部分，应介绍现有信息化现状，总体评估现有信息化对相关业务的支持能力。重点放在四个方面：一是信息管理现状，尽量采用图表的形式说明信息流动情况，列出当前信息种类、分布和数量，分析现有管理模型的优缺点及信息管理是否满足未来需要。二是应用系统现状，描述当前应用系统的现状，包括系统名称、版本、应用范围、用户及其分布等情况；评估其对业务的支持能力。三是基础设施现状，描述当前相关硬件、基础应用系统以及信息系统安全现状，包括计算机服务器和终端、网络设备、操作系统、数据库、安全认证、统一授权和信息安全管理等情况，分析其能力。四是组织与人员现状，描述当前与本系统相关的信息技术组织和人员情况，进行评估，分析其优势和风险。

在相关领域国内外信息化发展趋势部分，根据各项目的具体情况可分以下几个方面进行描述：应用系统发展趋势、信息管理（获取、传输、存储、利用）发展趋势以及基础设施发展趋势。重点是国外相关领域类似信息系统的技术水平、应用现状及发展趋势，类似信息系统的成功案例等。

在实例介绍部分，重点介绍国内外同类公司应用相关系统的实践和经验，实例尽量集中于一个对标或典型公司，要分析透彻。

7.3.3 需求分析

需求分析的主要任务是在现状分析的基础上，分析总体需求，提出项目建设的重点和难点。主要由业务需求、功能需求、技术需求、数据需求等构成。

在业务需求部分，根据企业的发展目标和业务发展规划，对照国内外实例，分析说明总体业务需求，重点放在目标用户和业务流程分析上。应根据项目实际情况和要求，画出相关业务流程图。

在功能需求部分，重点分析清楚企业总体功能需求和目标用户功能需求，从而明确系统应达到的总体功能要求和用户的具体功能需求。

在技术需求部分，重点讲清楚六类需求：一是性能需求，包括系统的最大用户数、最大并发用户数时的响应时间、数据的备份时间、系统的平均无故障时间等。二是输入输出需求，包括系统可以提供的图形界面、中文显示和输入、输出功能等。三是数据管理能力需求，包括系统具有的数据备份、数据恢复方式和能力等。四是故障处理需求，包括系统具有防病毒能力、双机热备份能力等。五是运行环境需求，说明系统的软硬件配置要求、网络及通信要求。六是与其他系统接口需求，说明与其他系统接口的具体需求，如数据交换协议等。其他需求包括安全保密、系统维护、用户培训等。

在数据需求部分，重点放在数据标准化需求上。应简述项目对数据标准化的要求，简述相关的主要业务信息种类和信息量，分析说明项目实施对现有业务信息的要求和影响。

在完成上述工作的基础上，将未来目标与现状进行比较，分析得出差距。

7.3.4 技术方案

技术方案是可行性研究报告中非常重要的一部分。技术方案将选择系统的技术路线，确定系统的主要技术指标，是达到系统建设目标、满足业务需求的技术基础和保证。技术方案主要由系统建设目标与范围、系统功能架构方案、系统体系架构方案、系统技术方案构成。

在目标与范围部分，应明确方案设计的目标，方案设计所覆盖的组织、业务和用户范围，描述方案与现有系统及总体规划中其他系统之间的关系，如功能、信息等方面的相互关系。

在系统功能架构方案部分，应列出拟采用的多个系统功能架构方案及其主要特点，说明各方案包括的各项功能，如系统的应用范围、系统支持的业务领域、系统的功能模块划分等，并从系统功能需求满足情况，系统功能架构的实用性、先进性、可扩展性，系统功能实现的难易程度等方面对各方案进行比选，说明其优缺点，提出推荐方案。

在系统体系架构方案部分，应说明各拟采用方案的体系架构及其主要特点，并从体系架构的先进性、可靠性，结构的合理性，架构实现的难易程度，方案经济性等方面对各方案进行比选，说明其优缺点，提出推荐方案。

在系统技术方案部分，应分别从宏观上比较分析硬件方案、数据库方案、应用系统产品方案、运行环境方案和建设方案的几种备选方案，并根据实际情况提出推荐方案。硬件方案应描述各方案的特点、架构、分布情况，根据系统对硬件的要求进行硬件方案的总体设计，并充分考虑系统的稳定性、安全性、开放性和可扩展性，进行比选论证后提出推荐方案。数据库方案应根据系统的特点、数据的分类、数据库服务需求分析、数据量预测分析等进行数据库方案总体设计，进行比选论证后提出推荐方案。应用系统产品方案应描述市场主流产品的性能及其应用情况，并说明各产品方案的技术指标、特点和优缺点。运行环境方案应描述可行的运行环境方案，包括硬件环境、软件环境及网络环境，提出推荐方案。建设方案应根据系统实施特点描述系统建设模式和策略，说明可采用的模式（如应用成熟产品模式、定制开发模式或混合模式）的特点和优劣，提出推荐方案。上述工作的顺利完成，将为系统设计奠定基础。

7.3.5 概要设计

系统概要设计根据推荐技术方案，结合需求分析结果进行，要逐项满足需求分析中的要求。概要设计主要由系统功能设计、信息流设计、基础架构配置设计、接口设计、安全性设计等构成。

在系统功能设计部分，主要包括总体结构设计、系统主要功能设计和子系统（模块）功能设计。总体结构设计应说明系统的总体架构及特点，总体功能架构和系统部署方案；说明系统功能所能覆盖的业务范围及其对业务的支持；根据不同用户的业务需求，进行用户分类定义，确定用户数量。系统主要功能设计应根据功能架构方案，描述系统功能的实现流程。子系统（模块）功能设计应对系统中每个子系统（模块）进行功能描述，包括目标、功能概述、涉及的业务部门、频度、关键输入和输出涉及的数据来源与去向以及形成的结果数据类型等信息。

在信息流设计部分，说明系统及模块的信息流向，明确信息类型、信息项、信息来源及流向、频度等指标，并绘制数据流图。

在基础架构配置设计部分，重点根据技术方案做好硬件配置设计、数据库配置设计和运行环境配置设计。硬件配置设计包括网络设备、存储设备、服务器和终端设备。根据支持业务所需的数据传输量、频率、安全等级进行估算，确定所需各类硬件的性能要求和数量。数据库配置设计应说明系统所需数据库的配置要求，包括数据库的逻辑结构、数据容量和更新频率等。运行环境配置设计应根据业务需求，估算系统的通信量，提出不同用户的网络带宽需求，并明确对系统软件环境和机房环境的设计要求。

在接口设计部分，包括系统内部和外部接口设计，应说明构成系统的各个子系统（模块）的功能，及相互间的数据流向关系，给出子系统（模块）关系图；说明与本系统存在数据交换的其他系统对本系统的数据要求，如数据类型、数据流向、数据项和频度等。

在安全性设计部分，应按照国家信息安全的政策法规和本企业的有关规定，从设备安全、系统自身访问控制、病毒及系统攻击防御、数据以及文档管理和备份、员工信息安全管理、安全事件响应及应急预案等方面，进行系统安全性设计。

7.3.6 系统运维组织与定员

这部分要提出保证系统上线后正常运行所需要的组织和人员条件。主要由设计原则、系统运维任务、组织机构与定员及其职责、培训计划构成。

在系统运行维护部分，应说明系统上线后对现有组织机构与人员的影响以及运行维护的工作内容。在组织机构与定员及其职责部分，应明确建设新系统后对现有信息技术组织的人员需求以及对组织机构和角色的需求，提出系统维护的组织设置，详细描述其组成和职责，提出维护人员的技能和数量需求。在培训部分，应描述系统建成后应进行哪些培训，提出培训目标和计划、主要内容、参训人员等。

7.3.7 项目实施

这部分应明确项目实施原则、策略及方法，为项目实施全过程管理提供参考。项目实施主要由项目实施原则及方法、项目实施前提条件、项目管理、项目实施组织机构、项目实施过程和方式、项目实施培训、项目实施进度计划和项目验收指标构成。

在项目实施原则及方法部分，应阐述项目实施计划的制订原则，根据推荐方案，进行阶段划分，列出项目实施里程碑，指出实施过程中的重点和关键点。

在项目实施前提条件部分，应综合考虑各种因素对项目实施的影响，说明启动项目实施时应具备的条件，并分别从信息技术环境和外围因素两个方面进行详细论述。

在项目管理部分，根据项目实施方法的要求，说明项目管理的主要内容，包括管理的重点和关键点，如资源、进度、风险和质量等，并将其作为项目实施组织设置的依据。项目管理主要包括项目计划和进度管理、风险管理、质量管理、变更管理、成本管理、沟通管理、人力资源管理、文档管理、问题管理和综合管理等。

在项目实施组织机构部分，应按照项目实施要求，设计项目组织，对项目组织中的部门及岗位的职责进行说明，并根据工作量确定相应人员的数量，包括第三方咨询、内部支持和业务协作等。

在项目实施过程和方式部分，应明确项目实施的基本策略，如先试点、后推广，选择合适的试点单位等。

在项目实施培训部分应描述项目实施过程中所要进行的全部培训，明确培训目的、内容、人员和计划。

在项目实施进度计划部分，应根据实施方法，估算项目建设总工期，分阶段说明工期、工作内容和相互关系，标出里程碑和实施关键点。

在项目验收指标部分应说明验收的内容、成果形式、验收的方法和指标。

7.3.8 投资估算

投资估算和效益分析是项目可行性研究的另一个非常重要的部分。主要任务是提出为达到项目目标、保证系统在预定范围内建成应用所需要的资金投入，描述系统应用后可以为企业带来的多方面效益。这部分主要由投资估算编制依据、编制范围、主要工程量测算说明、总投资估算结果、投资效益分析构成。

在编制依据部分，应阐述编制投资估算所依据的政策和标准，包括国家和行业标准、其他取费规定、相关取费依据、进口关税和汇率等，同时要充分依据企业内部相关标准、规范等，采用通行的算法、公式和参数、前提条件等。

在编制范围部分，应明确项目投资构成，包括工程费用、其他费用和预备费用。其中，工程费用分为硬件、软件、咨询、内部支持、实施单位配合及数据整理与迁移费用；其他费用分为会议费、印刷费用、培训费用、可行性研究及评审费和其他费用；预备费用即不可预见费用，按上述两项之和的8%计算（硬件、软件和咨询费用已经有协议的不计算在内）。

在主要工程量测算说明部分，应描述推荐方案的主要工程量的测算方法和过程，并给出主要工程量测算。在总投资估算部分，应有投资估算编制说明，有硬件、软件、咨询、内部支持等单项费用，应分列试点阶段投资估算、推广阶段投资估算、总投资估算、年度费用估算等，以便于考核项目资金下达和使用情况。

在投资效益部分，应对项目的投资效益进行定量或定性说明。无论是定量或定性说明，都应根据系统特点列举相关指标，并通过比对分析其投资效益。在投资效益计算中必须包括五年内的运行维护费用估算。

运行维护费用作为投资效益中成本分析的一个指标，其构成包括硬件维护费用、软件维护费用、运行维护人员费用、外部人员服务费用、杂费等。综合来看，系统上线运行后，每年的运行维护费用大约占项目建设总投资的 15% ~ 20%。

7.3.9 效益与风险分析

项目是否可行，风险分析非常重要。在可行性研究报告中，必须对项目投资可能存在的风险因素进行分析和说明，并提出规避风险的措施和办法。风险分析主要由风险识别、风险范围确定、风险程度分析和风险规避及降低措施构成。

在风险识别部分应列出风险分类及其识别方法。在技术风险部分应列出并分析项目技术类风险，说明规避或降低风险的措施。在非技术风险部分应列出并分析项目非技术类风险，说明规避或降低风险的措施。要对比提出的风险措施，提出推荐措施。

7.3.10 可行性分析及附件

可行性分析是项目可行性研究报告的结论部分，主要由技术可行性分析、经济可行性分析、研究结论、问题与建议构成。

在技术可行性分析部分，要对已有技术和工作基础进行描述，介绍项目建设单位所实施的与项目相关的信息系统，已做的相关流程、制度、机构、人力资源、培训等方面的工作，说明可利用的信息资源。描述可用技术和条件，简要介绍适合项目的目前流行的主要技术、产品和资源，及其可获得性。分析建设项目的环境条件、施工条件以及外部协作配套条件等对项目支持和满足的程度。

在经济可行性分析部分，要从资金条件和建设投资、运行维护费用等方面说明项目的经济可行性。

在研究结论部分，要对企业发展、业务需求、技术方案、建设条件、资金筹措及经济效益等方面进行简要论述，提出项目可行与否的结论意见。

在问题与建议部分，要根据项目研究结论和推荐方案，说明项目建设条件、技术、经济等方面存在的主要争论和未解决的问题，可能存在的风险，提出解决问题的对策以及项目下一步工作的意见和建议。

在可行性研究报告正文结束之后，一般还有一系列附件，如：名词解释，列出关键术语的定义和外文首字母缩写的原词组；相关软件产品简介，列出相关产品情况、功能及性能介绍、解决方案介绍等。若有试点方案，还应将试点方案作为附件列出。

总之，信息化项目可行性研究报告是在信息技术总体规划指导下，按照其确定的项目目标、范围、主要功能、投资概算等内容，从项目可行性和进一步做好项目实施与运行维护工作的角度，对相关内容进行更加详细的研究、描述和论证，使项目管理部门和实施团队对项目有更加深入、细致、准确的把握和理解。这是加强项目管理、做好系统详细设计和实施工作的基础，是提高项目建设整体质量的重要保证。

7.4 小结

本章总结了项目可行性研究的意义和特点，论述了信息技术总体规划、项目可行性研究与项目实施设计三者的关系；介绍了一般可行性研究报告编制的依据、要求和原则，重点对可行性研究报告的主要章节和内容进行了细致总结，希望能够对开展企业信息技术项目可行性研究工作的人员有所帮助。

8 企业信息技术总体规划实施成果案例

8.1 成果综述

"十五"以来，国内某大型石油石化企业集团一直按照信息技术总体规划建设集中统一的信息系统平台，实现了信息化建设从分散向集中的阶段性跨越。该企业经过"十一五"的快速发展，已经建成了一批大集中的信息系统平台，系统的用户规模大、共享范围广、技术架构先进、应用功能强大、有效支持企业各项主营业务、总体拥有成本低，达到了国际先进水平。

一是建成应用了集中统一的经营管理平台。ERP系统按各专业领域集中部署，每个专业领域的ERP系统均采用统一的业务流程、统一的数据编码、统一的软硬件平台，实现各成员企业、总部用一套ERP系统进行业务操作。系统覆盖了勘探生产、炼油化工、销售、天然气管道、工程技术、工程建设、装备制造、海外勘探开发和人力资源管理业务领域，管理了各成员企业未合并营业收入总计数万亿的业务运营，成为企业经营管理的重要手段和运行平台。以销售ERP系统为例，系统管理了超过1亿吨成品油、1800万吨化工品、670亿立方米天然气的销售业务，实现了业务与财务的集成，强化了销售全过程的管理与关键环节的控制。人力资源管理系统实现了组织机构、用工总量、定员编制、薪酬政策的统一管理。财务一级核算系统有力支持了"全面预算管理，资金、债务、会计核算集中"，系统建立了横向到边、纵向到底的全面预算管理体系，各项预算指标得到有效控制，实现了基于网上银行的资金收支两条线、总部级统筹运作、集中核算，每年约1500万笔业务、50万亿元交易数据全部集中到总部统一管理。该企业某电子商务网站投入应用7年来，累计实现电子交易额超过2500亿元，已成为企业物资集中采购的网上交易平台。

二是建成应用了集中统一的生产运行管理平台。勘探与生产技术数据管理系统管理的数据超过260TB，为数百个重点勘探项目提供数据服务，促进了油气勘探开发一体化管理。油气水井生产数据管理系统搭建了井、站、库信息一体化的生产数据管理平台，管理油气水井23.8万口，入库数据9亿多条，每天利用平台工作的人员达1.2万人。按照统一模板搭建了全部所属炼化企业的生产运行管理系统，覆盖了上千套炼化装置和上万个储罐，实时掌握排产计划、运行管理、生产执行等情况，提高了各炼化企业生产精细化管理水平。炼化物料优化与排产系统搭建了原油采购、加工、销售一体化的优化模型，有效支持了总部和各炼化企业的生产计划优化。加油站管理系统在近2万座加油站全面建成应用，实现了"一卡在手、全国加油"，显著增强了成品油销售业务管理能力和竞争力。管道生产管理系统管理了5万千米油气长输管道、5万个SCADA数据采集点，有效支持了油气管输的计划、调度、运销计量、能源管理，实现了对国内油气长输管网的集中调控。工程技术生产运行管理系统搭建了物探、钻井、录井、测井、井下作业五大专业一体化信息管理和日常工作平台，实现了对数千支工程技术作业队伍的生产动态管理和跨专业共享，为远程指挥调度奠定了基础。

三是建成应用了集中统一的办公管理平台。办公管理系统为总部和成员单位两级机关管理人员提供一体化工作平台,用户累计超过59万人,已经成为各单位和广大员工必不可少的日常工作平台,促进了办公管理的规范化、流程化,实现了集团公司范围内的信息资源充分共享,大幅度提高了工作效率。应急管理平台实现了对突发事件的指挥调度、应急通信、视频监控等功能以及日常生产经营数据的集成展示。健康安全环保系统在HSE管理体系运行、风险控制和分析预测等方面的支持作用越来越明显,已成为HSE管理体系的重要组成部分。

四是建成应用了集中统一的网络基础设施。数据中心建设按总部级、区域级和地区公司级三级架构推进。总部级"两地三中心"建设取得重大进展。目前建成投用了集团公司北京总部数据中心,启用了异地灾备数据中心。建成了12个国内区域网络中心和5个海外区域网络中心,连接所有成员企业和海外分支机构,形成了统一管理、分级维护、覆盖国内、连接海外的信息网络体系。

8.2 主要信息系统建设成果

8.2.1 ERP系统

ERP系统基于统一的公共数据编码平台,在集团公司范围内统一了组织机构、客户、供应商、物资、产品等九大类数据标准,保证了各专业领域之间的集成和共享。ERP系统的应用有效替代了功能相近的大量分散系统,整体提高了信息系统的应用效率。系统具有如下特点:

(1)集中统一的系统架构。

该企业ERP系统采用统一软件平台,结合各专业分公司管理需求及业务特点,按专业领域集中部署,如图8-1所示。每个专业领域共用一套服务器,同类企业采用同一套业务流程。按专业分公司集中式的架构,一方面保证了集团公司内同类型成员企业管理流程的一致,另一方面,专业分公司的经营策略及管理要求可在系统中执行和反馈。保证了集团公司管控"有目标、有手段"。

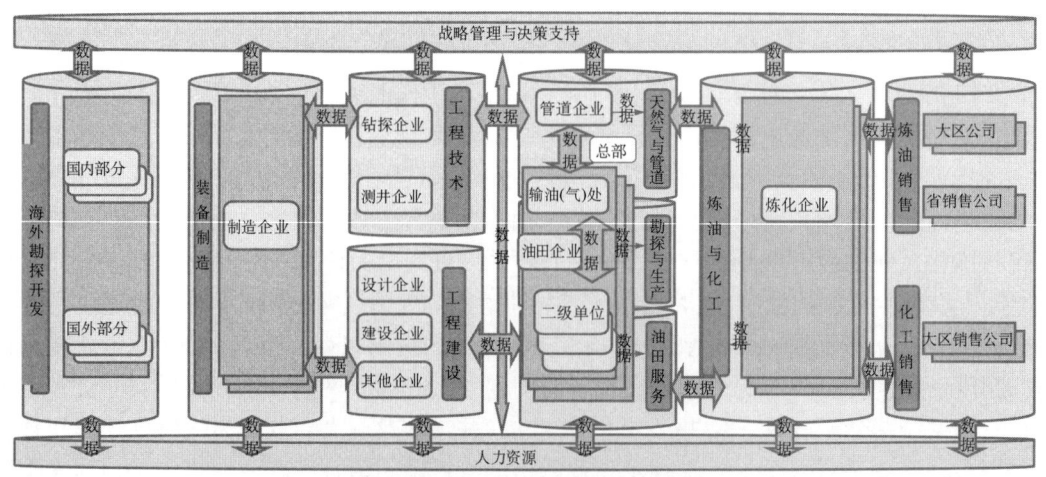

图 8-1 该企业 ERP 系统技术架构图

（2）统一规范的数据编码。

ERP系统在集团范围内统一了组织机构、客户、供应商、物资、产品等九大类编码，其中物资编码375.5万条，产品编码9191条，装备制造类数据编码10.3万条，外部客户编码17.2万条，外部供应商编码16万条。为集中采购、上下游企业产销衔接及企业战略分析奠定了基础，保证了各专业领域之间的集成和共享。在国内外大型企业中，第一次实现了集团级公共数据的统一管理。

（3）完备的异地备份系统。

ERP建设时同步考虑异地灾备系统的建设，在北京、吉林两地建立数据中心，两系统互为备份，保证了系统及数据资产的安全。数据中心间采用高速光纤，实现两地间异地备份，达到安全等级要求。同时，大集中系统建设，解决了分散系统资源消耗高、维护量大、难以异地备份的缺陷。

（4）ERP系统在各业务领域各具特色。

该企业ERP系统在勘探与生产、炼油与化工、销售、天然气与管道、海外勘探开发、工程技术、工程建设、装备制造等业务领域各具特色。

在勘探与生产领域，针对上游特点，确定了以财务管理为核心，以勘探、评价、开发等投资计划和项目管理为主线，以物资和设备管理作为支撑，通过生产销售来实现企业的投资回报的设计思想，涵盖投资计划、项目管理、物资管理、设备管理、生产制造管理、销售管理、财务管理、成本核算等管理功能。在炼油与化工领域，以计划为龙头，实现了生产过程和设备资产的闭环管理，系统覆盖了原油采购、生产加工、产品销售、项目管理、设备管理、财务管理等主要炼化生产业务。在销售领域，以建立健全业务管控体系为核心，实现对资源、价格、客户的有效控制，保证营销政策在全国上下一盘棋为目标，涵盖了采购、销售、库存、设备、财务、运输及生产管理等功能。在天然气与管道领域，以设备、资产全生命周期管理为重点，支持了油气安全储运业务运作，设计实施设备管理、财务管理、物料管理、项目管理、销售管理5个功能模块，涵盖了工程建设、天然气营销、资产完整性的主要业务，部分覆盖了油气调运业务。在海外业务领域，满足了多语言、多币种、多会计准则的国际化业务管理需要。在工程技术领域，以项目和物资管理为重点，实现了对物探、钻井、测井等各类业务的有效管理。在工程建设领域，实时反映项目执行及资源分配情况，缩短了工程项目的实施周期。在装备制造领域，以生产管理和质量控制为重点，支持了项目型、离散型、连续型、服务型和财务型业务的精细化管理。

8.2.2 加油站管理系统

加油站管理系统是由多子系统组成的集成系统，主要包括：总部级系统、站级系统、卡支付及客户管理系统及集成子系统。各系统相互配合，共同实现主数据管理、价格管理、库存管理、计划管理、促销管理、配送管理、退货管理、结算管理、卡管理、积分管理等功能。系统建设充分融合了石油行业、零售行业的先进管理理念，考虑软件的扩充能力，选择了业界主流并具有较好口碑的成熟软件来实施，加快了实施进度，提升了业务能力，同时开展的客户化开发，更好地保证了系统建设目标的快速实现。系统主要特点包括：

（1）信息化与自动化紧密结合。

信息系统应用效果发挥的前提是准确的数据。集团公司1.7万余座加油站，近10万条加油枪，只有准确采集到来自设备的基础信息，才能保证加油站前庭业务管理的准确性，从而实现对整体零售业务的精细化管理。

加油站前庭设备厂商品牌众多,设备通讯协议不统一。如何将这些设备接入到系统中,实现加油站业务的自动化、信息化,是该项目的难点之一。项目组在设计前庭设备连接方案时,借鉴了国际前庭设备标准论坛的经验,综合考虑国内设备现状,制定了站级系统与前庭控制器的标准连接协议,实现了各种品牌前庭设备的系统接入、状态监控以及交易的实时上传,将信息化和自动化紧密地结合起来,提供了可靠的、满足业务流程要求的应用架构,保证了业务处理的准确、顺畅。

(2) 集中式的系统架构。

系统应用体系架构是决定业务正确开展、实现管理要求的关键点,也是系统建设成果及后续运维体系的基础。随着计算机技术的发展,硬件和网络技术在近几年内也有了长足的发展,大型服务器、集群技术的发展促使越来越多的集团化应用在向集中的方向发展。许多公司的大型服务器,单台服务器的性能都得到了很大的提升,为系统的集中应用提供了可能。同时,网络连接技术及数据传输技术的发展促使宽带应用越来越多地走进各企业。在宽带、专用网络的保证下,多级业务应用因网络原因产生的差错率越来越低。同时,企业的零售业务也越来越呈现出加强集中管控,实现集团化经营的要求。

基于以上业务需求和技术方案的考虑,加油站管理系统采用了物理集中,逻辑分层的架构,总部系统集中部署在总部,各地区公司通过网络访问集中的后台系统实现本地业务,不再安装应用软件。服务器与存储设备也全部集中部署在总部中心机房。

通过集中的系统架构,实现了数据的集中管理,有利于数据挖掘与数据分析,高度的数据共享也为业务集中运作奠定了基础,满足了业务管理精细化、集中化的发展趋势。集中的架构,也适应了系统运维高度专业化管理的发展,降低了大型系统运行管理的成本,同时也提高了管理能力。

(3) 油品、非油品和卡业务集成管理。

加油站管理系统功能整体覆盖了集团公司零售终端的所有业务管理及操作,是销售公司零售管理环节的又一次变革。通过系统,在加油站层面可以统一开展成品油销售和便利店商品销售管理,油品、非油品销售相互影响、相互促进,利用统一的系统综合计算管理销售成本、毛利等,统一约束员工的销售管理行为。与传统的系统和国内类似的企业的系统相比,这种一体化的设计,使销售公司彻底改变了传统的多业务分离运作,各业务效果事后计算的状况,使其与国际先进销售公司的差距进一步缩短。

集成的业务管理,也能够快速地让业务决策在操作层实现,提高了业务运营效率。例如,集中的油品价格管理控制,可以直接控制到加油机上的变价,减少了人为干预,堵塞了管理漏洞。通过系统提供的各种油非互动功能,便捷地实现手工管理无法精确核算的捆绑销售、满额促销、折扣销售等各种销售方式。

(4) 支持现金、IC卡、银行卡、积分等多种支付方式。

加油站管理系统支持现金、IC卡、银行卡、积分等多种支付方式。顾客也可以在同一笔交易中使用多种不同的支付方式进行支付,多种支付方式在系统中都能准确地记录并进行分类,提高了对账工作效率,降低了劳动强度,保障了资金安全、准确。

该企业发行的加油卡采用先进的具有高安全等级的IC卡,通过卡片与客户信息的绑定,锁定忠诚客户,提供针对性服务。IC卡覆盖单位用户和个人用户,可在全国范围内任一发卡充值网点申请、充值,在任一联网的加油站进行加油、购买便利店商品、洗车等加油站提供的各种服务，真正实现"一卡在手，全国加油"。还可在全国范围内，享受积分累积、积分礼品兑换、积分消费、交易折扣等服务。单位卡客户还可进行设置单次加油限制升数、单次加油限制金额、每天限制加油次数、限制加油站点等管理限制功能，加强了公司帮助客户实现车队管理的需求，让客户对该企业有更好的服务感知，提高了客户忠诚度。

(5) 可视化销售管理。

与以前的手工管理方式不同，加油站管理系统不但保证了系统数据的正确和及时性，还实现了可视化销售管理，使各层级业务管理人员的工作变得简单、高效。系统在加油站提供了基于触摸屏的销售管理系统，每一笔加油业务都通过形象化的方式展现在系统上，员工可以清晰地看到前庭每一条加油枪的运行状态，清楚地了解到每一个油罐的库存状态。当有顾客长时间没有支付时，系统也会通过图形、声音等方式提醒加油站管理人员注意，提高了加油站现场管理的能力。系统实现了与刷卡设备 EFT 的集成，在交易支付时，收银员只需要轻点收银机的触摸屏，即可进行刷卡支付，加快了收银的速度，提高了工作效率。

在地区公司和销售公司总部，各级油品和非油品业务人员都能够通过系统轻易地查看加油站的运营状态，对业务正常和异常的加油站会标记不同颜色标识，让业务人员做到一目了然。

系统在对账、收油监控、数据传递等环节也都具备了可视化、智能化的功能，通过对监控过程中发现的异常业务的及时处理，保证了关键业务的运转，将业务管理人员从以往繁重的排查错误的工作中解放了出来。

8.2.3 生产运行管理系统

各个生产运行管理系统是支持该企业勘探开发、炼油化工、管道储运、市场销售、工程技术等业务领域日常的生产数据收集、作业管理、操作管控、客户服务、生产决策的重要信息平台，并为经营管理系统提供生产数据支撑。

8.2.3.1 油气勘探开发领域

建成应用了勘探与生产技术数据管理系统（以下简称 A1 系统）和油气水井生产数据管理系统（以下简称 A2 系统）。系统架构与功能具有以下特点：

(1) A1 系统采用多层业务架构，支持数据采集、管理和应用。

A1 系统总体采用了数据源环境、主数据库和项目研究环境三层架构。面向数据源的数据采集，实现了数据录入、梳理、传输、清洗、规范化、审核等功能，支持数据采集的标准化和流程化。面向数据中心的数据管理，实现了主数据库数据资产保护，保障了勘探与生产各类专业原始数据及成果数据的完整、准确、安全、有序地存储和高效管理。面向综合研究应用，实现了对勘探、评价与开发项目研究环境及协同研究的支持。

(2) A2 系统基于 SOA 统一的三层体系架构进行顶层设计，应用功能灵活。

A2 系统架构从逻辑功能结构上分为三层体系架构，即应用展示层、业务逻辑层和数据存储层。根据各油田业务、开采方式和用户的权限，采用 SOA 架构开发的 A2 系统，很灵活地定制出不同的界面。数据采集包括了井站的自动数据采集接口和批量数据的导入等。在统一的数据模型基础上按油田公司建立数据库实例，实现了数据的集中存储管理，在此基础上构建油气田公司级、采油厂、采油矿、采油队各级的生产报表和曲线、预警、动态分析、数据查询等应用，如图 8-2 所示。

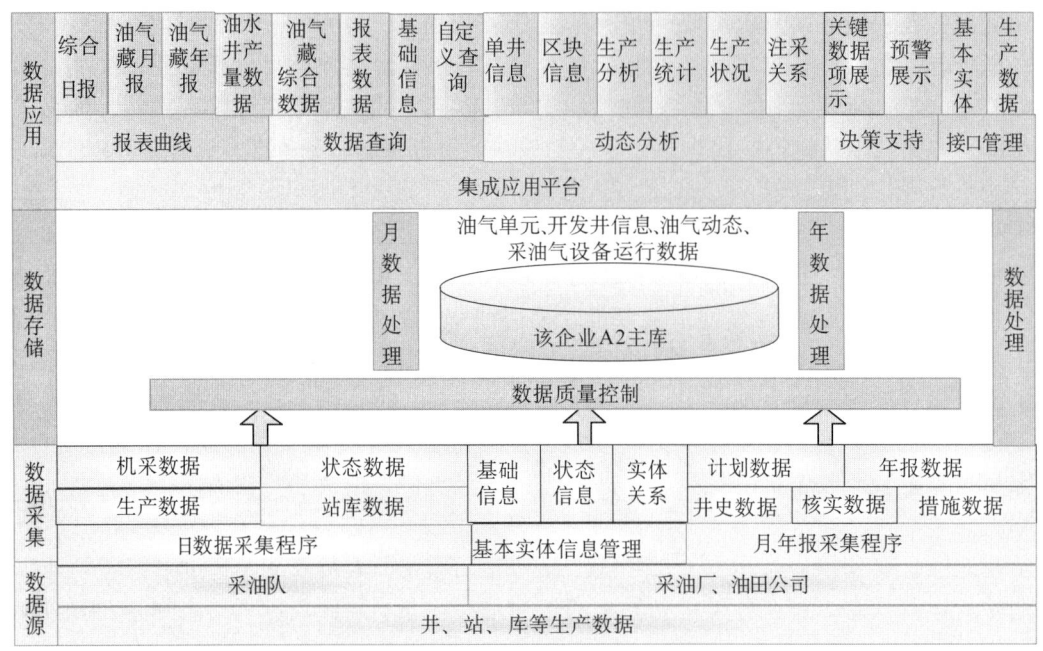

图 8-2 该企业 A2 系统逻辑结构图

(3) 支持数据共享和项目协同研究的主数据库。

A1 系统通过主数据库与项目研究环境的集成建设，有效支持了数据共享和项目协同研究工作，保存了高价值、高质量的油田勘探开发数据，对上层应用实现了数据源的唯一，有效支持了项目研究应用。通过对历史数据的整理和加载，提高了数据质量，有效缩短了研究人员的研究周期，保障了研究成果的水平。采用集中存储管理，发挥了数据资产的应用价值，提高了数据资产的安全性。

(4) 统一集中、实时可视化的油气生产业务平台。

该平台采用统一的数据采集平台，支持稀油、稠油、天然气、煤层气等业务生产数据的采集，采集数据自动上传到 A2 系统集中处理和管理。采用统一的应用平台，把报表曲线、查询、动态分析、关键数据项展示和预警等应用集成为一个平台，根据授权，满足各级业务人员应用需求。统一日月年报报表格式、报表数量减少了 60%。通过统一业务规则，增强了统计汇总出数据的可比性。通过数据上报流程的规范和岗位的制定，上报数据后的锁定等，避免了数据交叉上报和数据的随意修改，保障了数据上报的及时和准确。实现数据应用上下贯通，通过数据逐级穿透查询，实现了数据的纵向共享。

8.2.3.2 炼油与化工领域

建成应用了炼化物料优化与排产系统（以下简称 APS 系统）和炼油与化工运行系统（以下简称 MES 系统）。APS 系统建立了原油采购、加工、销售的供应链优化模型，利用模型从全局平衡的角度进行整体优化，提高了资源优化配置水平和经济效益。MES 系统搭建了统一的生产运行业务管理平台，覆盖了上千套炼化装置，通过实时监测主要装置和重要工艺指标，动态跟踪非计划停工等生产异常情况，加强了生产受控和量化考核，大大提高了炼化生产运行管理水平。系统架构与功能具有以下特点：

(1) 以统一的系统架构解决信息孤岛问题。

APS 系统和 MES 系统在各炼化企业采用统一的系统架构，加强了业务集成和数据共享,实现由传统的手工管理模式向信息化、自动化管理模式的转变。同时取代了原有的近百个分散的小系统,解决了长期困扰企业的信息孤岛问题。

(2)软件架构高内聚、低耦合,具有良好的可扩展性。

APS系统和MES系统采用高内聚、低耦合的软件架构,具有更好的重用性、维护性和扩展性,能够快速适应炼化业务的新需求和新变化,可以更高效地完成系统的维护开发,并持续支持业务的发展。

(3)实现了"计划优化—调度优化—生产执行与反馈—生产统计"一体化管理。

MES系统与APS系统实现了无缝衔接,使计划优化与调度优化有机结合,采用图形化方式对生产计划完成进度进行对比分析,将库存动态信息与市场信息相结合,及时调整资源配置,优化生产方案,促进效益最大化。

(4)系统支持科学高效的业务运作。

APS系统为炼化计划排产、方案优化测算提供了先进科学的工具,保证了年度、季度、月度计划制定的高效和准确,使得复杂的生产方案对比计算分析成为可能。MES系统实现了对重要工艺参数的运行状态进行实时监控管理,对生产过程中的主要预警信息、突发事件和生产日志等信息进行动态跟踪。通过MES系统平台可以查看装置工艺流程图的实时画面,便于监控生产操作,跟踪、分析生产工况。同时基于实时数据的应用,实现了装置平稳率多纬度多周期的自动计算,为企业绩效考核提供了更加真实可靠的参考依据。

(5)实现业务报表的自动化。

实现了数据的自动收集、报表模板的自由定制和自动生成,改变了传统的工作方式,适应了用户的业务需求的变化,大大提高了工作效率和数据准确度。

(6)实现产品质量信息的整合应用。

质量化验数据与生产运行数据整合,为调和优化提供基础数据,减少产品调和的质量过剩,实现产品质量卡边控制,优化产品结构,多生产高附加值产品,提高经济效益。

8.2.3.3 成品油销售领域

建成了油库管理和物流业务系统,实施范围包括销售分公司及大区销售、省级销售、海运等35家地区公司,涉及350余座全资、参股、租赁油库,支持成品油的铁路、管道、水路和公路等四种运输方式的自有炼厂物流调运及部分的外采与串换业务,支持加油站配送、客户配送、移库、站间调拨等业务。系统架构与功能具有以下特点:

(1)搭建系统间的信息高速公路。

为降低业务人员劳动强度、消除信息孤岛、确保销售分公司信息系统间数据传输的及时性和准确性,物流管理系统与ERP系统、加油站系统搭建了系统集成,实现了物流管理系统业务数据在各系统间的自动流转,实现各信息系统自动化连续运作。基于统一平台,按照统一标准,从数据源头出发,实现信息共享和数据唯一。疏通了业务流,划分了系统边界,实现信息共享和数据唯一,业务运转高效、流畅。

(2)采用多系统集成技术,实现"一卡在手、走遍库站"。

在系统集成的基础之上,为实现信息系统与配送节点的有效整合,物流管理项目组开展"配送一卡通"实施工作。"配送一卡通"将销售ERP系统、加油站管理系统、物流管理系统有效地衔接起来,实现了身份认证电子化、单据流转无纸化和对配送过程中车辆、人员以及接卸油过程的全面管理及监控。"配送一卡通"贯穿了整个配送体系,通过油库入库刷卡、自动付油刷卡、油库出库刷卡、加油站入站和出站刷卡串联了物流配送各个环节,通过每次刷卡操作，自动实现相关业务数据转发到其他相关系统。在整个配送过程中，所有的物流、信息流高度统一，数据及时准确，实现了数据在系统间的闭环流转。"配送一卡通"集成了信息工程的先进技术，蕴含着物流管理的先进理念。

（3）高度集成油库内八大自动化系统。

油库系统的实施实现了油库八大自动化系统的高度集成。系统集成将原来分散管理的自动化系统在统一的界面进行管控和展示。对自动付油系统的集成，实现对付油鹤位的付油监控，及时了解鹤位油品实时状态及鹤位所连油罐实时液位变化。对罐存计量系统的集成，实现对罐存进行实时监控，及时了解各油罐油品实时液位变化，及油罐状态（静止／收油／付油）。对IC卡门禁系统集成，实现监测油库出入库门情况，出入库门记录，及非法进入报警，监测记录查询。对可燃气体监控系统集成，实现全天候监测可燃气体监控点可燃（有毒）气体实时浓度及浓度超限报警情，监测记录查询。对周界防范系统集成，实现实时监测油库库区周边安全情况，对布防防区非法闯入可报警显示并追踪到位，监测记录查询。对电子巡更系统集成，实现利用无线监控设备及时了解库区安防情况，报警显示及追踪，报警数据、报警时间的自动记录和历史查询。对火灾报警系统集成，实现对库区火灾报警装置控制范围内的火灾发生情况的监控，火情报警显示及追踪，报警数据、报警时间的自动记录和历史查询。对视频监控系统的集成，实现省公司能够通过录像，及时、准确了解库区现场作业及安全情况，对油库突发、违章、安全事件实现实时摄录信息实时掌握。

8.2.3.4 天然气与管道领域

建成了管道生产管理系统（以下简称A3系统）。目前，A3系统覆盖天然气与管道分公司及管道储运企业、天然气销售企业、液化天然气企业、油气田企业等24家地区公司，管理5万多千米油气长输管道，涉及500多座输油气场站和300多家企业客户，支持油气管输计划、调度、计量、能源等业务的全过程管理。系统架构与功能具有以下特点：

（1）采用集中式技术架构，实现充分共享。

A3系统采用了集中式技术架构，主用、备用及开发测试的服务器均集中放置在总部数据中心，专业公司、地区公司及其下属的二级单位基层场站都通过企业广域网访问系统，从自动仪表采集或基层填报的数据直接进入系统，不落地、不修改、不调整，各级各类用户按照自己的需要充分共享，如图8-3所示。由于按总体规划实施，A3系统实现了与12个总体规划信息系统的接口，扩大了数据共享范围。

（2）掌握系统核心技术知识产权，实现可持续发展。

管道生产管理系统是具有该企业自主知识产权的系统，核心的运营管理子系统基于应用软件产品自主开发，系统的可定制性和后期开发维护的可扩展性比较好，有效满足了管道业务快速发展的实际需要。

（3）形成了具有灵活性、可靠性的系统架构。

基于集中式技术架构，系统采用灵活性强、可靠性高的架构设计。系统上线后，无论是遇到新增客户与场站等需求，还是新管线投产，均可以在原有结构上定制或扩展。同时，灵活的系统架构还可以适应业务发展变化引起的系统调整，例如：对集中调控的支持，对管道业务细化，管输与销售分离的支持，对管道不断增长各类销售客户的支持，等等。

系统对外接口方案采用了统一的WebService接口，便于管理、便于开发。作为存储着最全面的管道生产数据的A3系统，越来越多的系统需要与其对接，选择这种可跨平台、可互操作性的接口方案，对后期扩展、维护有很大的益处，使接口维护成本降低。

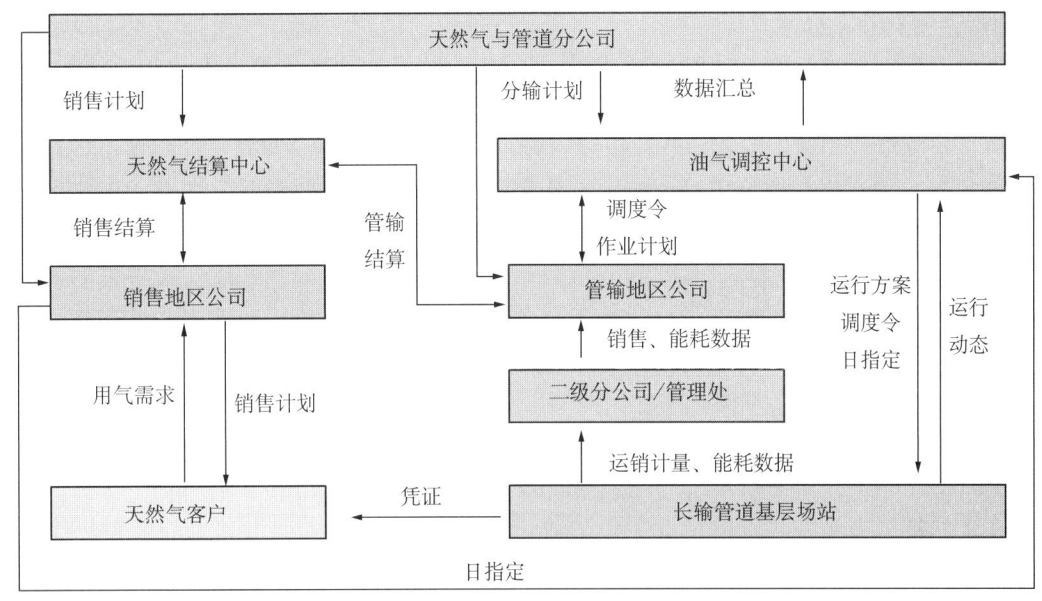

图8-3 A3系统以集中式技术架构打通业务流程，实现充分共享

(4) 系统的安全防护与灾难备用。

A3系统配备了防火墙与办公网络隔离保障了网络运行安全，采用DMZ区实现与公网的安全，采用中间数据库实现与自控之间的安全。同时建立了灾备环境，保证了业务的连续性。灾备系统在机房停电检修、机房搬迁等事件中起了很大的作用，使生产业务可以连续运转。同时，主系统、备用系统的服务器均采用了双机热备方案，在单台机器发生故障时，不会影响系统运行。

(5) 实现与自控系统的紧密结合，提供储运专业计算支持。

A3系统实现了与SCADA系统历史数据库的接口，实时获取SCADA采集的现场仪表数据，最大限度地实现数据的及时性、准确性和客观性。目前纳入系统管理的自控数据点多达5万多个。

系统实现了调度、运销、计量、工艺等各类岗位日常应用的储运专业计算，利用自控系统的实时数据计算管存、罐存、结蜡厚度和不均匀系数等参数，并应用到系统支持的业务流程中，使业务人员从繁复计算中解脱出来，有更多的精力去考虑业务运作与优化。

8.2.4 办公管理系统

为满足两级机关职能管理和办公需要，该企业于2005年开始建设办公管理系统，分两期实施。各应用子系统都采取了大集中部署实施方式，即应用服务器、数据库服务器以及报表服务器集中部署在集团公司总部，统一管理并提供服务。集团公司总部的用户通过局域网访问系统，各级管理机构和操作机构的用户通过石油主干网和各级企业主干网远程访问应用。

系统在建设中，利用虚拟化技术动态调配硬件部署，利用可重用的、统一的系统平台构建系统，基于面向服务的体系架构（SOA）集成系统，从应用的角度出发，初步尝试了云计算的三层应用，均取得了良好的社会效益和经济效益，为未来向云计算模式的演进奠定基础。

8.2.4.1 虚拟化技术的应用

办公管理系统自 2008 年开始采用服务器虚拟化技术，达到了提高硬件资源的利用率、减少服务器管理工作量、减少电能损耗和场地占有量、减少服务中断时间的目的。

办公管理系统采用三层部署结构模式，WEB 前端—数据库—存储，用户通过企业局域网访问前端，前端服务器再通过内网访问数据库，数据库与存储相连，各个应用系统存储共享使用，数据库池共享使用，系统压力大的时候使用更多的资源，系统压力小的时候释放资源。不但可以提升单台服务器的使用效率，同时可以在业务高峰时，系统根据各业务系统的压力，自动对虚拟主机进行动态资源调配。如果两个系统同时遇到业务高峰，则自动在虚拟主机群集中占用新的虚拟主机增加可用资源给上述两个系统使用。整个动态调整过程不需要运维人员手工干预。

利用服务器虚拟化技术，在一台物理机上部署多台虚拟 Web 服务器，满足基于 WINDOWS 环境开发的系统对于环境纯洁度的要求，减少物理服务器的数量。

在不增加太多硬件投资的情况下，达到同城灾备的效果，虚拟化本身可以提供虚拟机在服务器之间的快速无间断地迁移，这使得对物理服务器的维护将不再影响应用系统本身，提高了应有系统的灾备能力，保证了业务的持续运转。

虚拟化后的系统可以方便地部署，简化了系统的环境配置时间。按照这种方式实施的生产环境，不但可以满足业务完整性和持续性的要求，从 IT 的角度还可以在满足系统高可用和可伸缩性的同时，尽可能最大化利用现有资源，减少系统建设、实施及运维全过程的投入。

8.2.4.2 基于可配置的平台创建系统

办公管理系统中，基于管理系统一般的业务模型，构建了一个可配置的管理信息系统开发平台，这个平台能让项目团队内的工作人员和企业的 IT 人员在同一平台上，统一标准规范下，快速低成本地开发出满足企业需要的具有可扩展、可集成、可配置等特点的管理信息系统。平台的基本结构如图 8-4 所示。

基于平台的建设可以将软件开发团队的技术人员进行角色管理，将团队人员分为业务和技术两组，业务人员与具体系统关联，需要了解待建系统的业务背景知识，而技术人员将只关注 IT 的某一个专业知识面，从而降低对团队技能的要求，加强工作并行性，加快开发进度，可以大大降低建设成本。

子项目组以虚拟组织的形式存在，除设立固定的子项目经理全程跟踪管理项目进程外，其他人员共享需求分析、规划设计、开发配置、测试稳定、培训推广、文档管理各专业组织的资源。这种组织模式，可以充分共享人力资源，合理控制项目组织规模。技术标准容易实施和推广，质量规范可以有效地保证。可以提高实施效率，随着业务应用的实施会不断丰富技术框架和可重用的组件，实施效率保持线性增长。可以提高项目组织的并发处理能力，适合零散但规模难以预估的系统实施。可以实现规模化生产，顺应信息化建设的潮流。

建设统一的管理信息平台，便于企业信息技术人员能够快速地配置出符合业务需求的管理信息系统。可配置的管理信息系统平台优势及特色如下：一是灵活、统一的系统架构，在避免系统的重复建设的同时保证系统建设和运行的效率和质量。二是系统能够适应不同层级的管理及不同业务层面的需要，具有良好的扩展性和适应性。三是系统具有比较好的安全管理的机制和措施，保证系统数据的安全。四是实现各类办公管理系统之间的信息共享和集成互通,避免形成信息孤岛。五是可以有效减少开发周期、节约开发成本、避免重复开发。六是实现了与数据无关、面向框架、易于复用,解决了开发与业务变化之间的矛盾,节约培训及业务支持成本,极大地降低后期系统维护的人员成本。

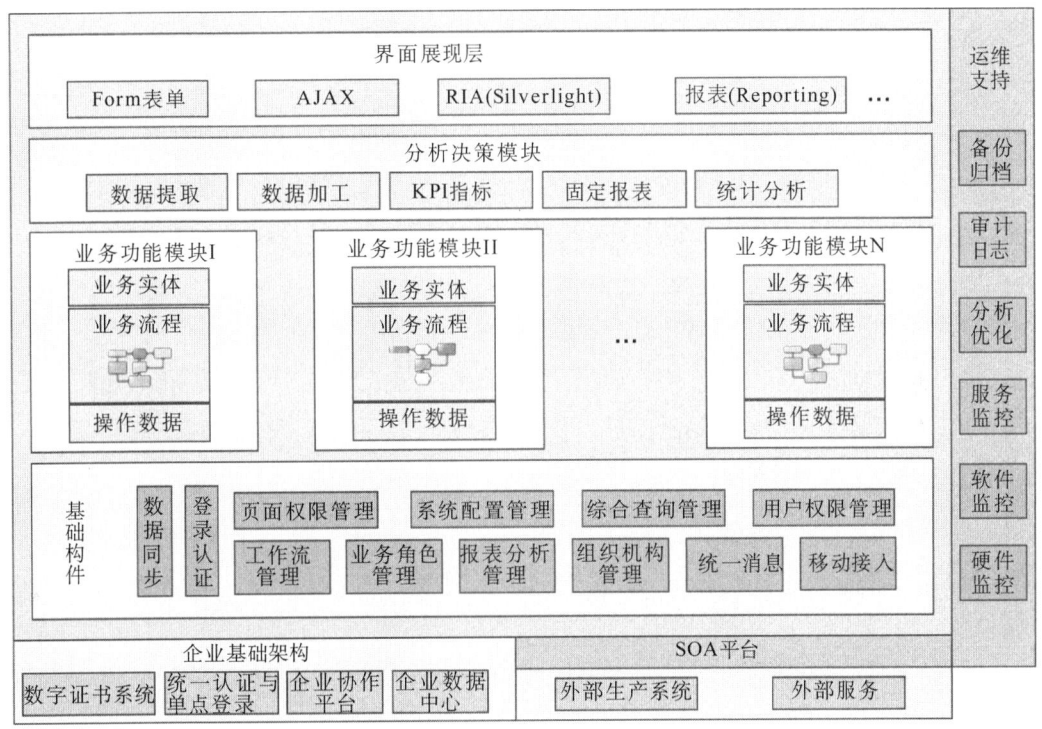

图 8-4　该企业可配置的办公管理信息系统开发平台

8.2.4.3　利用 SOA 平台简化系统的集成难度

基于 SOA 的建设思想,办公管理系统构建了 SOA 平台,实现办公管理系统内部和办公管理系统与外部系统的互联集成。在 SOA 平台建设中,规范系统服务接口定义原则和交互消息格式,接口服务通过统一的管理和发布,转换成可以复用的公共服务,形成 IT 资产。SOA 的引入,降低了系统集成间的难度,减少项目上线时间,降低人力成本投入,如图 8-5 所示。

通过应用统一的 SOA 平台,按照公开、组合和享用的方式,实现业务的服务化和系统的虚拟化。将已有业务系统需要暴露的服务接口按照统一的接口规范公开,然后将接口统一注册在企业服务总线上,通过服务注册库加上 ESB(Enterprise Service Bus,企业服务总线)来支持动态查询、定位、路由和中介的能力,使得服务之间的交互是动态的,位置是透明的。技术和位置的透明性,使得服务的请求者和提供者之间高度解耦。这种松耦合系统的好处有两点:一是它适应变化的灵活性;二是当某服务的内部结构和实现逐渐发生改变时,不影响其他服务。不同组件之间的接口与其功能和结构不是紧密相连的,因而当发生变化时,某一部分的调整不会引起其他部分甚至整个应用程序的更改,提高系统架构的健壮性。

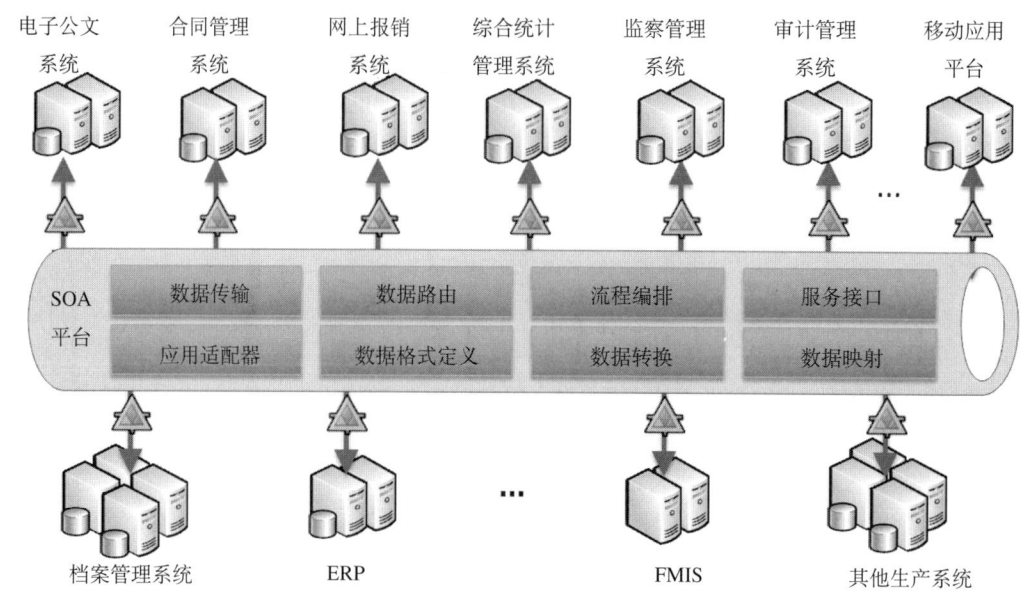

图 8-5 该企业办公管理系统 SOA 平台架构

8.3 信息化建设和应用有效提升业务价值

企业通过十年来的信息化建设和应用，持续推进了各项业务的管理创新，大幅提高了生产经营管理和决策水平，为推进企业科学发展、做强做优提供了有力支撑。信息化创造的价值贯穿于信息化的全过程，主要体现为建设方法价值、建设过程价值和深入应用价值。

8.3.1 建设方法价值

采取按照总体规划建设集中统一信息系统的建设方法，扩大了信息系统共享范围，从根本上杜绝重复建设和新的信息孤岛，大幅度降低信息化建设的总体成本，提高信息化应用的整体水平。

（1）减少信息孤岛。

通过建设集中统一的企业级信息系统，形成了覆盖全公司范围的统一平台，避免了低水平重复。通过搭建和应用公共数据编码平台，进一步促进了统一系统相互之间的集成应用。如油气水井生产数据管理系统、人力资源管理系统分别替代了 129 个和 117 个原有局部应用的信息系统，打破了以往信息孤岛林立的局面。

（2）扩大共享范围。

基于集中统一的信息系统，数据由单一部门内部使用变为全公司统一管理、充分共享，业务协同由单一部门内部扩大到各部门之间，系统决策支持范围由单一部门扩大到支持公司的战略决策，大幅度提高了信息系统应用的范围和成效。如健康安全环保系统实现了 61 项管理功能，从基层站队到各级机关的 4 万多名安全环保管理人员在同一个平台上协同开展 HSE 工作，高效地实现了安全事故的教训共享和典型经验的推广。

（3）降低总体拥有成本。

建设和应用集中统一信息系统，实现了信息系统软硬件资源、基础设施、支持服务资源的充分共享，可以显著降低由建设成本、运行维护成本、安全防护成本、后续升级成本等构成的信息系统总体拥有成本。如 ERP 系统采用统一平台，按业务领域集中部署，取代了上千个生产、采购、库存、销售、设备、项目等相关的原有系统，大幅度减少了建设和运维成本。统一建设的数据中心、广域网等基础设施，在提供安全、高效、可靠服务的同时，费用明显低于各单位自行建设和运维的成本。

8.3.2 建设过程价值

（1）统一规范了业务流程。

信息系统的实施过程，实现了对业务流程的梳理、整合、优化，促进了业务规范和管理水平提升。按照各业务领域统一的蓝图模板，ERP 系统累计梳理流程 8373 个，优化流程 3076 个，实现了以流程为导向的新型经营管理模式。销售企业梳理确定了 75 个成品油批发业务流程，规范了 314 个零售业务流程，促进了业务处理自动化、标准化、电子化，强化了资金集中管控，规范了业务运作。管道储运企业各级管理人员、生产调度控制人员和基层操作人员应用一套系统，执行统一、标准的业务流程，保障了油气管网的整体协调、高效运行。

（2）摸清了企业家底。

在信息系统建设过程中，将企业的各类资料和生产经营数据进行整理并纳入到信息系统中，摸清了企业家底。如通过 ERP 系统实施，理清了组织机构、岗位设置、员工队伍等人力资源信息，采购量、销售量、库存量及销售收入、成本构成等财务信息以及设备、物资等实物信息。通过矿区服务系统，摸清了物业服务、职工住房、公共设施、文体场馆、公共交通、托幼服务及医疗卫生等方面的基础信息。

（3）提升了员工素质。

广大业务人员通过参与前期调研、需求确认、流程梳理、蓝图设计等项目实施，对企业管理要求、业务流程认识更加全面，既学习了信息系统应用知识，也学习了系统中蕴含的管理理念，提升了工作能力和业务素质。在信息系统建设和应用过程中，累计培训各类业务人员 102 万人次。

8.3.3 深入应用价值

8.3.3.1 促进资源优化配置和降本增效

利用各类信息技术管理手段，实现相关企业之间、部门之间信息共享，按照整体计划优化调配资源。在生产过程中充分优化原材料采购与使用调度，在经营过程中集中管理资金使用与产品投放，降低采购、生产和库存等成本，实现企业整体效益最大化。某油田公司利用系统开展剩余油分析，对 600 多口生产井实施挖潜治理，年增油 20 多万吨。炼油化工领域通过一体化原料互供和优化排产，当年挖潜增效 10 亿元。其中某石化公司通过优化乙烯原料选择，双烯烃收率超 50%，乙烯能耗大大降低。某石化公司大乙烯加工损失率降低了 0.15 个百分点；某石化公司持续优化生产方案和产品结构，年增效 1000 万元以上。销售企业通过优化成品油资源流向，降低运输成本，保障市场供应。财务部门实现会计一级核算和资金集中管理，大幅提高资金利用率，有效降低财务费用。

8.3.3.2 创新生产作业和经营管理方式

集中统一的信息系统，推进了生产过程数字化管理，实现了不同业务环节之间的紧密集成、各项管理政策的统一落实,大幅提高了工作成效和集中管控水平。某油田公司通过信息化创建了"电子巡井、人工巡站、远程监控、中心值守"的新生产组织方式,大大降低了一线员工的劳动强度,实现了增产增效不增人。预计2013年油气产量将由目前的3500万吨增长到5000万吨,用工总量仍保持在目前7万人不变,劳动生产率增加40%以上。某销售公司通过应用加油站管理系统,将基层员工从手工量油、手工记账中解脱出来,节省核算员、计量员1400名,转到新增业务发展中,显著提升了工作成效,按30多家销售企业测算,每年可节省人工成本约20亿元。通过人力资源管理系统,成员企业领导班子薪酬由各企业自行发放变为总部统一发放,为保证执行统一薪酬政策提供了手段。

8.3.3.3 强化过程管控

应用各类集中统一的信息平台后,通过数据的集中管理、业务流程的固化以及系统操作的可追溯,杜绝了暗箱操作,大幅度减少了违规可能,有效促进了源头治理。通过对流程的集中、统一与规范化设计,将内控流程固化在系统中,减少了人工干预,有效提升了企业风险防控能力,促进了源头治理,保障了生产过程和经营安全。ERP系统实现了业务与财务的集成管理,杜绝了财务票据和业务实际的不一致,增强了内部控制能力。加油站管理系统推进了进、销、存、价、量的集中管理,堵塞了管理漏洞;对各环节加强过程控制与稽核,降低资金管理风险。管道生产管理系统使各级管理人员、调度控制人员和基层操作人员执行统一、标准的业务流程,保障了油气管网的整体协调高效运行。管道完整性管理系统监控所有管线运行过程,对影响管道安全的因素进行综合的、一体化的管理,使管道始终处于安全、可靠、受控的工作状态。健康安全环保系统的应用,使98%以上的隐患得到了及时整改,促进了闭环管理,实现了由结果管理到过程管理的转变。所有报销事务纳入财务网上报销系统,按预算与费用属性进行报销控制,促进了对整体费用的控制。

8.3.3.4 辅助分析决策

统一的信息系统,在全面、及时、准确的业务数据基础上,提供强大的业务研究与分析功能,有效支持了战略决策、业务分析和方案优化。勘探与生产企业利用系统提供的一体化协同研究环境,实现了盆地连片分析和地震联合解释,为勘探开发提供了科学的决策依据。炼化企业利用系统中的两级计划优化模型,对原油采购、原油运输、炼厂生产、配料输入、企业间互供、油品配送等环节进行优化排产与效益测算,为原油资源配置、业务发展规划等战略研究提供重要分析测算结果。管道储运企业利用系统的动态管存、当量管径、泵炉效率、传热系数等精确计算功能,科学制定调度优化运行方案。

8.3.3.5 支持企业绿色发展

信息系统在各业务生产过程中的深入应用,实现了生产管理的精细化,优化了用能方案,减少了"跑冒滴漏"等能源消耗,促进了节能减排目标的实现。某油田公司通过系统整合各种数据资源,年实施节能降耗调整工作量458井次,节约注水量286万立方米,减少产液118万吨;某油田公司利用系统优化注水量,年减少注水量1%,节约注水量39万立方米。众多油田公司通过远程监控,减少了生产一线交通、生活等能耗,保护了当地环境,减少了污染物排放。某石化公司通过能耗信息的实时监控,有效避免生产波动,年节电5000万千瓦时。管道储运企业通过实时掌握油气供、运、销业务全过程的生产动态数据及能源消耗情况,建立科学优化调度方案,显著降低了输损能耗,该企业某一条管道年输损量降低1.55‰,相当于减少天然气损耗2700万立方米。异地灾备数据中心在平均气温较低的东北地区建设,利用自然低温降低数据中心能耗,在提供安全、高效、可靠服务的同时,实现了节能环保。

8.3.3.6 支持主营业务快速拓展

在新增业务单元推广使用已建信息系统,通过迅速应用成熟的业务流程和管理模式,满足了业务快速发展的需要。在炼油与化工领域,利用系统实现了总部对新建和改扩建炼化装置开工过程的实时监控和远程指导,为装置一次开车成功提供了有力支持。在管道储运领域,新建油气管道投产的同时,启用已有信息系统,确保新增管道采用同样的业务流程和管理政策,增强了业务拓展能力。在销售领域,新建或新买一个加油站,只要把已有加油站管理系统部署进去,就能够做到按照公司统一的经营政策与流程进行操作,实现规范化管理,从而实现销售业务迅速扩张。对于新组建单位,利用人力资源管理系统能够方便、快速地进行机构、人员的批量划转。

8.3.3.7 推进知识、经验的共享、传播和规模有效利用

通过最大限度地共享信息系统中的方法、标准、知识和经验等无形资源,使人、财、物等有形资源的利用效率最大化。利用信息系统,油气勘探开发研究方式实现由单学科串行向多学科并行的转变。炼油化工产品的化验数据在车间、调度、质管、销售等部门实时共享,促进了产品质量全程、全方位跟踪管理。

8.4 小结

本章以国内某大型石油石化企业为例,说明信息技术总体规划及其实施对企业信息化建设所产生的重要影响和效果。该企业一直按照信息技术总体规划建设集中统一信息系统平台,实现了信息化建设从分散向集中的阶段性跨越。重点介绍了 ERP 系统、加油站系统、各类生产运行管理和办公管理系统的建设成果。从信息化建设方法、建设过程以及系统深化应用等方面论述了信息化建设为企业带来的一系列价值。

参 考 文 献

[1] 刘希俭等. 企业信息化实务指南 [M]. 石油工业出版社, 2011.
[2] Nolan R L, Croson D C, Seger K N. The Stages theory: A Framework for IT Adoption and Organizational Learning [M]. Boston: Harvard Business School Publishing, 1993.
[3] Synnott William R. The Information Weapon: Winning Customers and Market With Technology [M]. New York: Wiley, 1987.
[4] Mische Michael A. Reengineering: System Integration Success [M]. John Wyzalek, 1999.
[5] Mark C Paulk. Capability Maturity Model for Software Version [M]. Software Engineering Institute, Carnegie Melon University, Pittsburgh, 1988.
[6] 姚乐, 刘继承. CIO 综合修炼. 电子工业出版社, 2009.
[7] 左美云, 陈蔚珠, 胡锐先. 信息化成熟度模型的分析与比较 [J]. 管理学报, 2005 (3): 90-96.
[8] 宗义山. 炼化企业 MES 实施与应用论文集 [M]. 科学技术文献出版社, 2008.
[9] 迈克尔·波特, 陈小悦译. 竞争优势 [M]. 华夏出版社, 1997.
[10] 金江军. 国外电子政务总体框架研究 [J]. 信息化建设, 2008 (6): 47-49.
[11] 范玉顺. 信息化管战略与方法 [M]. 清华大学出版社, 2008.
[12] 樊海云. 信息技术总体规划与实践——信息化价值创造从无序到有序 [M]. 清华大学出版社, 2008.
[13] 范玉顺, 胡耀光. 企业信息化战略规划方法与实践 [M]. 电子工业出版社, 2007.
[14] 赵刚. 企业架构的发展历史与概念 [J]. 中国计算机用户, 2006 (9): 38-39.
[15] 于海澜. 企业架构——价值网络时代企业成功的运营模型 [M]. 东方出版社, 2009.
[16] 赵月花, 孙延明, 易静蓉. 企业 IT 规划框架模型研究 [J]. 机电工程技术, 2008 (4): 73-75, 112.
[17] 窦淑艳, 吴鹏. 浅析企业架构信息化的设计与实现 [J]. 科技信息（学术研究）, 2008 (5): 52.
[18] 刘铧冬, 赵静. 浅谈企业 IT 体系结构的应用. 科技信息（学术研究）, 2007(25): 269.
[19] 赵捷, 于海澜. 企业总体架构：企业信息战略规划\治理和信息系统总体架构设计 [M]. 电子工业出版社, 2006.
[20] 彼得·维尔. IT 治理——流绩效企业的 IT 治理之道 [M]. 商务印书馆, 2006.
[21] 左天祖. 中国 IT 服务管理指南 [M]. 北京大学出版社, 2004.
[22] ISO/IEC. 17799: 2005 Information Technology-Code of Practice for Information Security Management [S].
[23] ISO/IEC. ISO27001: 2005 Information Security Management-Specification for Information Security Management Systems [S].
[24] ISO/IEC. ISO/IEC TR 13335 Guidelines for the Management of IT Security [S].
[25] ISO/IEC. ISO/IEC 15408 Information Technology-Security Techniques [S].
[26] （荷）博恩. IT 服务管理-基于 ITIL 的全球最佳实践 [M]. 清华大学出版社, 2006.
[27] 中国标准出版社. 信息系统安全技术国家标准汇编 [M]. 中国标准出版社, 2000.
[28] 姜晓阳, 张启杰. 大型集团企业信息化价值管理的探究 [J]. 计算机与应用化学, 2009 (11): 147-150.